黑龙江省**宝清县**

耕地地力调查与质量评价

◎ 孙淑云　崔天祥　张淑清　主编

中国农业科学技术出版社

图书在版编目（CIP）数据

黑龙江省宝清县耕地地力调查与质量评价 / 孙淑云，崔天祥，张淑清主编.
—北京：中国农业科学技术出版社，2016.8
ISBN 978 – 7 – 5116 – 2689 – 9

Ⅰ. ①黑… Ⅱ. ①孙…②崔…③张… Ⅲ. ①耕作土壤 – 土壤肥力 – 土壤调查 –
宝清县②耕作土壤 – 质量评价 – 宝清县 Ⅳ. ①S159. 235. 4②S158
中国版本图书馆 CIP 数据核字（2016）第 174068 号

责任编辑　　徐　毅　陈　新
责任校对　　贾海霞

出 版 者　　中国农业科学技术出版社
　　　　　　北京市中关村南大街 12 号　邮编：100081
电　　话　　（010）82106643（编辑室）　（010）82109702（发行部）
　　　　　　（010）82109709（读者服务部）
传　　真　　（010）82106631
网　　址　　http://www.castp.cn
经 销 者　　各地新华书店
印 刷 者　　北京华正印刷有限公司
开　　本　　787 mm×1 092 mm　1/16
印　　张　　15.625　彩插　20 面
字　　数　　400 千字
版　　次　　2016 年 8 月第 1 版　2016 年 8 月第 1 次印刷
定　　价　　55.00 元

《黑龙江省宝清县耕地地力调查与质量评价》

编　委　会

序

20 世纪 80 年代以来，随着农业科技的不断进步，我国主要农作物产量大幅提升，粮食产量实现跨越式增长，有效保障了国家粮食安全。但是，高产出的背后却是农业化学品高投入引发的一系列问题。以肇州县为例，农民为了追求高产，盲目大量施用化肥，少施或不施有机肥，"只种地，不养地"成为常态，从而导致耕地基础地力下降、土壤板结、耕层变薄、养分不均衡等。同时，大量焚烧农作物秸秆，不仅造成资源浪费，而且污染环境，带来安全隐患，影响人类健康。这些问题已引起国家和各级党委、政府的高度重视，2015 年农业部印发了《到 2020 年化肥使用零增长行动方案》，黑龙江省制订了《农业"三减"行动方案》，主要目的就是减少化肥使用量，增加有机肥投入量，逐步增加土壤耕层厚度、增加土壤有机质含量，改善土壤理化性状，优化农业生态环境。只有培养农民养地意识，才能从根本上保证耕地越种越肥，确保国家粮食安全和重要农产品有效供给，实现农业生产的可持续发展。

耕地作为农业生产的基础，准确掌握土壤肥力等相关资源与环境状况，是实现粮食安全、环境安全和农业可持续发展的重要基础。我们编写的这本《黑龙江省宝清县耕地地力调查与质量评价》一书，其编者均是活跃在农业生产一线的技术骨干，数据资料来源于实践和多年的工作积累。真心期待书中的资料能够对广大农业生产者和致力于耕地质量提升的研究人员有所帮助，为耕地质量保护起到积极的促进作用。

2016 年 8 月

前　言

　　土壤是天、地、生物链环中的重要一环，是最大的生态系统之一，其生成和发育受自然因素和人类活动的综合影响。它的变化会涉及人类的生存、生活和生产各个领域。而耕地是土壤的精华，是人们获取粮食及其他农产品不可替代的生产资料，是支撑农业可持续发展的基础。

　　我国人多地少，人地矛盾突出，人均耕地面积只有 1.4 亩（1 亩≈667m²。全书同）多，仅相当于世界平均水平的 40%，远远低于欧美国家的平均水平。粮食问题始终是国家十分关注的重要问题。解决 13 亿中国人的吃饭问题，使广大人民群众由温饱型向更高生活水准迈进，那就要进一步改善耕地质量，建立优质粮生产基地以及无公害农产品生产基地，增加粮食产量，提高农产品质量，不断促进农业增产增收。充分了解和认知农作物赖以生长发育的耕地，了解耕地的地力状况及其质量状况，科学合理利用耕地，提高土地单位面积的产出，获得更高的经济效益和更好的生态效益，已经成为我们的当务之急。

　　近年来，为了维护和提高耕地质量，农业部开展了测土配方施肥和耕地地力调查工作，并自 2006 年以来，连续下发的"八大文件"逐步明确了耕地地力评价工作的重要性、目标任务。现在，耕地地力评价工作已经是测土配方施肥补贴项目中一项十分重要和必须全面完成的工作内容。在全面开展耕地地力评价的基础上，全面推进测土配方施肥工作，逐步建立我国科学施肥体系和我国耕地质量预警体系。耕地作为农业的重要基础部分，其地力、质量与水平直接关系到农业生产发展的快慢和质量。对耕地地力的调查与质量的评价意义深远而重大。为了切实加强耕地质量保护，贯彻落实《中华人民共和国农业法基本农田保护条例》，农业部以全国农业技术推广服务中心编著的《耕地地力调查与质量评价》一书为理论基础，决定在开展测土配方施肥的基础上，组织全国各地开展耕地地力调查与质量评价工作。

　　黑龙江省是农业大省，是国家重要的商品粮基地，肩负着我国农产品有效供给的重要使命。因此，不断强化黑龙江商品粮基地建设，是一项关系我国 21 世纪经济可持续发展的战略性工程。在耕地质量调查和分等定级的基础上，能够更好地保护耕地资源，尤其是保护基本农田，是黑龙江省商品粮基地建设的关键。在确定中低产田的位置和数量基础上，对中低产农田进行改造，因地制宜地加强农田水利建设等基础设施建设，提高耕地质量，为新型农业发展提供良好的平台，保证农业可持续发展。

宝清县是全国粮食生产先进县，大豆占宝清县播种面积的 50%，年种植面积在 100 万亩以上，平均单产 2 475kg/hm²，是黑龙江省重要的大豆商品供应基地。特别是经过改革开放以来 30 多年来的努力奋斗，宝清县农业取得了长足的发展。但与此同时，随着农村经济管理体制、耕作制度、作物品种、种植结构、产量水平、肥料用量与品种及农药使用等诸多方面的巨大变化，宝清县农业耕地基础薄弱、资源短缺、生产条件差，地力水平下降，给改善耕地肥力及质量造成了极大的压力和负面影响。

根据农业部的要求，结合宝清县实际情况，我们开展了耕地地力调查与质量评价工作。为切实抓好这项工作，我们在黑龙江省土肥管理站全力支持下，建立了高效、务实的组织机构和技术机构，县农业推广中心调动县乡（镇）专业技术人员 70 余人，从 2008 年 8 月开始，到 2009 年 11 月，历时 15 个月，高质量地完成了农业部项目所规定的各项任务。

调查工作遍布全县 10 个乡镇 145 个行政村。为耕地地力评价采集测试耕地土壤样本 2 690个，对土壤的 pH、全量和速效养分等进行了检测；完成了采样点基本情况和农业生产情况调查。绘制了黑龙江省宝清县耕地地力等级图，土壤全量养分分布图，土壤速效养分分布图，水稻适宜性评价图，大豆适宜性评价图，玉米适宜性评价图等数字化成果图件；建立了"黑龙江省宝清县耕地质量管理信息系统"；撰写了宝清县耕地质量调查和评价报告。完成了一套数据库、一个系统、系列电子图件、表格和《县级耕地地力评价》报告的工作任务，并对全县各类土壤变化成因做了进一步深入调查和研究，获得了较为翔实的土壤资料，丰富了宝清县耕地数据资源，明确了宝清县耕地质量。

这次调查在从技术队伍专业水平和技术手段方面，都高于第二次土壤普查，取得的成果水平较高。为今后开展测土配方施肥、调整作物结构、防治土壤立体污染、从源头上根治耕地退化、发展农村循环经济，提供了可靠的科学依据。特别是为宝清县农业农村经济快速发展提供强有力的科技支撑，对实现农业可持续发展具有深远的现实意义和历史意义。

这次调查得到了黑龙江省土肥管理站、部分兄弟市县和中国科学院东北地理与农业生态研究所等相关单位有关专家的大力支持和协助，对我们完成这项工作任务起到了积极的推动作用。在此，一并表示深深的感谢。

由于这项工作要求技术性强、操作细腻，特别是农业应用地理信息系统尚处于起步阶段，势必经验不足，加之时间仓促，所存在的不足和疏漏在所难免，敬请有关专家批评指正。

宝清县农业技术推广中心
2009 年 12 月 10 日

目　　录

第一部分

宝清县耕地地力调查与质量评价工作报告

宝清县耕地地力调查与质量评价
工作报告

一、目的意义

黑龙江省宝清县 2007—2008 年连续两年被评定为全国粮食生产先进县，是全省粮食主产县。现有耕地 14.75 万 hm²。随着现代科学技术的应用，全县土地产出水平不断提高，粮食产量逐年增加。2004 年以来，中共中央每年都发布了中共中央以"三农"（农业、农村、农民）为主题的中央一号文件（以下简称中央一号文件），特别是落实了"一免三补"等一系列强农惠农政策，极大地调动了广大农民种田的积极性。大力发展现代农业生产，促进农村经济繁荣，提高农民收入，加快社会主义新农村建设步伐，已经成为全县广大干部和农民群众的共同愿望。开展耕地地力调查与质量评价是耕地保护的一项基础性工作，对实现宝清县农业可持续发展，确保粮食生产安全，提高农产品竞争力等都具有十分重要的意义。

（一）实现农业可持续发展的需要

土壤是人们赖以生存和发展的最根本的物质基础，是一切物质生产最基本的源泉。耕地是土壤的精华，是人们获取粮食及其他农产品不可替代的生产资料，是支撑农业可持续发展的基础。一切优质高产的农作物品种及其栽培模式，都必须建立在安全、肥沃、协调的土壤之上。切实保护好耕地，对于提高耕地综合生产能力，保障粮食安全具有深远而重大的现实意义。宝清县是连续两年被评为全省粮食生产先进县，是黑龙江省的产粮大县。因此，开展耕地地力调查与质量评价，有利于更科学合理地利用有限的耕地资源，全面提高宝清县耕地综合生产能力，遏制耕地质量退化，确保地力不断向好的方向发展。

（二）保障国家粮食生产安全的需要

确保国家粮食安全，解决 13 亿中国人的吃饭问题，使广大人民群众由温饱型向更高生活水准迈进，那就要进一步增加粮食产量，提高农产品质量，优化种植业结构，建立各种优质粮生产基地以及无公害农产品生产基地，不断促进农业增产增收。充分了解和认知农作物赖以生长发育的耕地，了解耕地的地力状况及其质量状况，科学合理利用耕地，坚守土地红线，提高土地单位面积的产出，获得更高的经济效益和更好的生态效益，已经成为我们的当务之急。

（三）提高宝清县农产品质量的需要

第二次土壤普查距这次耕地调查已有 26 年，耕地地力和农田环境质量发生了巨大变化，原有的耕地资料已很难科学地指导农业生产。随着农产品市场转化为卖方市场为主，农产品品质和质量安全已引起了广大消费者和全社会的关注。这就迫切需要摸清耕地质量状况，减少和控制土壤环境对农产品的污染，促进农业增效、农民增收和增强农产品市场的竞争力。

（四）大力发展现代农业的需要

利用"高新"技术和现代化手段对耕地质量进行监测和管理是农业现代化的一个重要标志。"3S"技术是当前国际上公认的耕地质量调查先进技术，以此对耕地地力进行调查和质量评价，不仅能克服传统调查与评价周期长、精度低、时效差的弊端，而且能及时将调查成果应用于当地农业结构调整、无公害农产品产地建设，为科学施肥提供技术指导，为领导指导生产提供决策支持，从而推进优势农产品生产向优势产地集中。同时，应用现代科技手段，创建网络平台，通过计算机网络可简便快捷地为涉农企业、农技推广和广大农户提供咨询服务。

二、工作组织

根据《全国耕地地力调查与评价技术规程》和黑龙江省土肥管理站的具体要求，组织人员开展此项工作。

（一）成立领导小组

宝清县县委、农委对这次耕地地力调查与质量评价工作高度重视，县委、农委成立了"宝清县耕地地力调查与质量评价"工作领导小组，领导小组由县政府县长朱海涛担任，副组长由县政府副县长王忠杰，成员由农业局局长、推广中心主任及相关的乡镇长担任，其他组织成员由推广系统的业务骨干组成，各乡镇也相应地成立了领导小组及技术小组。同时制定了考核制度。领导小组负责组织协调，制订工作计划，落实人员，安排资金，指导全面工作。技术小组负责外业技术指导和室内土壤化验。各有分工，相互协作。按照省土肥管理站土壤科的统一安排，具体组织实施各项工作任务。

在宝清县委、县政府的正确领导下，在宝清县农委的直接指导下，在黑龙江省土肥管理站及土肥管理站有关专家的大力支持和协助下，宝清县农业技术推广中心自 2008 年起，按照《全国耕地地力调查与质量评价技术规程》、全国农业技术推广服务中心《耕地地力评价指南》的要求，在宝清县农委、县水务局、县国土资源局、县畜牧局、县统计局、县气象局、县环保局、县农机局等多个单位的全力配合和帮助下，截至 2009 年 12 月，完成了宝清县测土配方施肥项目的耕地地力调查与质量评价工作。组织结构如下。

1. 宝清县耕地地力调查与质量评价领导小组

组　　长：王忠杰

副组长：宁晓海　崔天祥　孙桂胜

成　　员：王洪玉　孙淑云

2. 宝清县耕地地力调查与质量评价实施小组

组　　长：崔天祥

副组长：孙淑云　张淑清

成　　员：王世坤　孙贵远　马启友　徐淑春　张靖奎　周　宇

3. 宝清县耕地地力调查与质量评价分析测试人员

组　　长：张淑清

成　　员：马启友　徐淑春　周　宇　门晓岩　郑秀云　田丽娟　曲桂霞　周　斌
　　　　　刘宝莹　文道辉　文道新　王　海　唐国贵　贾月珍　任利敏　侯德莲

4. 宝清县耕地地力调查与质量评价专家评价组成员

崔天祥　孙淑云　张淑清　孙贵远　马启友　徐淑春

5. 宝清县耕地地力调查与质量评价技术报告编写组成员

崔天祥　孙淑云　张淑清　孙贵远　马启友

（二）组建野外调查专业队

耕地地力调查是一项时间紧、技术性强、质量要求高的业务工作。为了使参加调查、采样、化验的工作人员能够正确的掌握技术要领，顺利完成野外调查和化验分析工作，宝清县参加了省土肥站组织的化验分析人员培训和中心主任、土肥站长培训。根据省土肥站的要求，集中培训了县里参加此项工作的技术人员，并成立了县级耕地地力与质量评价技术小组。同时，针对宝清县、乡两级参加外业调查和采样的人员组织了宝清县耕地地力调查与质量评价技术培训动员大会、宝清县耕地地力调查与质量评价技术培训会，成立了由全县 10 个乡镇组成的 10 支野外调查专业队。

（三）成立化验分析小组，进行室内化验

室内化验包括土壤物理性状分析、土壤养分性状的分析。

1. 土壤物理性状分析项目

包括土壤容重和土壤含水量的分析。

2. 土壤养分性状分析项目

包括土壤速效养分、pH、有机质、全氮、有效锌、铁、锰、锌等养分性状。

（四）收集材料

1. 图件资料

（1）从宝清县土地局收集《宝清县土壤图》《宝清县土地利用现状图》《宝清县地形图》。

（2）从县民政局收集《宝清县行政区划图》。

2. 文字和数据资料

（1）由县农委提供的第二次土壤普查部分相关资料及数据。

（2）由县史志办提供《宝清县县志》等相关资料及数据。

（3）由县土地局提供全县耕地面积、基本农田面积等相关资料及数据。

（4）由县统计局提供全县农业总产值、农村人均产值、种植业产值、粮食产量（各种作物产量情况）、施肥情况、国民生产总值等相关资料及数据。

（5）由县气象局提供全县气象资料及数据。

（6）由县水利局提供潜水埋深、农田灌溉情况和水质污染等相关资料及数据。

（五）调查表的汇总和数据库的录入

1. 调查表的汇总和录入

调查表的汇总主要包括采样点基本情况调查表、施肥情况调查表及数据的录入。

2. 数据库的录入

将土壤养分分析项目、物理性状分析项目输入数据库。

（六）图件的数字化

将收集的图件进行扫描、拼接、定位等整理后，在 ArcInfo、ArcView 绘图软件系统下进行图件的数字化。将数字化的土壤图、土地利用现状图、基本农田保护区规划图在 ArcMap

模块下叠加形成评价单元图。待化验结果出来以后，将所有数据和资料收集整理，按样点的GPS定位坐标，在ArcInfo中转换成点位图，采用Kriging（克立格法）分别对有机质、全氮、有效磷、有效钾、微量元素等进行空间插值的方法，生成系列养分图件。

（七）建立宝清县耕地资源管理信息系统

利用扬州土肥站研制的《县级耕地资源管理信息系统》，建立评价单元的隶属函数，对评价单元赋值、层次分析、计算综合指标值，确定耕地地力等级。利用该系统对图件和数据进行管理，并在以后为农民提供施肥配方卡。

（八）把好质量关

1. 精心准备

从2008年秋起，省土肥管理站土壤科就组织宝清县的同志一起着手开始准备工作。首先，确定了骨干技术人员，将骨干技术人员集中后，提前进入工作状态。其次是收集各种资料，包括图件资料、有关文字资料、数字资料。接着是对这些资料进行整理、分析，如土种图的编绘、录入，《宝清县土壤图》《宝清县土地利用现状图》《宝清县地形图》的收集整理，水利资料、气象资料、统计资料和水质环境等资料的收集。随后对野外调查和室内化验工作进行了全面安排和准备。

2. 建立专家指导小组和技术指导小组

聘请省土肥管理站土壤科科长辛洪生为专家指导小组的组长，专家指导小组拟定了《宝清县耕地地力调查与质量评价工作方案》《宝清县耕地地力调查和质量评价技术方案》《宝清县野外调查及采样技术规程》。同时，也成立了技术指导小组，并确定了"黑龙江省宝清县耕地地力评价指标体系"。在土样化验基本完成以后，又请省土肥管理站、中国科学院东北地理与农业生态研究所和黑龙江大学农学院的土壤专家帮助我们建立了各参评指标的隶属函数和数据库，并指导我们应用。

3. 分片负责，跟踪检查指导

在野外调查阶段，县农业技术推广中心组织由全县10个乡镇组成的10支野外调查队，每组都由一位站长带队，发现问题就地纠正解决。野外调查包括入户调查、实地调查、采集土样以及填写各种表格等多项工作，调查范围广、项目多、要求严、时间紧。在外业工作正式开始之前进行培训，以入户调查工作为主要内容，规范表格的填写；以土样的采集为主要内容，规范采集方法。

这些野外调查专业队由县农业推广中心负责技术指导，对采样方法、GPS使用、采样部位、调查表的填写、样品的留取等相关事项逐一培训，做到准确无误、高标准、高质量地完成该项工作。

野外调查和土样采集是同时进行的。采用按乡镇的原村的行政划区办法，对全县2690个点进行土样采集工作，部分采样点是第二次土壤普查采样点。同时采用GPS定位，确定经纬度。每个采样点都附有一套采样点基本情况调查表，其中内容包括立地条件、剖面性状、土壤管理；肥料、种子等方面内容，采样点遍布全县10个乡镇。

外业工作共分2个阶段进行，在每一个阶段工作完成以后，都进行检查验收。在化验期间，技术指导小组对化验结果进行抽检，以保证数据的准确性。

4. 省县两级密切配合

整个工作期间，在省土肥站的统一指导下，省县各有分工。图件的数字化处理、土样结果的分析化验由省里负责；基本资料的收集整理、外业的全部工作，包括入户调查和土样、水样的采集等由县里负责。在明确分工的基础上，密切合作，保证各项工作的有序进行。

三、主要工作成果

实施该项目以后，取得了具有较高价值的工作成果。

（一）文字报告

1. 宝清县耕地地力调查与质量评价工作报告
2. 宝清县耕地地力调查与质量评价技术报告
3. 宝清县耕地地力调查与质量评价专题报告
（1）宝清县耕地地力评价与土壤改良措施。
（2）宝清县耕地地力评价与平衡施肥。
（3）宝清县耕地地力评价与种植业生产合理布局。

（二）黑龙江省宝清县耕地质量管理信息系统

（略）

（三）数字化成果图

1. 宝清县耕地地力等级图
2. 宝清县土壤养分图
（1）土壤有机质分布图。
（2）全氮分布图。
（3）有效磷分布图。
（4）速效钾分布图。
（5）有效锌分布图。
（6）有效铁分布图。
（7）有效铜分布图。
（8）有效锰分布图。
3. 宝清县土地利用现状图
4. 宝清县区划图

四、主要做法与经验

（一）主要做法

1. 因地制宜，根据时间分段进行

宝清县主要农作物的收获时间都在 9 月末左右，到 10 月上旬陆续结束，11 月 10 日前后土壤冻结。从秋收结束到土壤封冻也就是 20 天左右的时间，在这 20 天左右的时间内完成所有的外业任务，比较困难。根据这一实际情况，我们把外业的所有任务分为入户调查和采集土壤两部分。入户调查安排在秋收前进行。而采集土壤则集中在秋收后土壤封冻前进行，这样，既保证了外业的工作质量，又使外业工作在土壤封冻前顺利完成。

2. 统一计划、合理分工、密切合作

耕地地力调查与质量评价是由多项任务指标组成，各项任务又相互联系成一个有机的整体。任何一个具体环节出现问题都会影响整体工作的质量。因此，在具体工作中，根据农业部制订的总体工作方案和技术规程，在省土肥管理站的指导下，我们采取了统一计划、分工合作的做法。省里制订了统一的工作方案，按照这一方案，对各项具体工作内容、质量标准、起止时间都提出了具体而明确的要求，并做了详尽的安排。承担不同工作任务的同志都根据这一统一安排分别制订了各自的工作计划和工作日程，并注意到了互相之间的协作和各项任务的衔接。

3. 应用先进的数字化技术，建立宝清县耕地资源数据库

这次调查，是结合测土配方施肥项目进行的。利用 ArcGIS 和 Supermap 等软件，将全县的土壤图、行政区划图、土地利用现状图进行数字化处理，最后利用扬州土肥管理站开发的《县域耕地资源管理信息系统 V3》软件进行耕地地力评价，形成 2 791 个评价单元，并建立了属性数据库和空间数据库。通过数据化技术，按照宝清县的生产实际，选择了 11 项评价指标，按照《耕地地力评价指南》将宝清县耕地地力划分为 4 个等级：一级地力耕地 2.8 万 hm^2，占耕地面积 18.9%；二级地力耕地 5.43 万 hm^2，占耕地面积 36.78%；三级地力耕地 5.69 万 hm^2，占耕地面积 38.57%；四级地力耕地 0.83 万 hm^2，占耕地面积 5.62%。

制作出宝清县地力分级图、氮素养分分布图、磷素养分分布图、钾素养分分布图、有机质分布图、有效锌分布图、有效锰分布图、有效铁分布图、有效铜分布图、pH 分布图、样点分布图。耕地地力调查点 2 690 个，结合测土配方采点 8 000 个，共获得检验数据 10 690 个，基本上摸清了宝清县耕地土壤的内在质量和肥力状况。

自 1982 年第二次土壤普查以来，宝清县耕地土壤理化性状发生了明显的变化，土壤碱解氮呈下降趋势，由 1982 年的 252.0mg/kg，下降至目前的 236.12mg/kg。土壤全氮呈下降趋势，由 1982 年的 2.87g/kg，下降至目前的 1.927g/kg；土壤有效磷总体呈上升趋势，由 1982 年的 31.36mg/kg，上升至目前的 35.08mg/kg。土壤速效钾呈下降趋势，由 1982 年的 222.58mg/kg 下降至目前的 204.32mg/kg。土壤有机质呈下降趋势，由 1982 年的 59.6g/kg 下降至目前的 42.35g/kg，土壤碱性降低。为今后的测土配方施肥工作及农业结构调整、低产耕地的土壤改良提供了可靠的依据。

这次的耕地地力调查，运用的技术手段先进，信息量大，信息准确，全面直观，为今后的测土配方施肥工作奠定了良好的基础，随着数字化技术的发展和其在农业生产中的广泛应用，将对农业新技术的推广、精准农业的开展起着巨大的推动作用。同时，也为确保国家粮食安全提供有利的技术保障。

耕地地力调查与评价工作，为全县种植业结构的调整提供一个很好的参考指标，它可以准确有效地根据不同地理环境、水文地质、不同的养分分布，很直观有效地确定种植的作物，适宜发展高效农业，减少农民对生产成本的投入，并获得较高的产量和效益。

（二）主要经验

1. 全面安排，抓住重点工作

耕地地力调查与质量评价工作的最终目的是对调查区域内的耕地地力和环境质量进行科学的评价，这是开展这项工作的重点。所以，从 2008 年的秋季到 2009 年的春季，我们在努力全面保证工作质量的基础上，突出了耕地地力评价和土壤环境质量评价的这一重点。除充分发挥专家顾问的作用外，我们还多方征求意见，对评价指标的选定和各参评指标的权重等进行了多次研究和探讨，提高了评价的质量。

2. 发挥县级政府的职能作用，搞好各部门的协作

进行耕地地力调查和质量评价，需要多方面的资料图件，包括历史资料和现状资料，涉及农委、土地局、水利局、统计局、气象局、财政局等各个部门，在县域内进行这一工作，单靠农业部门很难在这样短的时间内顺利完成，通过县政府协调各部门的工作，保证了在较短的时间内，把资料收集全，并能做到准确无误。

3. 紧密联系当地农业生产实际，为当地农业生产服务

开展耕地地力调查和土壤质量评价，本身就是与当地农业生产实际联系十分密切的工作，特别是专题报告的选定与撰写，要符合当地农业生产的实际情况，反映当地农业生产发展的需求。

五、资金使用情况

严格按照测土配方施肥资金管理办法以及项目实施合同执行。2006—2008 年到位资金共计 200 万元，其中：①土壤采集化验占资金的 54.5%，用于土样采集、化验费、数据分析、化验设备、仪器、试剂药品等的购置；②田间试验占 22.3%，用于肥效田间小区试验、校正试验、植株采集、化验、示范区建设、标志费用等；③配方施肥卡及数据库建设占 8.2%，用于耕地土壤养分图，作物测土配方施肥分区图印刷，施肥建议卡，测土配方施肥数据库，县域土壤资源空间数据库等；④地力评价与培训 7.9%，用于县域耕地地力评价数据处理、技术培训、应用软件购置等；⑤定位监测点 5.9%，用于耕地地力定位监测、配方施肥肥效监测等；⑥项目管理 1.2%，项目评估、论证、规划编制、检查验收等费用。

六、存在的问题及建议

此项调查工作要求技术性很高，如图件的数字化处理、经纬坐标与地理坐标的转换、采样点位图的生成、等高线生成高程等技术及评价信息系统与属性数据、空间数据的挂接、插值等技术因基础条件较差，均需要请省土肥管理站和中国科学院东北地理与农业生态研究所专家帮助才能完成。

由于历史原因图件收集难度较大，利用历史图件矢量化有的地方出入较大。

在化验检验的设备上还需进一步的配备和加强，做到所有的设备配齐配全，性能质量过关，免去更多的修理和维护费用，以免耽误时效。

耕地地力调查与质量评价工作是一项技术先进、运用计算机操作的一个系统，由于以前没有这方面和知识的经验，加之基础知识的薄弱，对于掌握和运用在调查的过程中遇到很多的难点。测土配方施肥工作是提高农业科技含量的重要手段，也是在今后相当一段时间内需要农业科技人员掌握和运用的一项行之有效的手段，通过对地力评价和计算机软件的进一步开发，去除人为因素，最大限度的、简单合理的程序，简而易行的操作方式，让广大的科技人员和农民都能掌握，并且行之有效，促进农业生产的发展和提高。

如何对完成的成果进行应用是最重要的。我们建议能把这项工作长期坚持下去，不断修正发现的错误和误差，不断完善耕地地力评价的成果，使其真正地得到应用。在宏观层面上能为各级领导提供科学的决策依据，在农业生产中真正为农民提供帮助。使这项凝聚了基层农业技术骨干、各级研究力量和各级领导心血完成的高科技研究成果为农业的可持续发展，

为我们国家的粮食安全提供科学准确的数据和切实可行的方案支持。

七、大事记

2006 年 4 月 3 日，召开测土配方施肥项目落实会，由县主管农业副县长、农委主任和 10 个乡镇的主管农业领导、农业服务中心主任和推广系统全体成员参加，会议由县农业技术推广中心主任孙桂胜主持，县主管农业副县长董英来做了讲话，农委主任段洪祥做了讲话，县农业技术推广中心副主任王世坤讲解了采样技术方案。

2006 年 4 月 10 日，开始测土配方施肥"春季行动"即外业采样工作，此次行动采样 4 000 个，历时 25 天。

2006 年 5 月 6 日，农业技术推广中心召开落实测土配方施肥田间试验布置会。

2006 年 9 月 27 日，农业技术推广中心召开落实测土配方施肥田间试验测产及植株采集工作会。

2006 年 12 月 3 日，全面开始室内的土样化验工作。

2006 年 12 月 17 日，在省土肥管理站召开了项目总结会。

2007 年 4 月 8 日，召开配方施肥项目第二年落实会，确定采集土样的项目乡镇及土样采集数量。

2007 年 4 月 10 日，开始测土配方施肥外业采样工作，共计采集土样 2 000 个。

2007 年 4 月 25 日，农业技术推广中心召开落实测土配方施肥田间试验布置会。

2007 年 9 月 13 日，省土肥管理站张晓伟科长带队来宝清县检查测土配方施肥项目工作。

2007 年 9 月 25 日，农业技术推广中心召开落实测土配方施肥田间试验测产及植株采集工作会。

2007 年 12 月 5 日，全面开始室内的土样化验工作。

2008 年 4 月 8 日，召开配方施肥项目第三年落实会，确定采集土样的项目乡镇及土样采集数量。

2008 年 4 月 11 日，开始测土配方施肥外业采样工作，共计采集土样 2 000 个。

2008 年 4 月 22 日，农业技术推广中心召开落实测土配方施肥田间试验布置会。

2008 年 6 月 19 日，省土肥管理站组织到扬州学习耕地地力调查软件系统。

2008 年 9 月 20 日，农业技术推广中心召开落实测土配方施肥田间试验测产及植株采集工作会。

2008 年 12 月 2 日，全面开始室内的土样化验工作。

2009 年 3 月 20 日，县土肥管理站的同志到宝清县土地局、统计局、水利局、民政局等单位收集有关资料和图件。

2009 年 4 月 15 日，省土肥管理站在中国科学院东北地理与农业生态研究所召开耕地地力调查省级培训会，会上由中国科学院东北地理与农业生态研究所的赵军老师主讲有关耕地资源管理信息系统的建立与应用、数据库的建立、耕地地力评价的方法与程序。

2009 年 9 月 23 日，省土肥管理站由辛洪生科长组织召开耕地地力调查与质量评价工作推进会，并做了重要指示。

2009 年 9 月末，对项目的数据、图件等进行整理，并开始报告的撰写工作。

2009 年 12 月 20 日，项目工作报告、技术报告、各个专题报告的初稿完成。

第二部分

宝清县耕地地力调查与质量评价
技术报告

第一章 自然与农业生产概况

第一节 宝清县基本情况

一、宝清县地理位置与行政区划

宝清县位于东经 131°14′16″～133°29′48″，北纬 45°47′08″～46°53′55″；北以七星河为界与双鸭山市、富锦县、集贤县为邻，西以完达山那丹哈达岭为界与七台河市、勃利县、桦南县接壤，东与饶河县至虎林县相连，南与密山县毗邻，如图 2-1-1 所示。

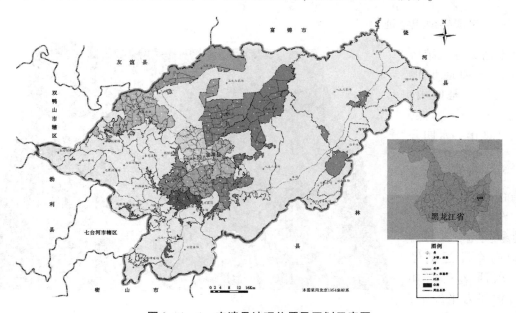

图 2-1-1 宝清县地理位置及区划示意图

宝清县行政区共分 6 个镇，4 个乡，213 个自然村和 13 个农、林、牧、渔场。县行政区内还有五九七、八五二、八五三、龙头、兴凯、红旗岭、北兴、集贤、省原种场 9 个国营农牧场和双鸭山、桦南、迎春、东方红 4 个森工局所属林场。全县东西长 160km，南北宽 135km，总面积 10 001.27km²。县属面积 34.3 万 hm²，其中耕地 14.8 万 hm²。县属人口 258 758 人，其中农业人口 219 624 人，占全县人口的 83.6%；农村劳动力 53 592 人，平均每个劳动力担负耕地 1.45hm²。宝清县，以其县城南宝清河而得名。

二、宝清县历史沿革

宝清河，一说系满语"宝其赫"的转音，原意为"丑"；一说满语"猴子"的意思。清初属宁古塔副都统管辖，1732 年（清雍正十年）划归三姓副都统管辖。清末，1906 年（清光绪三十二年），划归临江州（后改临江府）管辖。1909 年 6 月 2 日（清宣统元年四月十五日），吉林巡抚奏准，于宝清河西设置宝清州（拟从缓设置）。中华民国成立后，1912 年临江府于宝清设置分防经历，1914 年改为分治员。1916 年 4 月 15 日，奉令将宝清分治地方"改设县治"，名为宝清县，隶属依兰道。县境东西宽 120km，南北长 100km。1929 年 2 月，撤销道制，改由吉林省直辖。东北沦陷后，初隶吉林省，1934 年 12 月划归三江省管辖。1938 年将饶河县七里沁河以西地区划归宝清县管辖。1939 年 6 月，划归新设之东安省管辖。1943 年后，先后隶属东满总省和东满省管辖。1945 年"九三"抗日战争胜利后，划归合江省管辖。1947 年 8 月，划归牡丹江省管辖。1948 年 7 月，撤销牡丹江省，复归合江省管辖。1949 年 5 月，撤销合江省，划归松江省管辖。1954 年 8 月，松、黑两省合并后，划归黑龙江省合江专区管辖。1983 年 10 月，将西南部的宏伟、岚峰 2 个公社划归七台河市管辖。1985 年 1 月 1 日，正式撤销合江地区，划归佳木斯市领导。1991 年 4 月 1 日，由佳木斯市划归双鸭山市领导。

三、宝清县地貌特征

宝清县地貌结构复杂，各种地形俱备，大体上是四山、一岗、三平、二低，称为"四山一水四分田，半分芦苇半草原"的自然景貌。境内有山地、丘陵、平原、沼泽、河川等 5 种地貌类型。地势由西南向东北逐渐倾斜，东西南三面环山，北部为平原区，地势平坦（图 2-1-2）。属寒温带大

图 2-1-2　宝清县地势图

陆性季风气候，年平均气温 3.3℃，年平均降水 574mm。全县总土地面积近 40 万 hm²，其中：县属绿色（有机）食品面积 5.3 万 hm²，被南京国环有机产品认证中心（OFDC）等认证组织认证的有机食品面积达 1.53 万 hm²。盛产水稻、大豆、玉米、小麦、红小豆、白瓜、甜菜等粮食作物和绿特经济作物。全县年产粮食 130 万 t 左右。"宝青红"红小豆、"宝清大白板"白瓜籽和"挠力河"毛葱以其独特的绿色品质享誉海内外。

煤炭资源丰富，开发潜力巨大。这里有得天独厚、储量丰富的"乌金"宝藏，是国家

11 个重点煤炭开发区和 7 个煤化工基地之一。煤炭储量 86 亿 t，主要煤种有焦煤、褐煤、长焰煤、气煤等。储量在 5 000 万 t 以上的大煤田 10 个。可以建设大、中型煤矿、坑口电站和煤化工项目。山东鲁能集团乘国家振兴东北老工业基地之机率先抢滩宝清县，投资 700 亿元建设鲁能宝清煤电化项目，随后跟进了国电龙兴集团投资 220 亿元建设煤电一体化项目，这将有力地拉动地方经济的跨跃发展，并为配套和服务等各业发展带来无限商机。随着资源的深度开发，宝清县必将成为黑龙江省重要的能源和煤化工基地。

林木资源充沛，是黑龙江省东部较大的次生林区和重要的天然林区。全县森林总面积 29 万 hm²，木材总蓄积量 1 600 万 m³ 以上。盛产松、柞、桦、椴、榆、水曲柳树等。在这苍茫的原始丛林中，生长和蕴藏着人参、五味子、刺五加等百余种野生植物，生活和栖息着马鹿、黑熊、野猪、狍子等几十种野生动物。各种山野菜年产量达 2 000 多吨，具有开发价值的植物药材蕴藏量近 3.5 万 t。

七星河、雁窝岛、长林岛国家级湿地和东升省级湿地自然保护区，总面积近 690km²。盛逢夏季，候鸟云集，鱼翔浅底，莲花绽放，美不胜收，是消暑纳凉的绝好去处。龙湖森林公园群山环绕，烟波浩淼，无论水中泛舟，还是岸边垂钓，都可饱览湖光山色，领略自然风光。梨树沟森林公园峰峦起伏，幽深雅静，时逢 5 月，漫山梨花盛开，风载梨花飞落，如漫天飞雪，甚是壮观。炮台山古城遗址依水而建，"北斗七星祭坛" 是该山城国家建制的重要标志，临登古城遗址你会感受到桑田沉淀的风土民情和被岁月洗涤过的挹娄文化古韵。珍宝岛烈士陵园依山傍水，树木参天，漫步林间，凭吊英烈，莺啼鸟鸣，令人心灵感受到一份独特的祥和与宁静。宝清县旅游开发潜力巨大。

宝清县是全国粮食生产先进县，大豆占全县播种面积的 50%，年种植面积在 6.67 万 hm² 以上，平均单产 2 475kg/hm² 是全省重要的大豆商品供应基地。宝清县投入高产创建资金累计 989 万元，共落实省级大豆高产创建面积 6.67 万 hm²，落实百亩核心区 27 个、千亩示范区 87 个、万亩辐射区 8 个，力争通过高产创建活动，使大豆单产增长 16%。选用优质高油品种。结合各创建示范点生产、生态特点与优势，组织专家论证确定并推荐了优良高油大豆品种垦丰 16、黑农 44 为高产创建的主导品种。全县 6.67 万 hm² 大豆高产创建区全部开展了测土配方施肥。2008 年省里下达给宝清县 4 万 hm² 国家高油大豆良种补贴指标，宝清县迅速将指标落实到大豆高产创建核心区、示范区和辐射区，通过统一供种使示范点良种覆盖率达到 100%。加强病虫害防控。强化了重大病虫草鼠防控工作，加强了高产创建示范区的病虫害发生动态的监测和预报，提前制订重大病虫草鼠害防控预案，并根据病虫草发生情况，采取了农业、化学等综合防治技术措施，以村为单位开展统防统治。同时，加强了农药市场监管，全面禁止甲胺磷等高毒农药生产使用，确保农产品质量安全。

宝清县推进机械化生产。把大豆高产创建活动与场县合作共建相结合，利用农场的大型机械和先进的管理技术，大力推广机械深松、精量播种、机械化栽植、联合收割等重点农机技术，提高农业生产的科技贡献率。2008 年，宝清县大豆高产创建核心区全部实行统一整地、统一施肥、统一供种、统一包衣、统一播种、统一管理的生产模式。培育典型重示范，宝清县特别注重典型的培育工作，全县共培育大豆种植面积 66.7hm² 以上的大户 150 户，规模经营 666.7hm² 以上的农机作业合作社 10 个，起到了良好的示范带头作用。

第二节　自然与经济概况

一、土地资源概况

宝清县幅员面积 10 001.27 km²，按照国土资源局统计数字，宝清县耕地土壤类型面积构成见表 2-1-1，各乡镇各类土地面积及构成如表 2-1-2 所示。

表 2-1-1　宝清县耕地土壤类型面积构成

序号	土类名称	亚类数量	土属数量	土种个数	耕地面积（hm²）	占耕地面积（%）
1	白浆土	2	2	6	5 390.7	3.65
2	黑土	4	4	12	39 181.6	26.55
3	草甸土	5	4	14	63 933.3	43.33
4	暗棕壤	4	3	4	7 224.2	4.90
5	沼泽土	3	2	4	18 697.9	12.67
6	水稻土	4	3	4	13 113.3	8.89
合计	6	22	18	44	147 550.5	100.00

表 2-1-2　宝清县各乡镇各类土地面积构成

乡镇名称	耕地面积（hm²）	占全县面积（%）	水田（hm²）	占耕地面积（%）	旱地（hm²）	占耕地面积（%）
宝清镇	19 580.00	13.27	953.56	4.87	18 626.44	95.13
朝阳乡	13 410.00	9.09	535.05	3.99	12 874.85	96.01
夹信子镇	12 210.00	8.28	3 803.61	31.15	8 406.39	68.85
尖山子乡	18 230.00	12.36	19.37	0.11	18 210.63	99.89
龙头镇	6 580.00	4.46	303.23	4.61	6 276.77	95.39
七星河乡	10 710.00	7.26	342.20	3.20	10 367.80	96.80
七星泡镇	28 260.00	19.15	1 172.38	4.15	27 087.62	95.85
青原镇	19 890.00	13.48	6 302.45	31.69	13 587.55	68.31
万金山乡	10 990.00	7.45	3 773.70	34.33	7 216.3	65.66
小城子镇	7 690.00	5.21	127.77	1.66	7 562.23	98.34
合计	147 550.00	100.00	17 315.32	11.74	130 234.68	88.26

宝清县土地自然类型齐全，土地利用程度较高（利用率为 96.3%，垦殖率达到了70.5%）。但存在着人均耕地逐年减少，可供利用土地后备资源面临枯竭的情况，目前仅为

1.5 万 hm²。现有用地结构不合理，森林覆盖率为 33.3%；土地使用缺乏科学管理，重使用，轻养护，中低产田面积仍较大，占耕地总面积的 20% 左右；土地使用制度改革后，强化科学管理使用力度不够等问题，在后备土地资源开发、中低产田改造、土地整理、城镇国有存量土地、农村居民点存量土地等方面还有一定的潜力可挖掘。

二、气候与水文地质条件

（一）气象条件

宝清县属于寒温带大陆性季风型气候，其主要特点：春季偏旱，少雨多风，蒸发量大；夏季温热，雨量充沛，日照时间长；秋季短促，降温快且气候多变；冬季漫长，严寒少雪，土壤结冻时间长而日照时数短。年平均降水量 548.6mm，境内降水分布，自北部平原向西南部山区递增。年内间降水分配不均，基本特点是冬季受北来干冷气团影响降水极少，仅占全年降水量约 5.1%；夏季受南来暖湿气团影响降水集中，占全年降水量的 59.3%；春季降水偏少，占全年降水量的 14.6%；秋季降水偏多，占全年降水量的 20.5%。年均气温 3.3℃，年内各月间气温变化分明。1 月份最冷，月平均气温为零下 18.3℃，极端最低气温为零下 38.5℃（1970 年 1 月 30 日）；7 月份最热，月平均气温 21.9℃，极端最高气温为 37.2℃（1982 年）。宝清县≥10℃活动积温历年平均为 2 570.1℃，但由于地形条件的不同，气候也有明显的地方性变化，表现为山区气温低于平原地区。其中：山区为 2 200℃，无霜期 112 天；山前漫岗区 2 300℃，无霜期 130 天；平原区 2 670℃，无霜期 143 天。作物生育期间温度比较高，能满足一年一季作物生长的需要。

（二）水文地质条件

宝清县水资源丰富，地表水和地下水总贮量约有 73.8 亿 m³，可利用量为 35.31 亿 m³，占水资源总量的 47.8%。宝清县耕地按 14.8 万 hm² 计算，平均每 hm² 耕地占有 23 858.1m³，约为三江平原平均水平的 3 倍。

在宝清县山区分布着古生界海西期的花岗岩，泥盆系的安山分岩类、石灰岩，侏罗系的沙岩类，白垩系的安山岩类。这些岩类形成山地、丘陵地，成为山麓坡面的基岩。第三系上新统的玄武岩是形成山前台地的母岩。

（三）地貌特征

宝清县地貌结构复杂，各种地形俱备，大体上是四山、一岗、三平、二低，称为"四山一水四分田，半分芦苇半草原"的自然景貌。境内有山地、丘陵、平原、沼泽、河川等 5 种地形。山地面积 4 527km²，占总面积的 41.6%；丘陵面积 2 380km²，占总面积的 15.2%。沼泽、河川地 2 377km²，占总面积的 21.3%。

三、经济概况

2006 年宝清县地区总产值实现 40.4 亿元，财政总收入 4.5 亿元，同比分别增长 15.0% 和 30.75%。固定资产投资累计完成 27.8 亿元，消费品零售总额实现 5.7 亿元，县域经济综合实力由 2003 年的第 37 位跃升至第 15 位。今年上半年，宝清县生产总值实现 13.1 亿元，同比增长 17.1%；全口径财政收入完成 9 021 万元，同比增长 19.25%；财政一般预算收入实现 4 464 万元，同比增长 22.81%。在经济快速发展的同时，社会各项事业也得到长足发展。几年来，先后被评为全国生态示范县、文物工作先进县、文化事业发展先进县、全省农业和农村工作先进县、科技工作先进县、两基教育先进县、法治环境建设先进县、首批平安县等众多荣誉称号。

第三节　农业生产概况

一、农业生产布局

（一）大豆种植

1995 年起，为提高大豆单产，大面积推广清种或与玉米大比例间种，防止重茬或迎茬，播种时采用单体机垄上条播或人工等距点播，每穴播 2～3 粒种子，人工等距手工间苗。肥地块，晚熟品种每公顷保苗 16 万～18 万株，中熟品种 20 万株，早熟品种 25 万株；中肥地块，晚熟品种 18 万～20 万株，中熟品种 25 万株，早熟品种 28 万～30 万株；低肥地块，晚熟品种 20 万～22 万株，中熟品种 25 万～28 万株，早熟品种 30 万株。两叶对生单叶展平间苗，出现复叶时定苗，间苗后随即进行第一次中耕，以后每隔 10 天进行一次中耕，第一次铲趟、深趟、少培土，第二次深铲、深趟、少培土，第三次浅铲、深趟、多培土。

大豆施肥，一般每公顷施优质农家肥 2 万 kg 做基肥，再施磷酸二铵 100～150kg，硫酸钾 50～60kg 做底肥。大豆结荚期后，发现脱肥，每公顷可用尿素 10kg 加磷酸二氢钾对水进行喷雾。

近年来，随着种植结构的调整，宝清县玉米、水稻等种植面积不断扩大，大豆重迎茬现象有所缓解，但是全县乡镇间不平衡。大豆高产区宝清镇、尖山子乡、七星河乡、朝阳乡等乡镇，大豆重迎茬现象较为严重，每年大豆重迎茬面积占 50% 以上；七星泡镇、青原镇、万金山乡等乡镇玉米、水稻等作物面积较大，大豆重迎茬现象较轻，每年大豆重迎茬面积在 30% 左右。

自 2006 年以来，随着测土配方施肥及先进栽培技术的推广应用，大豆种植技术及施肥水平不断提高，对大豆重迎茬加强中耕施肥管理及重迎茬病虫害的防治，使大豆生产潜力得以更好地挖掘。

（二）水稻种植

宝清县从 20 世纪 80 年代开始种植水稻，从直播到插秧，在种植技术上不断改进，主要方式如下。

1. 水稻旱育苗

（1）床土配制。1986 年全县实行水稻旱育苗栽培技术，淘汰了传统的水床育苗技术。床土调配多采取硝基腐殖酸，或用硫酸与草炭制成酸化草炭后再进行床土调酸，1988 年水稻苗期立枯病严重，对此，县农科部门研制了苗床营养土，1989 年生产、试验、示范、应用。1992 年后，全县水田区育苗床土配制均应用多功能营养土。

（2）稀播育秧。1987 年，旱育苗每平方米播湿稻种 0.5～0.6kg。1990 年农技部门引进"三早"栽培技术，即选用早熟抗低温品种，早育稀播，多磷育苗秧，早插小龄苗，超稀植栽培，早熟 3～5 天。1991 年宝清县农科所在尖山乡进行纸钵盘育秧试验，每盘 561 个钵体，即每盘育 561 穴秧苗，每个钵体大约盛 3g 床土，播 2～3 粒稻种，具有省种子、省床土、秧苗素质好、移栽省工、不缓苗、分蘖多、产量高等优点，1993 年后在全县大面积推广。

2. 水稻插秧密度

1989 年在宝清县进行插秧密度试点。

大棚旱育苗，每公顷施纯氮 325.6kg，供试品合江 19 号，插秧密度 30cm×20cm 产量最高，每公顷 8 101.4kg，比 30cm×13.3cm 增产 12.88%，比 26.7cm×10cm 增产 15.68%，比 30cm×26.7cm 增产 13.5%。大棚旱育苗，每公顷施纯氮 339.5kg，供试品种合江 19 号，插秧密度 30cm×20cm 产量最高，每公顷产量 7 940kg，比 30cm×13.3cm 增产 14.24%，比 30cm×10cm 增产 20.48%，比 30cm×26.7cm 增产 16.8%。1991 年，宝清县大面积推广 30cm×20cm 插秧密度，到 2000 年，宝清县稀植面积达 85% 以上。

二、肥料应用

（一）农家肥

1986 年以来，县政府按宝清县旱田土地面积下达积肥任务，每公顷 35m³，1989 年以来增加了水田积肥任务，各乡镇按承包耕地面积下达到农户，各地结合村屯建设，同时抓好厕所、畜圈、灰仓、沤肥坑和堆肥场地等积造农肥设施建设，城镇近郊乡镇，组织农民进城清洗厕所、增加粪肥来源。

1993 年，宝清县积肥任务 367.7 万 m³，其中：过圈肥占 55%，堆沤肥占 35%，秸秆肥占 10%，农肥的有机质含量在 6% 以上，每个农户积攒草木灰 200kg 以上。

2001—2005 年，宝清县每年积施农肥的总数量为 166 万~243 万 t（表 2-1-3），即每公顷积施 15t，维持土壤有机质的平衡。但是，宝清县有机肥施用呈波动性变化，尤其近几年有机肥施用量呈下降趋势。

表 2-1-3　宝清县 2001—2005 年农家肥施用量

年份	农家肥（万 t）
2001	166
2002	184
2003	195
2004	224
2005	243

（二）化肥

1986 年，全县应用化肥的主要品种有二铵、尿素、硝铵、氢铵和硫酸铵等。在施肥方法上推广氮、磷结合，氮磷钾结合，因土定量施肥，在大部分农田推广不同氮、磷配方 937.5hm²，其中，高肥地块 558.6hm²，增产 13.85%，低肥地块 378.9hm²，增产 16.4%，在玉米田使用钾肥试验，每公顷施硫酸钾 75~150kg，增产 450~525kg。

1989 年在水田施肥技术上，采用前重、中控、后巧的施肥技术方法。即在氮肥的用量上，底肥 50%，分蘖肥占 30%，中期（穗分化前后各 10 天）停止施用氮肥，后期施 20%

左右的穗粒肥。

1990 年在玉米施肥上实行稳磷、增氮、加钾、配微（肥）的方法。岗地、漫岗地每公顷钾肥施用量 100kg，二洼地及冷凉地每公顷使用硫酸锌 15kg，增产 5% ~ 10%。引进玉米专用肥 30 余吨，平洼地有增产效应，山岗地后期有脱肥现象，1991 年后，全县各乡镇均有应用。

1992 年，农技部门提出连续 5 年以上施用二铵 200kg/hm² 的地块，可以减磷（施二铵 40 ~ 50kg/hm²），保氮，增加钾肥的施用量。

1996 年后，水田增加了锌肥的投入，每公顷用硫酸锌 20 ~ 25kg，农民称其为"客权肥"。1997 年后，玉米施用的氮肥以尿素为主，硝铵用量逐年减少，1998 年，农技部门提出减磷、稳氮、补钾、配微的施肥原则，中等肥力地块每公顷施二铵 125 ~ 150kg。一些氮、磷、钾、微等复混肥因使用方便、效果稳定而备受农民欢迎。

表 2 - 1 - 4　宝清县 2001—2005 年化肥施用量　　　　　单位：t

年份	氮	磷	钾	复合肥
2001	4 335	888	920	4 652
2002	4 005	1 205	1 186	3 898
2003	3 390	1 425	1 313	4 169
2004	3 651	2 099	1 346	4 284
2005	4 934	3 264	1 963	4 761

2001—2005 年，施用氮肥和复合肥数量有一定的波动，磷、钾肥的数量呈逐年增加趋势，如表 2 - 1 -4 所示。

（三）生物菌肥

1986 年推广保健增产菌，主要应用于大豆田、玉米田和水稻田，粮食作物平均增产 7% ~8%，玉米制种田增产 15%，采取玉米拌种、大豆喷洒、水稻蘸根等方法，延续至 1995 年，累计实施面积 46 666.7hm²。

1993 年开展了生物钾肥试验、示范，增产效果与施用钾肥效果相当，主要是将土壤中的缓慢性钾或矿物质转化成速效钾，成本低，1994 年全县各乡镇均有应用。

1998 年应用推广了富龙、活绿宝、地得力、增鑫等品牌的生物菌剂，主要成分为固氮菌、解磷菌、解钾菌等有益菌种的混合，应用于玉米、水稻、蔬菜等作物，具有促进作物发芽、生长、提高品质、提高抗病能力、促进早熟增产等作用。粮食作物平均增产 5% ~10%，蔬菜增产 15% ~30%。2000 年在玉米田、水稻田开展土壤磷素活化剂试验示范，秋后测产比对照玉米增产 7.8%，水稻增产 10.3%。

（四）微肥

1986 年宝清县应用的微肥主要是钼肥和锌肥等。1987 年，宝清县在大豆田继续应用钼酸铵拌种，玉米田应用硫酸锌防治花白苗病，水稻应用硫酸锌防治赤枯病。1988 年在大豆田应用稀土拌种和花期喷施试验、示范，增产幅度为 7% ~8%，最高达 9.44%，1990 年后，稀土扩宽应用领域，玉米、水稻均有应用。1993 年，在水稻、大豆田进行"高美施"示范 66.6hm²，其中，玉米增产 22%、水稻增产 21.55%、大豆增产 22.6%，特别对大豆重茬、迎茬地块增产效果更加明显，瓜果、蔬菜类等经济作物均增产 20% 以上，1994—2000 年推广应用，锌肥施用面积不断增加，2000 年达 45%。

（五）植物生长调节剂

植物生长调节剂主要分为两大类：一类是促进作物营养生长，增强新陈代谢；一类是控制营养生长，促进生殖生长。

1986 年后，继续使用长 751 和三十烷醇。1989 年推广应用叶面宝、喷施宝、植保素等，使粮食作物增产 10% 左右，蔬菜、薯类、瓜类等增产 30% 以上。

1992 年，开始应用 ABT 生根粉，是国家科委重点推广的项目之一，在所有的生根植物中都可以使用，全县用于玉米、水稻、大豆、烟叶、蔬菜等作物和育林、造林、果树育苗等。玉米增产 21%，大豆增产 11%，水稻增产 38%。1993 年后，ABT 生根粉主要应用于水稻旱育苗和果树扦插。

第四节　农作物种植结构、面积、产量

宝清县种植作物主要是大豆、玉米、水稻和白瓜籽，种植面积分别占 60%、16%、10%、10%；粮食作物种植面积占 90%。近几年受市场的影响，水稻、玉米种植面积呈增加趋势。水稻产量近几年呈增长趋势；玉米产量波动较大，主要受气候变化的影响；大豆产量近几年在 2 000kg/hm² 左右波动。如表 2 – 1 – 5 和表 2 – 1 – 6 所示。

表 2 – 1 – 5　宝清县 2001—2005 年水稻、玉米种植面积和产量

年份	水稻				玉米			
	面积 （hm²）	占粮食 （%）	单产 （kg/hm²）	总产 （t）	面积 （hm²）	占粮食 （%）	单产 （kg/hm²）	总产 （t）
2001	10 046	14.2	6 006	60 333	9 879	13.9	5 744	55 930
2002	10 096	14.4	3 519	25 434	11 220	16	4 527	50 793
2003	9 278	6.9	3 958	36 726	22 033	16.5	6 357	140 068
2004	11 707	8.9	7 516	87 990	21 496	16.4	10 422	224 024
2005	11 933	8.9	7 980	95 226	22 050	16.5	9 349	206 150

表 2 – 1 – 6　宝清县 2001—2005 年大豆、白瓜籽种植面积和产量

年份	大豆				白瓜籽			
	面积 （hm²）	占粮食 （%）	单产 （kg/hm²）	总产 （t）	面积 （hm²）	占粮食 （%）	单产 （kg/hm²）	总产 （t）
2001	37 196	52.7	1 417	52 712	10 176	14.4	1 136	14 431
2002	34 315	48.9	1 676	57 511	8 158	11.6	1 463	11 955
2003	92 964	69.5	1 906	177 213	8 143	6.1	945	7 698
2004	85 850	65.7	2 152	184 727	9 333	7.1	1 285	11 990
2005	92 383	69.5	2 313	213 693	11 610	8.7	1 374	15 949

第二章 耕地土壤立地条件与农田基础设施

第一节 耕地土壤立地条件

宝清县土壤的发生发展与环境条件是紧密相联的。复杂的土壤类型，是在当地特定的成土条件下，经过一定的成土过程而形成的。自从人类开始在土壤上从事生产和生活，就对土壤形成与发展产生了深刻的影响。

一、耕地气候条件

气候条件支配着土壤的水热条件，对土壤的形成、演变及其营养物质的积累与转化起着重要作用。宝清县属于寒温带大陆性季风型气候，其主要特点：春季偏旱，少雨多风，蒸发量大；夏季温热，雨量充沛，日照时间长；秋季短促，降温快且气候多变；冬季漫长，严寒少雪，土壤结冻时间长而日照时数短。

（一）气温

宝清县年均气温3.3℃，年内各月间气温变化分明。1月份最冷，月平均气温为零下18.3℃，极端最低气温为零下38.5℃（1970年1月30日）；7月份最热，月平均气温21.9℃，极端最高气温为37.2℃（1982年），见表2-2-1。宝清县≥10℃活动积温历年平均为2 570.1℃，但由于地形条件的不同，气候也有明显的地方性变化，表现为山区气温低于平原地区。其中：山区为2 200℃，无霜期112天；山前漫岗区2 300℃，无霜期130天；平原区2 670℃，无霜期143天。作物生育期间温度比较高，能满足一年一季作物生长的需要。但有效积温年际间变化幅度较大，低温往往延迟作物生育期，遭受冻害而大幅度减产，因此，在生产上要合理布局作物品种，科学种田，促进早熟。

表2-2-1 宝清县月平均气温

月份	1	2	3	4	5	6	7	8	9	10	11	12
平均气温（℃）	-18.3	-14.2	-5.3	5.5	13.1	18.3	21.8	20.2	14.4	5.7	-5.9	-15.8

宝清县处于高纬度带，属于长日照地区。历年平均日照时数为2 059h，年日照率57%。7月份日照最长，为246.1h；12月日照最短，为152h。生长季节5～9月，日照时数为

1 175h，占全年日照时数的 57.1%。宝清县日照充足，太阳辐射量与长江下游地区相同。但目前利用率很低，一般不超过 0.4%。因此农业增产气候潜力很大。

（二）降水和蒸发条件

宝清县年平均降水量 548.6mm，境内降水分布，自北部平原向西南部山区递增。年内间降水分配不均（表 2-2-2），基本特点是冬季受北来干冷气团影响降水极少，仅约占全年降水量的 5.1%；夏季受南来暖湿气团影响降水集中，占全年降水量的 59.3%；春季降水偏少，占全年降水量的 14.6%；秋季降水偏多，占全年降水量的 20.5%。降水峰值月为 8 月，平均降水 137.1mm；降水最少月为 1 月，平均降水仅 5mm。降水呈单峰式，也是大陆性季风气候的主要特征之一。年际间差异大，最高的 1981 年降水量 827.8mm，而降水量最低的 1967 年仅 324.1mm，相差 1 倍多。

这种年际间和年内各月间降水不均，是导致宝清县旱年和涝年交替出现的主要原因。

宝清县积雪最厚的 1972 年达 19cm，积雪最少的 1977 年仅 3cm。春季只有积雪全部融化并蒸发后才能播种，而融雪时土壤冻结，水分不能下渗，不能解决春季干旱问题，反而造成坡地水土流失。积雪深的地方往往不能适时播种。

如表 2-2-2 所示，宝清县年蒸发量 1 373.3mm，其中：1 月和 12 月蒸发量最少，仅 15.4mm 和 15.1mm、5 月蒸发量最大，为 241.5mm。干燥度在 1.1，属于半湿润地区。宝清县由于春季降水少，蒸发量大，易发生春旱，秋季降水多，蒸发量少，往往导致秋涝。

表 2-2-2 宝清县月平均蒸发量与降水量

月份	1	2	3	4	5	6	7	8	9	10	11	12
蒸发量（mm）	15.4	26.5	83.8	160.9	241.5	211.6	198.5	151.2	134.1	108.4	42.7	15.1
降水量（mm）	4.4	4.7	10.2	25.9	47.6	74.1	109.6	125.1	75.5	39.6	11.9	6.7

总之，宝清县雨热同期，植物生长繁茂，年生长量大，每年留于土壤中的有机物质较多，冬季寒冷干燥，有机残体分解矿化缓慢。因此，在雨热同期的条件下，有利于土壤有机质的积累，这就是宝清县土壤腐殖质层深厚、有机质含量高的气候条件。

（三）地表水与地下水

宝清县水资源丰富，地表水和地下水总贮量约有 73.8 亿 m³，可利用量为 35.31 亿 m³，占水资源总量的 47.8%。宝清县耕地按 14.8 万 hm² 计算，平均每公顷耕地占有 23 858.1m³，约为三江平原平均水平的 3 倍。

1. 地表水

全县地表水量为 7.38 亿 m³，占总水量的 10%。境内有挠力河、七星河、宝石河、宝清河、金沙河、哈蟆通河等 16 条河流，都属于乌苏里江水系。此外，还有月牙泡、黑鱼泡等 12 个泡沼和 9 座塘坝，水面 306.7hm²。河、泡总的水面积为 2 752hm²。这些河流的特点：第一，都是自然河道，蛇形显著，弯曲系数大，河槽浅，排泄不畅。特别进入平原地区后，河两岸以 1~3km 的宽度蛇曲着低水河槽，从而到处分布着月牙形泡沼。由于排泄能力低，即使是小的洪水也容易形成低水河槽溢水泛滥。第二，各条河流的水源都是源于大气降水，因此，各条河的径流量在年际间或同一年的不同季节中变化很大，如挠力河 7~9 月径流量占全年的 75%以上；年平均径流量最大的为 41.9m/s，年平均径流量最小的仅 2.39m/s，相差 17 倍之多。这主要与降水分配不均有关。

宝清县除挠力河、七星河外其他河流都发源于该县境内的山区，从东、西、南 3 个方向流入平原区，并汇入挠力河。这些河流上游比降大，水流急，携带大量泥沙，进入平原地区后，地势平坦，比降小，水流缓慢，泥沙发生沉积。日积月累，年复一年，形成了宝清县北部及东北部大片平原，为草甸土、沼泽土的发生与发展创造了条件。

宝清县地表水 pH 值为 6.0~6.5，水化学类型主要是 HCO_3-Na 型，HCO_3-Ca 型居第二位。矿化度小于 0.5g/L。

2. 地下水

地下水贮量 66.42 亿 m^3，占宝清县总水量的 90%。宝清县地下水附存状况显著受地形、地质以及地质结构的支配。地下水附存状况主要分为三大类。

（1）基岩中的裂隙水分布及附存状况。本区基岩类型可分为古生界的变质岩类、中生界的火山岩类和第三纪的玄武岩类。由于这些基岩中裂隙的形成机构不同，裂隙水的附存状况也各异，可以分 3 种：①附存在因风化而形成的网状裂隙中的裂隙水。这类地下水分布在本县南部和西南部的山区。这一地区的地下水大多成为涌泉而涌出地表。其富水性除受降水影响外，与地形、植被覆盖状况和风化带的厚度有着深刻的关系。②附存在玄武岩裂隙和孔洞中的裂隙水。这类地下水生要分布在万金山和大孤山等地的残丘中。③受地质构造限制而附存的裂隙水。在宝清县西南部的古生层的沙岩和流纹岩类中，裂隙很发达。这些裂隙（断层类）大多数已为黏土化。由于该断层黏土化带形成遮水壁，所以，地下水在断层上侧被阻挡起来，几乎都是沿断层线而形成涌泉。

上述地下水不参与土壤水分循环，对土壤的形成没有影响。该地区降水虽然较多，土壤水分属于淋溶型，但受季节性冻层和黏重母质的影响，土壤水分又难于淋洗到地下水层，淋溶淀积过程有发展。该地区地面有一定坡度，地表很少滞水，土体主要处于氧化状态，是形成宝清县暗棕壤、白浆土、黑土的水分条件。

（2）碎屑岩类的裂隙水及其分布状况。第三系的碎屑岩类分布在宝清附近，由白泥质的极细砂岩和沙砾岩等构成。由于它们都没充分固化，所以附存裂隙水和孔隙水。这些带水层的上部为厚度 10~20m 不透水的泥岩类覆盖，所以地下水带有承压性。这类地区单井涌水量在其西部大于 100m^3/天，在东半部则小于 100m^3/天。

（3）第四系未固结岩类中孔隙水的分布状况。该类孔隙水分布在宝清镇、青原、七星河及万金山、尖山子乡北部平原区。该地区是第四系后，随反复进行的间歇性沉降运动而堆积成堆积物的地区。含有丰富的孔隙水，单井涌水量高的可达 5 000m^3/天，低的也可达 100m^3/天。地下水位高，土体下部直接受地下水浸润，为宝清县草甸土、沼泽土的形成提供了水分条件。

该区由于地形和地质的差异，地下水的化学性质可分成 4 种类型。①低山区 HCO_3-Ca 型。在宝清县西部及南部的山地地区，地下水以 HCO_3-Ca 型居多，$HCO_3-Ca\cdot Mg$ 型水次之。作为阴性离子，以 HCO_3^- 为主，其他离子非常少。pH 小于 7，呈弱酸性。②丘陵漫岗地区的 $HCO_3-Ca\cdot Mg$ 型和 $HCO_3-Na\cdot Ca$ 型。在临近山地之处的地下水为 $HCO_3-Ca\cdot Na$ 型，在缓坡的下部或接近平原地区的地下水为 $HCO_3-Na\cdot Ca$ 型，该地区地下水的 pH 一般为 7 左右。③微缓倾斜及平原地区地下水为 HCO_3-Na 型。④河川泛滥地区的地下水 $HCO_3-Ca \cdot Mg$ 型。该地区的地下水不是经由山地→丘陵坡形地→平原地区流下来的，大多数是降水和河川的直接涵养。所以呈现出接近山地地下水类型，含镁可认为是来自沿河的玄武岩供给。这一地区的 pH 值为 5.0～7.0，呈弱酸性。

二、成土母质

该区成土母质经过漫长的地质年代，地质构造运动频繁，母岩复杂，性质差异明显。在宝清县山区分布着古生界海西期的花岗岩，泥盆系的安山玢岩类、石灰岩，侏罗系的砂岩类，白垩系的安山岩类。这些岩类形成山地、丘陵地，成为山麓坡面的基岩。第三系上新统的玄武岩是形成山前台地的母岩。

由于不同岩石风化后形成的母质及其理化性质的不同，所以，宝清县成土母质的类型亦多种多样，性质千差万别。如花岗岩风化后往往形成颗粒较粗的母质，砂质页岩风化后形成质地细且养分丰富的母质。这些风化物借外力作用进行再分配，从而形成宝清县各地区不同的母质类型。

（一）残积物

残积物主要分布在山地及丘陵顶部。从残积物到基岩，呈渐变过渡，一般上细下粗，碎屑具棱角，并列不规则，无层理，厚度较薄。一般发育成原始暗棕壤和暗棕壤。

（二）坡积物

坡积物分布在低山丘陵地区山坡的中、下部及坡积堆和坡积群地形上。属于斜坡片流的长期搬运堆积物。堆积物以细颗粒为主并混有多棱角的岩石碎屑，机械组成和碎屑物的岩性，取决于山坡上段基岩岩性和残积层发育的程度。坡积物具有与坡面大致平行的不清晰层理，在这种母质上多发育成暗棕壤。

（三）洪积—冲积物

多以间歇性洪流搬运堆积而成，以棕黄色亚黏土为生，多分布在山麓台地和缓坡漫岗地带。在由麓台地多发育成白浆土、白浆化黑土，在缓坡漫岗地带多分布着黑土。

（四）冲积—洪积物

冲积–洪积物主要分布在挠力河、七星河、金沙河等河流两岸，是长期地表水流沿河谷搬运堆积而形成的阶地、河漫滩和各种冲积平原。堆积物具有明显的二元结构，上部是灰黑或灰黄色的黏土层，下部是灰棕色或黄褐色沙层和沙砾层。在这种母质上多发育成草甸土。

（五）沉积—冲积物

沉积–冲积物主要分布在挠力河下游的低平地形部位的万金山乡及尖山子乡北部，宝清镇十八里村东地河以西，七星河乡和芦苇公司等地。上层沉积物主要是黑褐色的亚黏土，该层较深厚。在这种母质上多形成草甸土、沼泽土。

三、地形

地形是形成土壤的重要因素。地形影响到水分和热量的再分配，影响到物质元素的转移。一般说来，地形越低，土壤水分越大，土温越低，养分元素越丰富。土壤分布随地形变化而呈现出规律性。由于宝清县地处三江平原与完达山的过渡地带，地貌复杂，可概分为山地丘陵区、丘陵漫岗区、平原区和低平原区 4 种类型（表 2 - 2 - 3）。

表 2 - 2 - 3   不同地形的面积统计

地形	山地丘陵区	丘陵漫岗区	平原区	低平原区
面积（hm^2）	144 526. 3	56 015. 5	16 323. 3	167 775. 0

（一）山地丘陵区

山地丘陵区分布在宝清县南部和西部。基岩由古生代的花岗岩、砂岩、辉绿凝灰岩、流纹岩，中生代的流纹岩、安山岩，第三纪的玄武岩等构成，山峦起伏连绵。相对高度一般海拔 200 ~ 400m，制高点老秃顶子山海拔 854m。该区在山顶部及山棱附近的坡面上，除岩石裸露外，其他部分被树木覆盖，发育成原始暗棕壤。山腰部堆积着风化物，并为茂密树林覆盖，发育成暗棕壤。山麓地带由于水分条件和植被种类的变化，则发育为暗棕壤和草甸暗棕壤，并得以作为耕地或植林地。在山地丘陵带分布着为数量众多的 V 形谷地和 U 形谷地，形成沟谷草甸土，有的已被开垦为耕地，但多数由于排水不良仍为荒地。

（二）丘陵漫岗区

丘陵漫岗区位于山地末端，是山地与平草的过渡地带，一般海拔 100 ~ 200m。该地形相对于山地、丘陵地，主要是由强烈侵蚀作用与堆积过程同时进行而形成的。这种地形的上部发育成暗棕壤、白浆土，中下部发育成黑土。该区也是宝清县耕地的主要分布区。

（三）平原区

平原区主要分布在七星泡镇和宝清镇十八里村东地河以西，是由近代河流冲积物堆积而成的。海拔一般在 70 ~ 100m。该地区地势平坦，土层厚，水分充足，适合于各类植物的生长，为土壤育机质的积累形成奠定了物质基础，土壤则以草甸黑土、草甸土为主。

（四）低平原区

该区主要分布在海拔 54 ~ 70m 的尖山子乡、七星河乡，是由河湖相沉积物堆积而成的。土层深厚黏重，地下水位浅，为沼泽土形成提供了条件。

四、生物条件

生物在土壤形成诸因素中起主导作用。生物是土壤中氮素的唯一来源，生物使土壤富含有机质，植物的选择吸收，使养分在地表富集。在不同植物影响下，形成不同的土壤属性，从而有不同的土壤类型，不同的土壤反过来又影响到植物的生长。土壤与植物间呈现出明显的规律性。宝清县自然条件复杂，自然植物种类繁多，植被类型大体可分为以下几种。

（一）森林植被

宝清县森林植被分布于山地丘陵地带，主要树种有柞树、糠椴、紫椴、水曲柳、黄波萝、山杨、白桦、春榆等，构成阔叶杂木林。乔木树冠下的灌木种类也很多，有榛柴、接骨木、胡枝子、刺五加等。林下草本植物也相当繁茂，且种类繁多，如蕨菜、野百合、木贼、透骨草等。这些植物每年都有大量的枯枝落叶和凋谢的花果堆积于地面，形成覆盖层—枯枝落叶层。该层疏松多孔，富有弹性，吸水量大，并能阻止地表水径流，有利于淋洗过程的发展。残落物在真菌的作用下，分解产生有机酸，导致弱酸淋溶过程的发展。在这种植被的作用下形成了暗棕壤土类。

（二）森林草甸草原植被

这种植被分布在低山丘陵向平原过渡地带的缓坡漫岗土。除部分灌木阔叶混交林外，主要是草甸草原植物，如黄花菜、报春花、小叶樟、落豆秋、狼尾草等，种类繁多，但无明显优势种，生长茂盛，给土壤提供大量有机物质，为黑土腐殖质的形成和积累奠定了物质基础。

（三）草甸植被

草甸植被分布在宝清县平原地带。草甸植物生要有丛桦、沼柳、小叶樟、白花地榆、野豌豆、败酱、黄花菜、金莲花、草玉梅、黄唐松草、野火球、紫苑、芦苇、毛水苏、千屈菜等。构成丛桦—杂类草，小叶樟—杂类草，小叶樟—沼柳，小叶樟—芦苇等群落。由于土壤水分充沛，热量充足，草甸植物生长繁茂，每年都有大量的有机物质遗留给土壤。在草甸植被的影响下，发育为草甸土及草甸沼泽土类。

（四）沼泽植被

沼泽植被分布在地势低洼的地形部位上。植物种类主要有乌拉苔草、修氏苔草、塔头苔草、小狸藻、水木贼、毛果苔草、沼萎陵菜、漂筏苔草、小叶樟等。构成苔草—小叶漳等群落，沼泽植物的生长对沼泽土和泥炭土的形成和属性有着重大影响。由于土壤经常处于过湿状态，有机质分解差，而在土壤中大量积累，加速了沼泽化、泥炭化过程，发育成不同类型的沼泽土和泥炭土类。

第二节　成土过程

土壤是在母质的基础上，各种成土因素综合作用下，经过成土过程而形成的。不同类型的土壤，其主导的成土过程是不同的。概括起来宝清县共有以下 9 个成土过程。

一、有机质聚积过程

有机质聚积过程存在于各类土壤的形成过程之中。有机质在土体中的聚积是生物因素在土壤中发展的结果。各种植物每年都遗留于土壤一定数量的有机物质，这些有机物质的合成、分解和积累，受水、热条件及其他成土因素综合作用的影响。在嫌气条件下，合成、积累大于分解，以腐殖质的形态在土壤中聚积，形成深厚的腐殖质层。在好气条件下，有机质分解旺盛，因此，以腐殖质形态在土壤中聚积的有机质就少。在几乎完全隔绝空气的条件下，有机质只能进行极弱的分解，甚至有不同分解程度的有机体的组织保留下来，成为泥炭。

二、黏化过程

黏化过程就是矿物质土粒由粗变细形成黏粒的过程，或黏粒在土层中淀积使黏粒含量增加的过程。黏化过程是暗棕壤土类的主要成土过程，此过程发生在宝清县丘陵山地和高岗等排水良好的地方。在该区温湿条件下，土体发生弱酸淋溶和黏化过程。这一过程反映在游离的钙、镁、铁、铝转移和黏粒下移上。这些有色物质被淋溶到心土层，在剖面中得以氧化积累，使剖面成为棕色。茂密的自然植被产生的灰分，含有丰富的盐基，中和了微生物活动所产生的有机酸，被中和的有机酸进入土壤后，不足以引起灰化作用，只能使土体发生黏化现象。

三、白浆化过程

白浆化过程是白浆土的主要成土过程。本过程是在土壤表层经常处于干湿交替的条件下，土壤中的铁、锰等有色元素被还原时，以离子态溶解于水，并随之沿缓坡或结构裂隙而淋失，使亚表层脱色形成白浆层。失去胶膜的胶结而分散的黏粒随水下移，并在下面土层淀积。所以，白浆化过程可以被概括为：在还原条件下铁锰的还原淋失和黏粒的机械淋溶淀积相结合的过程。但上述过程同样存在于黑土和草甸土，而不形成白浆土，说明白浆土的形成可能与其特殊的母质条件有关。

四、潜育化过程

潜育化过程是沼泽土的成土过程，是指在地势低洼、排水不良的条件下，土壤受积滞水的长期浸渍，因长期缺氧，土壤矿物质中的铁、锰被还原，呈低价化合物状态存在，使土体的基色呈青灰色或灰蓝色，这种土层，称潜育层。

五、潴育化过程

潴育化过程是渍水经常处于移动状况的土壤中普遍发生的过程。本过程的实质是由于渍水经常移动，土壤干湿交替，导致氧化还原过程交替发生，使土壤中易变价的铁锰物质在还原时，呈低价状态随水迁移，这些还原物质在干燥时又被氧化，形成高价氧化物在土壤中淀积，形成锈斑和铁锰结核。

六、草甸化过程

草甸化过程是草甸土的主要成土过程。它包括2个方面：一是地面生长草甸草本植被，形成有机质聚积；二是地下水位浅，土体下部直接受地下水浸润，由于季节性氧化还原过程的交替出现，则发生铁锰化合物的迁移和淀积，在土体中出现锈斑锈纹和铁锰结核。所以，草甸化过程就是土壤表层的草甸腐殖质聚积过程和下部土层潴育化过程双重过程。

七、沼泽化过程

沼泽化过程多发生于气候湿润、地形低洼、母质黏重、地表水多、地下水位高、土壤经常处于季节性或长期积水状态，生长着喜湿性植物的土壤中。在这种环境中，植物生长繁茂，每年遗留大量有机物质，但处于嫌气状态，分解缓慢，有机物质不能充分分解，因而在土层上部形成深厚的泥炭层或腐殖质层。而下部土层则进行着潜育化过程。所以，沼泽化过程就是表层的泥炭聚积或腐殖质聚积过程和下部的潜育化过程。

八、钙化过程

宝清县土壤的钙化过程是指土壤表层脱钙和钙在下层的聚积。钙化过程是碳酸盐草甸土形成过程的一个附加过程。

九、熟化过程

土壤熟化过程，就是人类定向培育土壤肥力的过程。该过程大体分为2个阶段：一是改土熟化阶段，如平整土地、发展农田水利等，以改变农业生产条件；二是培肥熟化阶段，是通过耕作施肥提高土壤肥力。熟化过程并没有摆脱自然因素的影响，而是兼受自然因素和人为因素的综合影响，但人为因素占主导地位。

第三节　土壤分类与土壤分布

一、土壤分类的目的

土壤分类的目的，就是根据不同土壤的主要成土条件、成土过程和土壤属性以及它们之间的内在联系和差异，把自然界的土壤进行系统的排列，为合理利用、培肥、改良土壤以及因地制宜地进行科学种田提供依据。

二、土壤分类的原则

宝清县土壤分类依据《全国第二次土壤普查工作分类暂行方案》《黑龙江省土壤分类草案》《合江地区土壤分类暂行草案》，以土壤发生学分类的理论及原则为基础，按照自然土壤与农业土壤统一分类的原则，采用国家现行五级分类制，即土类、亚类、土属、土种、变种。

（一）土类

土类是土壤分类的基本单元，是根据成土条件、成土过程、剖面形态和属性划分的。土类是在一定的综合自然条件和社会条件下形成的，具有独特的形成过程和剖面形态。土类之间在肥力上有质的差异。

（二）亚类

亚类是土类的一个辅助单元，是在土类范围内的各发育阶段或土类之间的过渡类型，或根据该土类主导成土过程以外的另一个或两个附加的成土过程划分的。每个亚类内的土壤，在土壤发生学特性及改良利用方向上，具有更大的一致性。

（三）土属

土属是在土壤发生学上有互相联系，具有承上启下意义的分类单元。就是亚类的续分单位，又是土种的共性单位，主要根据母质、地形等地方因子划分。

（四）土种

土种是土壤分类的基层单元。根据发育程度和熟化程度划分，只反映土壤属性在量上的差别，而不反映质变。在实际调查中，某些土壤耕地与荒地的土种划分标准不一致，如岗地白浆土开垦后，有些地块的黑土层与白浆层相混，在这种情况下，土种划分主要参考耕层的颜色、肥力状况分为薄层岗地白浆土和中层岗地白浆土。关于水稻土的分类，由于宝清县水稻面积很小，且年际间变化很大，多数生产单位无固定水田地块，所以，在宝清县并没有真正的水稻土。分类时采用凡是在调查时种水稻的土壤都定为水稻土为方法划分的，命名时，采取在原来土壤的名称之后加上水稻土，如草甸土型水稻土。关于河淤土、泛滥地草甸土，根据省土壤普查办的通知，将其归于草甸土类。

根据上述分类原则和依据，宝清县土壤共分为 6 个土类、22 亚类、17 个土属、44 个土种，见表 2 - 2 - 4。

表 2 - 2 - 4　土壤类型统计

序号	土类名称	亚类数量	土属数量	土种个数	面积（hm²）	占总面积比例（%）
1	白浆土	2	2	6	8 737.1	2.24
2	黑土	4	4	12	51 829.3	13.31
3	草甸土	5	3	14	128 978.7	33.12
4	暗棕壤	4	3	4	143 796.1	36.93
5	沼泽土	3	3	4	42 954.3	11.03
6	水稻土	4	3	4	13 113.3	3.37
合计		6	22	17	44	389 409.8	100.00

三、土壤分布

宝清县的土壤分布深受地形和地质条件的影响，成土母质和人为活动也增加了土壤分布的复杂性。宝清县地处完达山脉北部，东、南、西三面环山，构成低山丘陵地貌类型。海拔为 200～854m，是该县暗棕壤主要分布区。从该地区最高部位向下，坡度渐缓，土层逐渐加厚，质地变细，土壤保水和蓄水能力增强，由棕壤化过程逐步增加有草甸化过程，土壤由石质暗棕壤到草甸暗棕壤进一步过渡到白浆土。该区土壤类型以暗棕壤亚类面积最大，为 96 064.3hm²，占暗棕壤土类面积的 66.5%。由于原始暗棕壤只能发育在山脉与丘陵顶部的向阳坡上及坡度陡峭的地方，所以面积很小，仅 20 959.1hm²，占暗棕壤类面积的 14.5%。草甸暗棕壤分布在暗棕壤之下坡降较缓的山脚下，面积 3 014.9hm²，占暗棕壤面积的 2.0%。

宝清县白浆土根据其成土过程和地形部位可分为岗地白浆土（白浆土）、平地白浆土（草甸白浆土）和低地白浆土（潜育白浆土）3 个亚类。岗地白浆土主要分布在山前台地之上，面积较大，为 8 278.1hm²，占白浆土类面积的 95.0%，草甸白浆土和潜育白浆土零星地分布在草甸土区，并没有分布规律。潜育白浆土由于图斑过小，在土壤图上没有反映出来。

黑土主要分布在丘陵漫岗地区，海拔在 100～200m。根据成土过程的特点与发展方向，可分为黑土、草甸黑土、白浆化黑土、棕壤型黑土 4 个亚类。棕壤型黑土分布在草甸暗棕壤之下、黑土之上的坡脚地方，是草甸暗棕壤与黑土间的过渡类型，黑土分布在波状起伏的漫岗中上部，草甸黑土分布在漫岗下部，白浆化黑土是白浆土与黑土之间的过渡类型，分布在台地边缘和平地中高岗地形部位上。

草甸土是一种隐域性土壤，地理分布与地形有密切关系。主要分布在北部低平原地区，海拔一般为 70 ~ 100m。在地形起伏较大的低山丘陵地区及沿河地区也分布着草甸土。但受母质和水文地质的影响而发育成不同亚类的草甸土，并以草甸土亚类面积最大，为 35 476.3hm²，占草甸土类面积的 27.5%。

沼泽土主要分布在宝清县东北部海拔 54 ~ 70m 的低平原地区，在长期或季节性积水的低洼地中发育成沼泽土，面积大小不等，有的集中连片，有的零星分散。宝清县各类沼泽土面积为 42 954.3hm²，占土壤总面积的 11.03%。

总之，宝清县各类土壤随自然成土条件的变化，有规律的分布。暗棕壤分布在宝清县最高地形部位上，在它周围的洪积台地上分布着白浆土；在波状起伏的漫川、漫岗上分布着黑土；在低平原地区及河流沿岸、沟谷地中，分布着各类草甸土；在平原地区的碟形洼地及低平地区分布着沼泽土类。

第四节 土壤类型

宝清县土壤肥沃，资源丰富，素以"土壤沃衍，植无不宜"著称，受成土条件的影响。土壤种类繁多，有 6 个土类、22 个亚类、44 个土种，现分别叙述如下。

一、暗棕壤

（一）暗棕壤的形成和分布

暗棕壤又称棕色森林土，俗称山地土或林子土，属于山地土壤，分布在小城子、龙头、朝阳、万金山乡等地的低山丘陵上。面积 14 379.1hm²，占全县总面积的 36.93%，其中耕地 7 224.2hm²，占本土壤面积的 4.9%，占宝清县耕地面积的 5.5%。

宝清县暗棕壤主要分布在海拔 150m 以上的山地丘陵地带或平原中的残丘上。自然植被为蒙古柞、桦、山杨等阔叶杂木林及灌木林，垂直分布带谱分布在白浆土、黑土之上，或呈复区分布。母质为岩石风化残积物或坡积物，一般质地较粗，地形坡度较大，排水良好，土体经常处于氧化状态，氧化铁在剖面中相对积累使土体呈现棕色。阔叶林木及草本植物灰分高、盐基丰富，中和了微生物活动产生的有机酸。被中和的有机酸进入土层后，不能引起黏土矿物的分解破坏，因此不足以引起灰化作用，只能发生黏粒及部分元素的淋溶，使土壤发生黏化现象。

宝清县暗棕壤，根据成土过程的差异，可分为原始暗棕壤、暗棕壤、草甸暗棕壤、白浆化暗棕壤 4 个亚类。

（二）原始暗棕壤

原始暗棕壤在 1 : 100 000 土壤图上代号是 1 号，面积 20 959.1hm²，占暗棕壤土类面积的 14.5%。其特点是，该土处于暗棕壤化过程的原始阶段；质地粗，土层薄，生物过程和淋溶过程弱，层次分化不明显。剖面形态特征以 Ⅳ-027 号剖面为例说明如下：该剖面采自县农业科学研究所后山荒地上。枯枝落叶层（A₀）0 ~ 2cm，由木本和草本植物凋落物组成。腐殖质层（A₀）2 ~ 9cm，暗灰色，团粒状结构，疏松多根系，有少量砾石。母质层（C）9cm 以下，为半风化的碎石层，该层上部碎石面上微见棕色，再向下过渡到基岩。

据 45 个农化样分析，腐殖质层有机质平均为 51g/kg、最低的为 29.5g/kg、最高的达到

80.9g/kg，全氮平均 2.81g/kg，全磷平均 2.15g/kg，全钾平均 20.4g/kg，碱解氮平均 214.4mg/kg，速效钾平均 294mg/kg，含量比较丰富，速效磷 50.24mg/kg，属中等水平。原始暗棕壤质地较粗，表层结构良好，多为团粒结构，土壤容重平均 0.98g/cm³，土壤总孔隙度平均为 61.6%。

原始暗棕壤的腐殖质层养分含量虽然较高，但因土层薄，总贮量较低，加之地形坡度大，水土流失严重，因此只适于做林业用地。

（三）暗棕壤

暗棕壤亚类也称典型暗棕壤，在土壤图上的代号是 2 号。总面积为 96 064.3hm²，占暗棕壤土类面积的 66.5%，其中耕地 4 402.5hm²，占该亚类面积 4.6%。黑土层厚 10 ~ 28cm，平均 16cm，暗灰色，粒状、团块状结构，疏松多根系，过渡较明显；黑土层之下是棕色淀积层，厚 35cm 左右，混有少量碎石块，土壤质地为重壤至中黏土；再向下是半风化碎石层。现以 III-100 号剖面为例说明如下：枯枝落叶层（A₀）0 ~ 4cm，由林相枯枝落叶物组成，疏松富有弹性。腐殖质层（A₀）4 ~ 26cm，暗灰色，团粒状结构，过渡较明显。淀积层（B）26 ~ 58cm，黄棕色，块状结构，根量少，土质坚实，重壤至中黏土，夹有砾石。母质层（C）58cm 以下，岩石碎块。

暗棕壤的理化性质：暗棕壤在淋溶作用和黏化作用的双重影响下，土壤黏粒在剖面中已发生变化。据土壤颗粒分析，剖面中腐殖质层的黏粒平均为 43.1%，淀积层为 54%，表明黏粒在土体中有淋溶淀积现象。暗棕壤腐殖质层比较疏松，容重一般为 0.95 ~ 1.04g/cm³。总孔隙度 59.6% ~ 62.6%，淀积层容重平均 1.28g/cm³，总孔隙度在 51% 左右。各种养分在土壤剖面中多集中在腐殖质层，其中有机质含量平均是 49g/kg，淀积层为 8.3g/kg。据 141 个农化分析样统计，表层有机质含量平均为 55.5g/kg，全氮平均为 3.0g/kg，碱解氮 247mg/kg，速效磷 27.66mg/kg，速效钾 205mg/kg。pH 值 6.4 ~ 6.7，呈弱酸性或近中性。

总之，暗棕壤表层养分比较丰富，易于熟化，土质热潮，养分转化得快，发小苗不发老苗，物理性质良好，无重大不良性状。但开垦之后，水土流失严重，土层变薄，肥力下降，性质变坏，因此适于做林业用地。但目前的耕地质量调查中发现很多暗中壤已开垦成农田。

（四）草甸暗棕壤

草甸暗棕壤在土壤图上代号是 4 号。面积 3 014.9hm²，占暗棕壤土类面积的 2.0%；其中，耕地 729hm²，垦殖率为 24.2%。该亚类分布在低山丘陵区坡降较缓的地方和平原地区的残丘上。自然植被为疏林和灌木林，林下和林隙间草本植物生长旺盛。有些地方树林被伐后，木本植物完全由草本植物所代替。成土过程由暗棕壤化过程逐步增加有草甸化过程。成土母质是坡积物或洪积物。该土黑土层比暗棕壤厚，平均为 25cm，暗灰色，粒状团块状结构，土壤疏松多根系，层次过渡不甚明显，其下是过渡层，颜色较上层为浅。再向下是褐棕色淀积层，小核块状结构，结构面上有胶膜，紧实，有铁锰结核，并混有少量小石块。现以 III-3 号剖面为例说明如下：该剖面采自夹信子镇烽火台山东坡玉米田中。腐殖质层（A）0 ~ 25cm，暗灰色，粒状结构，多根系，疏松。过渡层（AB）25 ~ 45cm，棕灰色，团块状结构，稍紧，根系较少。淀积层（B）45 ~ 70cm，褐棕色，块状、小核块状结构，较紧实，有少量铁锰结核和小石块。

草甸暗棕壤的理化性质：由于草甸过程的加强，有机质积累量较暗棕壤高，平均为 54g/kg、最低约 30.4g/kg、最高约为 140g/kg，全氮 2.83g/kg，碱解氮 40mg/kg，速效磷

22.4mg/kg，速效钾 246.5mg/kg，pH 值 6.6 ~ 7.0，呈中性。草甸暗棕壤的养分在剖面上下层分布梯度小于暗棕壤。

按机械组成分析，草甸暗棕壤腐殖质层物理黏粒占 41.3%，淀积层占 63.7%，说明黏粒也有淋溶与聚积过程。

土壤质地比较黏，一般为重壤至轻黏土。据测定黑土层土壤容重 0.98 ~ 1.12g/cm³，其他层为 1.21 ~ 1.38g/cm³，总孔隙度黑土层 56.99% ~ 61.61%，向下急剧下降至 48.4% ~ 54.02%。草甸暗棕壤黑土层比较厚，养分含量也较高，可作为农业用地和林地。但开垦后要加强水土保持，注意用地与养地相结合。

（五）白浆化暗棕壤

白浆化暗棕壤在土壤图上代号是 3 号，面积为 24 488hm²，占暗棕壤土类面积 16.9%，其中：耕地 2 092.7hm²，占该亚类面积的 8.5%，主要分布在龙头、朝阳、小城子等乡。自然植被以杨、桦树为主的杂木林。母质多为残积和坡积物。黑土层厚 12 ~ 24cm，平均 16cm，过渡明显，白浆化层厚 10 ~ 25cm，平均 18cm，一般无结构或片状结构，有颗粒较小的铁锰结核，淀积作用不显著。其形态特征以Ⅳ – 324 号剖面为例。该剖面采自方胜前荒山松林东 100m 处。腐殖质层（A）0 ~ 20cm，暗灰色，粒状结构，根系密集，疏松。白浆化层（Aw）20 ~ 43cm，白灰色，微呈片状结构，紧实，根量少。淀积层（B）43 ~ 78cm，棕褐色，棱块状结构，结构面上微见胶膜及二氧化硅粉末。过渡层（BC）78 ~ 145cm，灰黄色，结构不明显，土质较黏，紧实、混有少量碎石块。母质层（C）145cm 以下，棕黄色，无结构，紧实。

白浆化暗棕壤的黏粒，在土体中有明显的下移淀积现象，表层多为壤土，淀积层以下多为轻黏和中黏土。

白浆化暗棕壤，pH 值在 6.6 左右，呈微酸性反应：有机质、全氮、全磷在剖面中的分布，以表层最多，向下迅速减少。据 45 个农化样分析，宝清县白浆化暗棕壤表层有机质含量平均 53.5g/kg，全氮平均 3.6g/kg，碱解氮 292mg/kg，速效磷 32.2mg/kg，但地区或地块之间有明显差异。

白浆化暗棕壤的利用方向以做林业用地或牧业用地为宜。农业用地应加强水土保持工作，增施有机肥，培肥土壤，建立以蓄水抗旱为中心的耕作制，积极推广深松耕法，打破白浆层，促进土壤熟化。

二、白浆土

（一）白浆土的形成和分布

宝清县白浆土主要是岗地白浆土。集中分布在万金山、朝阳、龙头、小城子乡镇，其他乡也有零星分布，面积 8 737.1hm²，占宝清县土壤面积的 2.3%，其中耕地 5 390.7hm²，占本土类面积的 23.8%。宝清县白浆土集中分布在山前洪积台地上，在开阔的平地和低平地上也有零星分布。成土母质主要是第四纪沉积黏土，上部黏土层厚度多在 1.5 ~ 2m。自然植被有蒙古柞、山杨、白桦等为主的次生林和灌木林，杂类草群落，小叶樟—苔草群落等。植物生长期气候比较湿润，各类植物生长繁茂，在表层积累了丰富的有机质。

白浆土的形成过程包括腐殖化过程和白浆化过程。由于母质黏重，透水不良，在降水较多季节，上层土壤经常处于干湿交替过程中，促进了氧化还原过程交替发展，当上层滞水土壤处于还原状态时，三价铁锰化合物还原成二价化合物，除一部分随水侧流淋洗到土体外，大部分在干燥时又被氧化成高价铁锰固定下来，形成铁锰结核，这样就使白浆土的亚表层脱色形成白浆层。白浆土的土壤黏粒也有明显移动，一部分黏粒被流出土体以外，一部分随下渗水沿结构裂隙下移，致使淀积层黏粒增多，结构面上有明显的胶膜。白浆土自然植被茂密，表层有机质积累过程明显。但是上述过程同样存在于黑土和草甸土上而不形成白浆土，这可能与母质条件有关。

宝清县白浆土分为岗地白浆土、平地白浆土（草甸白浆土）低地白浆土（潜育白浆土）3 个亚类，3 个土属，5 个土种。潜育白浆土分布零星，图斑面积小，在 1：100 000 土壤图上反映不出来。

（二）岗地白浆土

全县岗地白浆土面积为 8 278.1hm²，占白浆土类面积的 94.7%，其中耕地 4 988.6hm²，占该亚类面积的 60%。

该亚类集中分布在朝阳乡、小城子乡、龙头乡、万金山乡的起伏漫岗地形上，七星泡乡、夹信子乡等地也有分布。岗地白浆土剖面层次分明，黑土层一般厚 8～25cm，平均 18cm，白浆层一般厚 6～24cm，平均 16cm，其下是淀积层，剖面中一般无锈斑。岗地白浆土剖面形态特征，现以Ⅳ-4 号剖面为例说明如下：该剖面采自万金山乡红光村西大豆地中。腐殖质层（A_1）0～20cm，暗灰色，粒状团块状结构，多根系，层次过渡明显。白浆层（Aw）20～45cm，灰白色，片状结构，结构体上有小孔洞，较紧实，少根系。淀积层（B）45～88cm，暗棕色，核块状结构，湿润，紧实，有棕色淀积胶膜和铁锰结核，过渡比较明显。过渡层（BC）88～124cm，棕黄色，结构不明显，略呈核块状，比较紧实。

岗地白浆土表层容重一般在 0.95～1.13g/cm³，其他各层在 1.16～1.4g/cm³，孔隙度以黑土层最高，在 56.6%～62.6%，向下急剧下降到 47.8%～55.7%。

由于黏粒在土体上有明显的下移淀积过程，表层质地一般为重壤土，淀积层多为中黏土和重黏土，土壤颗粒表层以粗沙粒（0.05～0.01mm）和细沙粒（0.005～0.001mm）为主，淀积层则以细沙粒（0.005～0.001mm）和粗沙粒（＜0.001mm）为主。

据 4 个剖面分析，岗地白浆土表层有机质含量平均 36.6g/kg，全氮 2.29g/kg，全磷 1.54g/kg；而白浆土有机质则下降到 8.8g/kg，全氮 1.1g/kg，全磷 0.91g/kg。由此可见，岗地白浆土表层养分状况虽然较好，但由于白浆层养分贫瘠，所以总储量很低。

岗地白浆土分为薄层、中层、厚层 3 个土种，其面积分别为 32.7hm²、6 827.9hm² 和 1 417.3hm²，各占岗地白浆土面积的 0.4%、82.5% 和 17.1%。三者的特征特性基本相同，仅在肥力上有差异。

1. 薄层岗地白浆土

该土种在 1：100 000 土壤图上的代号为 6 号，腐殖质层厚 7～10cm，平均 9cm 左右。据 15 个农化样分析，有机质含量平均为 31.4g/kg。全氮平均为 1.36g/kg，碱解氮 156mg/kg，速效磷 21.8mg/kg，速效钾 221mg/kg。

薄层岗地白浆土，开垦后黑土层与白浆层相混，降低了表层养分含量，破坏了土壤结构。自然植被遭到破坏，加剧了水土流失，农业生产能力很低。因此，薄层岗地白浆土应全部退耕还林还牧。

2. 中层岗地白浆土

中层岗地白浆土（代号 7 号）黑土层平均厚 16cm。有机质含量在 25.2 ~ 113g/kg，平均 43.7g/kg，全氮平均 2.6g/kg，碱解氮平均 167.7mg/kg，速效磷平均 22mg/kg，但不同地块间差异很大，有些地块表现为极度缺磷，速效钾为 223.39mg/kg。

3. 厚层岗地白浆土

该土种（代号 8 号）黑土层平均厚 21cm。据 5 个农化样分析，该层有机质含量平均为 52g/kg，全氮为 3.3g/kg，碱解氮为 225.6mg/kg，速效磷为 22.48mg/kg，速效钾为 278mg/kg，各种养分含量均高于上述 2 个土种。

中层、厚层岗地白浆土坡度小于 3°~5°，尚可做农业用地，但要努力提高和保持土壤肥力。大于 8°的应退耕还林还牧。由于该土分布在山前洪积台地及坡地上，要加强水土流失的防治工作。

（三）草甸白浆土

草甸白浆土分布在平原地区及沿河阶地上，土壤水分比岗地白浆土丰富，因此在剖面下部土层中，可见到锈斑。草甸白浆土在自然状况下生长着丛桦—小叶樟，杂草类群落；小叶樟—苔草群落。这些植物生长繁茂，每年都有大量的有机物质遗留于土壤，因此，草甸化过程比岗地白浆土明显加强，腐殖质层厚度大于岗地白浆土。宝清县草甸白浆土面积为 459.1hm²，占白浆土类面积的 5%，其中耕地 402.1hm²，占该亚类面积约 87.6%。草甸白浆土形态特性以 Ⅳ－111 号剖面为例说明如下：Ⅳ－111 号剖面采自尖山子乡兴东北亚麻地，微地形属于平原中的高平地。腐殖质层（A₁）0 ~ 26cm，黑灰色，粒状团块状结构，疏松多根系，层次过渡明显。白浆层（Aw）26 ~ 52cm，白灰色，片状结构，稍紧，有铁锰结核，根系明显减少，过渡明显。淀积层（B）52 ~ 120cm，棕褐色，核块状结构，结构面上有褐色胶膜，质地较黏，紧实，有铁锰结核及少量锈斑，向下逐渐过渡到母质层。草甸白浆土发育在河湖相沉积物上，质地为中壤至中黏土。黏粒在土体中有明显的淋溶淀积过程。因此，淀积层中的黏粒较上层增加。该土表层土壤容重 0.99 ~ 1.05g/cm³，其他各层在 1.30 ~ 1.41g/cm³，土壤总孔隙度黑土层最大，为 59.30% ~ 61.28%，其他各层为 47.42% ~ 51.05%。

根据 16 个农化样分析，表层土壤有机质平均为 52.9g/kg，全氮 3.2g/kg，碱解氮 300mg/kg，速效钾 154.6mg/kg，均较高，速效磷含量较低，仅为 19.0mg/kg。

草甸白浆土的各种养分集中在表层，据 3 个剖面样统计，黑土层有机质含量平均为 4.4%，白浆层有机质含量平均为 1.2%，全氮含量变化与有机质相一致，黑土层中全磷含量也明显地高于白浆层。

草甸白浆土分为中层和厚层 2 个土种。中层草甸白浆土图斑很小，在 1∶100 000 图上不够上图面积，没有反映出来。厚层草甸白浆土（代号 10 号）黑土层厚度一般在 20 ~ 30cm，平均为 24cm。据 16 个农化样分析，表层有机质平均为 52.9g/kg，全氮 3.2g/kg，碱解氮和速效钾含量也较丰富，但速效磷含量较低，仅 19.5mg/kg。

目前，草甸白浆土是宝清县较好的农业土壤，但在今后利用上要注意保持和提高土壤肥力。在有水源的地方（包括地表水和地下水）要积极创造条件，发展水稻生产。

三、黑土

（一）黑土的形成和分布

黑土是宝清县开垦年限最长，农业生产性能最好的土壤，主要分布在七星泡乡沿宝福线公络两侧的丘陵漫岗上，万金山、尖山子及宝清镇也有大面积分布。面积51 829.3hm²，占宝清县土壤面积的13.1%，其中耕地面积39 181.6hm²，垦殖率已达80%，该土已无可垦荒原。

黑土分布在宝清县海拔70~100m的波状起伏的漫岗地、高平地、山岗坡地上。地下水位较深。成土母质多为第四纪黄土状沉积物。自然植被，主要以豆科、禾本科和菊科为主的杂类草群落，即"五花草塘"；灌木阔叶林，即"棒柴岗"。这些植物根系发达，生长繁茂，为黑土腐殖质的形成和积累提供了物质基础。

黑土的成土过程包括腐殖积累和潴育淋溶2个过程。黑土地区由于水热条件适中，植物生长繁茂，每年都有大量植物残体遗留在地下及地表。由于冬季土壤冻结时间长，微生物活动弱，植物残体得不到分解，春季由于土壤冻结造成滞水，土壤过湿，通气不畅，有机质呈嫌气分解，有利于腐殖质的形成和积累。在半冻结周期性淋溶类型水分作用，土壤发生轻度氧化还原反应，铁、锰等有色元素发生淋溶淀积，在土体中形成结核及铁子，上层的黏粒也有向下淋洗淀积现象。宝清县黑土分为棕壤型黑土、白浆化黑土、黑土、草甸黑土4个亚类，10个土种。

（二）黑土

黑土亚类，又称典型黑土。分布在波状起伏漫岗的中上部。面积21 376.6hm²，占黑土类面积的41.2%，其中耕地15 175.6hm²，占该亚类面积的71%。黑土的剖面形态特征：上层灰黑色，向下由黑黄混杂转向棕黄色，构成腐殖质层、过渡层、淀积层3个基本层次，通体无石灰反应。现以Ⅳ-37号剖面为例说明如下：该剖面采自万金山乡万隆村砖厂北边，亚麻地，开垦20多年。腐殖质层（A₁）0~53cm，灰黑色，粒状，团块状结构，较松，多根系。过渡层（AB）53~107cm，黑黄相间，但舌状淋溶不甚明显，团块核块状结构，稍紧，根系较少，结构面上有少量二氧化硅粉末，有铁锰结核。淀积层（B）107~167cm，棕褐色，核块状结构，黏重，紧实，结构面上有淀积胶膜和较多的铁锰结核。母质层（C）167cm以下。棕黄色，紧实黏重，结构不明显。黑土质地比较黏重，黏粒在土体各层中分异不明显，说明黑土淋溶淀积过程较弱。据7个点测定，表层容重0.98~1.18g/cm³，总孔隙度50.7%~61.6%，田间持水量31%~36.7%。

黑土的养分状况，据4个剖面分析统计，腐殖质层有机质含量在42.5~65.2g/kg，平均54.8g/kg，过渡层、淀积层有机质含量也均在10g/kg以上，全氮平均2.58g/kg，全磷3.4g/kg。

黑土续分3个土种，即薄层（A<30cm）、中层（A 30~50cm）、厚层黑土（A>50cm），薄层、中层、厚层黑土在土壤图上的代号分别是11号、12号、13号。据统计，黑土层平均厚度，薄层黑土为26cm，中层黑土38cm，厚层黑土53cm。面积分别为6 934.5hm²、11 887.5hm²和2 554.6hm²，各占黑土亚类面积的32.4%、55.6%和12%。三者耕层养分含量差异不大。

宝清县黑土由于开发利用年限较长，土壤侵蚀较重，加之用地与养地脱节，耕层养分明显下降，各种养分指标均属中下等水平。因此，今后在改良利用方面应重点抓好水土保持工作，增施粪肥，合理耕作，千方百计地提高或恢复黑土肥力。

（三）草甸黑土

草甸黑土是黑土和草甸土的过渡类型。多分布在波状起伏漫岗的中下部，地势缓平，土壤水分较多。自然植被以杂草类为主并夹有喜湿性的大叶樟、苔草及细叶地榆。面积为 15 605.3hm²，占黑土类面积的30%，其中耕地13 304.2hm²，占草甸黑土面积的85.2%。

草甸黑土的黑土层深厚，一般为28～76cm，潜在肥力高；但质地黏重，耕性不良。该土的剖面形态特征，以Ⅳ-21剖面为例说明如下：该剖面采自宝清镇富家村西公路东河小麦地，地势较平。腐殖质层（A₁）0～44cm，灰黑色，粒状团块状结构，多根系，质地较黏。耕层之下有坚实致密的犁底层。过渡层（AB）44～95cm，黑黄混杂，条状淋溶比较明显，块状结构，湿润，质地紧实黏重，根系少，有少量颗粒较大的铁锰结核，层次过渡不明显。淀积层（B）95～145cm，灰黄色，核状结构，紧实，湿润，有铁锰结核和锈斑；通体无石灰反应。

草甸黑土质地比较黏，多数为中黏土，土壤黏粒在土体中有分布，说明草甸黑土滞水淋溶过程比黑土明显，颗粒组成以粗沙粒（0.01～0.05mm）和粗黏粒（0.001～0.005mm）为主。据4个剖面物理性质测定，腐殖质层容重一般在1.1～1.219g/cm³，总孔隙度54.0%～57.7%，田间持水量30.9%～42.0%。过渡层容重一般在1.2～1.369g/cm³，总孔隙度为47%～49.1%；淀积层容重一般在1.4g/cm³左右，总孔隙度在46.0%左右，田间持水量平均25.2%，说明草甸黑土的物理性质不及黑土。草甸黑土呈微酸性至中性反应，pH值为6.5～6.9。据4个剖面分析样统计，腐殖质层有机质含量平均为48.3g/kg，过渡层有机质在15g/kg左右。腐殖质层全氮平均3.9g/kg，全磷1.47g/kg，全钾16.7g/kg，碱解氮平均291mg/kg，速效磷平均11.3mg/kg，速效钾180mg/kg。

草甸黑土续分薄层（A 0～30cm）、中层（A 30～50cm）、厚层（A＞50cm）3个土种，代号分别是17号、18号、19号。据统计，黑土层平均厚度：薄层草甸黑土为23cm，中层草甸黑土41cm，厚层草甸黑土56cm，面积分别为1 690.5hm²、10 667.7hm²、3 247.1hm²，各占草甸黑土面积约10.8%、68.4%、20.8%。这3个土种的养分状况明显地好于黑土，其中：有机质平均49.5g/kg，比黑土亚类高1.29%；全氮平均比黑土亚类高0.113%；碱解氮比黑土亚类高60.9mg/kg；速磷比黑土亚类高4.56mg/kg。

（四）白浆化黑土

白浆化黑土是黑土与白浆土之间的过渡类型。主要分布在黑土与白浆土相邻的地方，或黑土区内高岗地形上。该亚类在宝清县有薄层白浆化黑土和中层白浆化黑土2个土种。薄层白浆化黑土腐殖质层平均厚24cm，面积为3 024.3hm²，占该亚类面积的91%，其中耕地1 656.5hm²，占该土种面积的54.8%。中层白浆化黑土腐殖质层平均厚32cm，面积252.8hm²，占该亚类面积9%，其中耕地面积234.1hm²。剖面主要特征是，除在亚表层有一个白浆化层外，其他同黑土。现以Ⅰ-21号剖面为例说明如下：剖面采自原十八里乡郝家大队南1 000m处的玉米地中。腐殖质层（A₁）0～29cm，黑灰色，粒状团块状结构，稍松，根系多，层次过渡明显。白浆化层（Aw）29～45cm，白灰色，微显片状结构，稍紧，层次过渡明显，有少量铁锰结核。淀积层（B）45～120cm，棕褐色，团块状小核块状结构，较紧实，黏重，有铁锰结核。过渡层（BC）120～155cm，黄棕色，块状结构，土质黏重，紧实，剖面中可见到铁锰结核。母质层（C）155cm以下，棕黄色，结构不明显，土质黏重紧实。白浆化黑土呈弱酸性反应，pH值为6.4～6.5。各种养分多集中于黑土层，白浆化层的全氮和全磷含量比较低。

根据多个农化样分析，腐殖质层有机质含量在22.3～67g/kg，平均41g/kg，随地区和开垦利用情况的不同而有很大变化。全氮含量与有机质含量呈正相关，一般在 1.73 ~ 3.96g/kg，有高有低。速效磷含量较低，平均为 26.5mg/kg。

白浆化黑土质地较黏，一般为轻黏土至中黏土。各粒级含量，黑土层和白浆层以粗沙粒 （0.05 ~ 0.01mm） 和细沙粒 （0.005 ~ 0.001mm） 为主，淀积层则以细沙粒 （0.005 ~ 0.001mm） 和粗沙粒 （0.001 ~ 0.005mm） 为主。说明白浆化黑土具有明显的滞水淋溶过程。腐殖质层容重平均 1.11g/cm³，总孔隙度 56.7%，田间持水量 35%，淀积层容重 1.29g/cm³，总孔隙度 51.4%，田间持水量为 38.9%。

薄层白浆化黑土，潜在肥力低，加之所处地形坡度较大，水土流失严重，生产能力不高，因此，今后在利用上应采取以水土保持为重点，培肥地力为中心的综合措施。

（五）棕壤型黑土

棕壤型黑土多分布在山麓坡地上，是暗棕壤与黑土的过渡类型，自然植被多为稀疏次生阔叶林或灌木林，林下和林隙间草本植物生长茂盛，是森林植被与草本植被的过渡类型。母质为冲积—洪积物。总面积 11 530.3hm²，占黑土类面积的 22.3%，其中耕地 7 535hm²，占该亚类面积的 65.3%。主要分布在夹信子、万金山等乡。黑土层一般厚 24 ~ 35cm，平均 30cm，暗灰色，向下由过渡层转向淀积层，具有黑土的 3 个基本层次。通体颜色近似暗棕壤，是农业生产性能较好的土壤。剖面的形态特征以 Ⅲ – 210 号典型剖面为例：该剖面采于原凉水乡东太河村东南侧 1 000m 处小麦地中。腐殖质层 （A） 0 ~ 35cm，暗灰色，粒状团块状结构，疏松，多根系，层次过渡不明显。过渡层 （AB） 35 ~ 76cm，有明显的腐殖质淋溶条，灰棕色，团块状结构，稍紧，有少量铁锰结核，质地较黏，层次过渡不明显。淀积层 （B） 76 ~ 120cm，褐棕色，核块状结构，紧实，有少量铁锰结核。过渡层 （BC） 120cm 以下，黄棕色，呈块状结构，质地黏。

棕壤型黑土一般呈中性至弱酸性反应。土壤质地为中黏土，由于地形较高，并且有一定坡降，地表水径流畅通，土壤干燥，因此滞水淋溶过程极弱，黏粒在土体中淋溶淀积现象不明显。腐殖质层容重一般为 0.9 ~ 1.09g/cm³，总孔隙度为 61% ~ 64.5%，持水量 33% ~ 39%；过渡层容重 1.11 ~ 1.29g/cm³，总孔隙度 51% ~ 54%；淀积层容重 1.13 ~ 1.219g/cm³，总孔隙度 54% ~ 56.7%，物理性质较好。

棕壤型黑土，表层有机质平均为 37.8g/kg，全氮 2.05g/kg，全磷 1.51g/kg；过渡层有机质平均含量 24g/kg，淀积层平均 14.5g/kg，速效养分含量也较高。棕壤型黑土分薄层棕壤型黑土和中层棕壤型黑土 2 个土种，在 1：100 000 土壤图上代号分别是 22 号、23 号，土壤面积分别为 9 242.8hm² 和 22 875.3hm²，各占该亚类面积的 80.2% 和 19.8%。薄层棕壤型黑土腐殖质层厚度 19 ~ 27cm，平均 24.5cm。据 34 个农化样分析，有机质含量在 26 ~ 59g/kg，平均 41g/kg；全氮平均为 2.4g/kg；碱解氮 222mg/kg；速钾 179mg/kg，比较高；速磷 33.2mg/kg，略低。

中层棕壤型黑土，黑土层厚 30 ~ 47cm、平均 39cm，有机质在 36 ~ 58g/kg、平均 43g/kg、极差为 1.8g/kg，说明该土种肥力较均衡。全氮均在 2g/kg 以上，碱解氮平均 194mg/kg，速磷 51.2mg/kg，速效钾 205mg/kg。各项养分指标，第二次土壤普查时按黑龙江省养分等级均在二级以上，尤其钾最丰富。

四、草甸土

（一）草甸土的形成和分布

草甸土是宝清县主要农业土壤。集中分布在青原、七星河、七星泡东部、万金山、尖山子北部，其他各乡也各有一定面积。总面积128 978.7hm²，占宝清县土壤面积的33.12%，其中耕地面积63 933.3hm²，占宝清县耕地面积的43.33%。

草甸土分布地形，一般分布在海拔60~80m的平原地区，沿河两岸及山间谷地等地方。成土母质为沉积物和冲积物，质地从粗沙到黏土均有。草甸植被主要有小叶樟、沼柳、苔草、芦苇等。

草甸土的形成过程主要是草甸化过程。繁茂的草甸植被死亡后，大量有机质残留在地表和土壤上层，形成较厚的腐殖质层。由于腐殖质组成多为胡敏酸，与钙结合形成团粒结构，从而使草甸土既富有养分，又有良好的物理性质；地下水位高，雨季和旱季升降频繁，变动大，使草甸土中铁锰化合物发生间歇性的氧化还原过程，从而使铁锰发生移动或局部淀积，在剖面中出现锈纹锈斑及铁锰结核。

由于成土条件的差异，形成不同草甸土亚类。低洼地方，地下水位高，地表有短期积水，但绝大多数时间仍以氧化过程占优势的水分条件下，则发育成潜育草甸土；在草甸化过程中附加了碳酸钙积聚过程，则发育成碳酸盐草甸土；附加白浆化过程则形成白浆化草甸土；分布在山间谷地的草甸土则称为沟谷草甸土。宝清县草甸土分为草甸土、白浆化草甸土、碳酸盐草甸土、潜育草甸土和沟谷草甸土5个亚类。

（二）草甸土

草甸土亚类，面积35 476.3hm²，占草甸土类面积的27.5%，其中耕地23 335.7hm²，占该亚类面积的65.8%。土壤剖面主要由腐殖质层和锈色斑纹层2个基本层次组成。现以Ⅲ-10号剖面为例说明如下：该剖面采于夹信子乡头道村东的大豆地，开垦年限较短。腐殖质层（A）0~42cm，灰黑色，团粒团块状结构，疏松多孔，下部有铁锰结核，层次过渡比较明显。锈色斑纹层（Cw）42~61cm，团块状结构，稍紧，有大量锈色斑纹和少量铁子，颜色呈锈棕色。过渡层（AB）61~122cm，灰黄色，核块状结构，湿润，紧实，有少量铁子，由此向下逐渐过渡到母质层。

草甸土一般呈弱酸性至中性反应，pH值在6.4~7.3，养分丰富。据7个剖面样分析统计，黑土层有机质含量一般在40~120g/kg，平均66g/kg，全氮平均3.5g/kg，全磷平均1.95g/kg，向下明显减少，锈色斑纹层有机质平均仅23.4g/kg，全氮1.4g/kg，全磷平均1.41g/kg。黑土层碱解氮平均251mg/kg，表现极度缺磷。

草甸土由于成土条件的不同，土壤机械组成差异很大。沙底草甸土质地一般为中壤土，颗粒组成以粗沙粒和中沙粒（1.0~0.25mm）为主，其次为粗沙粒（0.05~0.01mm），表层容重平均1.1g/cm³（3个样），总孔隙度57.5%，田间持水量33%；锈色斑纹层容重平均为1.22g/cm³，总孔隙度52.6%，田间持水量31.3%。黏底草甸黑土质地一般为轻黏土至中黏土，颗粒组成以粗粉粒（0.05~0.01mm）和粗黏粒（0.001~0.005mm）为主。表层容重4个剖面平均为1.03g/cm³，总孔隙度为61.1%，田间持水量34.6%；锈色斑纹层容重1.25g/cm³，总孔隙度52.8%。

草甸土分为薄层、中层、厚层草甸土3个土种，在1:100 000土壤图上的代号分别为

24 号、25 号、26 号，面积分别为 11 467.2hm²、18 258.2hm²、3 750.9hm²，各占该亚类面积的 32.3%、51.5%、16.2%。薄层草甸土黑土层厚 16~25cm，平均 21cm；中层草甸土黑土层厚 26~45cm，平均 37cm；厚层草甸土黑土层一般在 46~65cm，平均 49cm。这 3 个土种潜在养分丰富，耕层有机质含量以厚层草甸土为最高，中层草甸土次之，薄层草甸土最低；全氮和碱解氮以中层草甸土含量最高，厚层草甸土次之；速效磷则以中层草甸土最低。

草甸土耕层有机质平均 54.7g/kg，比黑土和草甸黑土高 1.81% 和 0.52%，全氮含量也相当丰富，是宝清县土壤养分含量高的土壤之一。但有些地块氮磷比例不够协调，磷素含量偏低。因此，在施肥方面应适当调节氮磷比例，增加磷肥用量。

（三）白浆化草甸土

白浆化草甸土零星地分布在平原地区，分布并没有规律。面积 9 620.3hm²，占草甸土类的 7.5%。母质为沉积物。该土在进行草甸化过程中又附加了白浆化过程，因此，在亚表层形成一个白浆化层次。剖面形态特征现以Ⅳ-8 号剖面为例说明如下：该剖面采自县农科所南小麦地。耕种年限较长，肥力较低。腐殖质层（A₁）0~28cm，灰色，团块状结构，质地为壤土，多根系，较疏松。白浆化层（Aw）28~39cm，灰白色，稍呈片状结构，紧实，有较多的铁子和铁锰结核，根系极少。淀积层（B）39~100cm，黑褐色，核块状结构，结构面上有胶膜，有较多的锈纹和铁锰结核，土质黏重，透水性差。过渡层（BC）100cm 以下，灰黄色，无明显结构，有潜育斑点，土质较黏，透水性差。

据 4 个剖面样统计，白浆化草甸土呈弱酸性反应，pH 一般在 6.2~6.9。表层有机质平均为 41g/kg，全氮 2.17g/kg，全磷 1.59mg/kg，碱解氮含量较高，速效磷很低，平均仅 15.2mg/kg。白浆化层有机质较上层减少到 1.61%，全氮含量与有机质趋势一致。

白浆化草甸土黑土层和白浆层一般为中壤土至轻黏土，淀积层多为轻黏至中黏土，说明淋溶淀积过程明显。表层容重平均 1.1g/cm³。总孔隙度 55.2%，持水量 34.3%，白浆层容重平均 1.25g/cm³，总孔隙度 51.7%，持水量 24.6%。

白浆化草甸土分薄层白浆化草甸土（代号 27 号）和中层白浆化草甸土（代号 28 号）2 个土种，面积分别为 6 974.2hm² 和 2 646.1hm²，各占白浆化草甸土亚类面积约 72.5% 和 27.5%。薄层白浆化草甸土黑土层平均厚 21cm，中层白浆化草甸土黑土层平均厚 32cm。二者耕层各种养分含量相差无几。

（四）沟谷草甸土

沟谷草甸土分布在山间谷地之中。在宝清县由于谷地两侧山峰间距离不同及坡降的陡缓之异，形成数量不等的 V 形谷和 U 形谷，其中有的已开垦为耕地，但大部分由于排水不良，仍为荒地。成土母质为洪积—坡积物。荒地自然植被有大叶樟、小叶樟、黄瓜香、三棱草、柳毛子等喜湿性植物，生长繁茂，根系密集。该亚类土面积为 17 370.5hm²，占草甸土类面积的 13.5%，其中耕地 4 365.9hm²，占该亚类面积的 25.1%。

沟谷草甸土剖面形态特征，主要是腐殖质层较厚，向下转为过渡层或锈色斑纹层，剖面下部含有较多的沙砾和碎石。现以凉水乡胜利村南沟江Ⅱ-1 号剖面为例说明如下：腐殖质层（A）0~40cm，灰黑色，粒状团块状结构，较疏松，多根系。过渡不明显。过渡层（AB）40~75cm，暗灰色，团块状结构，根系少，有铁锰结核，层次过渡不明显。锈色斑纹层（Cw）75~97cm，锈棕色，有较多的锈斑及少量潜育斑点，结构不明显，稍紧。

沟谷草甸土表层有机质含量在 50~85g/kg，平均 56g/kg；过渡层有机质含量在 45g/kg

左右，从上到下逐渐减少。全氮含量在 3～6g/kg，全磷在 1.5g/kg 左右，全钾为 15g/kg，pH 值为 6.7～7.0，属于中性。机械组成上层一般为轻黏土，其下层由于成土条件的不同而有很大差异。

沟谷草甸土续分 3 个土种，即薄层沟谷草甸土（代号 29 号）、中层沟谷草甸土（代号 30 号）和厚层沟谷草甸土（代号 31 号）。面积分别为 402.3hm²、7 085.1hm² 和 9 883.1hm²，各占该亚类面积的 2.3%、40.8% 和 56.9%。养分含量均较高，有机质分别为 50g/kg 和 68g/kg，全氮 3.5g/kg 和 4.3g/kg，碱解氮和速效钾丰富，速磷含量居中等水平。

沟谷草甸土虽然潜在肥力较高，耐种年限较长，但因受山间小气候的影响，气候冷凉，地温低，适种范围较小，只可种植小麦、早熟大豆、玉米及蔬菜类。并要注意洪涝，合理耕作，促进土壤熟化。

（五）碳酸盐草甸土

碳酸盐草甸土是在草甸化过程中伴随钙积化过程而形成的。主要分布在宝清至七星河公路两侧及七星泡乡德兴村以东、尖山子乡东红村以北的平原地区。母质为河湖相沉积物。面积 10 542.1hm²，占草甸土类面积的 8.2%；其中耕地 8 455.7hm²，占该亚类面积的 84.6%。主要特点是土质黏稠，土体中有石灰聚积，土壤呈弱碱性反应：现以 I－23 号剖面为例说明如下：该剖面采于原十八里乡高家村东南 400m 处的小麦地。腐殖质层（Aca）0～35cm，灰黑色，结构不明显，质地黏稠，紧实，有少量石灰结核。过渡层（ABca）35～79cm，黄灰色，该块状结构，紧实，有较多的石灰斑块及少量锈斑。

宝清县碳酸盐草甸土，碳酸钙在土体中的淀积部位有很大差异，有的出现在表土层中，有的存在于过渡层中，深的则在淀积层之下，而多数积聚于过渡层之中。据 3 个剖面样分析统计，黑土层有机质平均为 46.5g/kg，向下逐渐减少，过渡层平均为 14g/kg，淀积层 8.9g/kg。黑土层中全氮含量为 3.2g/kg，全磷平均 1.52g/kg，pH 值 7.3～8.5，呈弱碱反应。碳酸盐草甸土质地黏重，一般为轻黏至中黏土。颗粒组成以粗粉沙（0.05～0.01mm）、粗沙粒（<0.001mm）为主。总孔隙度 48.4%，过渡层容重 1.44g/cm³，田间持水量 26.1%，总孔隙度为 43.1%，淀积层容重平均 1.4g/cm³，总孔隙度 47.2%。由此可见，碳酸盐草甸土，黏稠紧实，通透性能差，持水量低，不耐涝，不抗旱。

该土根据腐殖质层的厚度分为 3 个土种，即薄层碳酸盐草甸土（代号 35 号）、中层碳酸盐草甸土（代号 36 号）和厚层碳酸盐草甸土（代号 37 号）。这 3 个土种的面积分别为 1 841.1hm²、2 528.1hm² 和 6 172.9hm²，各占该亚类面积的 17.6%、24% 和 58.4%。中层碳酸盐草甸土和厚层碳酸盐草甸土耕地有机质含量为 47.6g/kg 和 55g/kg，全氮为 2.73g/kg 和 2.93g/kg，速效养分含量也相当丰富。碳酸盐草甸土虽然潜在肥力比较高，但由于质地黏稠紧实，通透性能差，土壤养分释放能力低，田间持水量低，不耐涝又不抗旱，加之钙积层的存在，影响作物的生长发育，是农业生产能力较低的土壤。

（六）沼泽化草甸土

沼泽化草甸土又称潜育草甸土。分布在草甸土区中更低的地形部位上，介于草甸土与沼泽土之间，是草甸化过程和潜育化过程双重作用下形成的土壤类型。自然植被为小叶樟—杂草类群落。母质河湖沉积物。面积为 55 969.5hm²，占草甸土类面积的 43.4%；其中耕地 17 724.2hm²，占该亚类面积的 31.7%。主要分布在东升乡，尖山子、万金山等乡也有分布。主要特征是地表有泥炭化的粗有机质层，分解程度较差，其下是腐殖质层，腐殖质层以下有明显的潜育特征，多锈斑，铁锰结核较少。现以 I – 15 号剖面为例说明如下：该剖面采自原十八里乡宝昌村东老砖厂南 250m 的大豆地。腐殖质层（A₁）0 ~ 37cm，灰黑色，团块状结构，黏重紧实，根系较多，层次过渡不明显。过渡层（ABg）37 ~ 65cm，灰黄色，棱块状结构，紧实，根系少，多锈斑，有少量铁子和潜育斑块。潜育化层（Bg）65 ~ 98cm，结构不明显，有较多的灰蓝色潜育斑块，紧实。

据 6 个剖面样分析，潜育化草甸土 pH 值为 6.8 ~ 7.3，属中性。表层有机质含量一般在 31 ~ 109g/kg，平均为 73g/kg。黑土层中全量养分含量：氮平均为 4.5g/kg，磷 1.48g/kg，钾 20.3g/kg，养分水平均较高。速效养分除磷素缺乏外，其他均丰富。

沼泽化草甸土层次间质地均匀，一般为轻黏土。表层结构较好，疏松，容重平均为 1.04g/cm³，潜育层致密紧实，容重平均为 1.40g/cm³。

宝清县沼泽化草甸土分为薄层、中层和厚层沼泽化草甸土 3 个土种，在 1∶100 000 土壤图上代号分别为 32 号、33 号和 34 号。这 3 个土种的面积分别为 10 343hm²、38 108.8hm² 和 7517.7hm²，各占该亚类面积的 18.5%、65% 和 13.5%。薄层、中层、厚层 3 个土种的表层有机质含量分别为 53.9g/kg、61.8g/kg 和 72.9g/kg，全氮分别平均为 3.54g/kg、3.96g/kg 和 4.22g/kg，潜在养分含量居全县各类土壤之首。

宝清县沼泽化草甸土潜在肥力高，耐种年限长，若做旱田用地，要修筑田间排水工程，防止内涝。另外，在耕作上要注意适耕期，如果湿耕则会破坏土壤结构，使之演变成黑稠土。

五、沼泽土

（一）沼泽土的形成和分布

沼泽土集中分布在青原、万金山、尖山子、朝阳等乡也有分布，面积 42 954.3hm²，占宝清县总面积的 11.1%；其中耕地 18 697.9hm²，垦殖率为 43.5%，占宝清县总耕地面积的 12.67%。

大、小挠力河之间低洼平原地区是宝清县沼泽土集中分布区，在碟形洼地、岗中洼地、山间谷地及河泛地地形地貌上也有分布。这些洼地汇集了周围高地地表径流水，使土壤呈现过湿或地表积水，为沼泽化过程提供了水源。母质黏重，透水性差，促进了沼泽化的进展。自然植被有苔草—小叶樟、小叶樟—莎草—丛桦等群落，这些沼泽植物在湿润条件下生长繁茂，为泥炭化过程奠定了物质基础。沼泽土的形成过程包括泥炭化过程和潜育化过程两个过程。沼泽植物一代一代死亡，植物遗体在淹水和过湿的条件下形成有机堆积物。由于地形低洼，土壤过湿或地表季节性积水，在这种嫌气条件下，土壤以还原过程为主，氧化铁被还原成低价亚铁，一部分随地下水流走，一部分沿毛管上升，在上层聚积并氧化成氧化铁，形成斑点状、细条状的锈纹和结核。此外，在潜育层内丁酸细菌等活动产生 H₂、CH₄、H₂S、CO₂ 和有机酸等成分，作用于母质中的矿物，铁被还原形成亚铁盐类，其中有蓝铁矿［Fe₃(P₂O₅)·8H₂O］和菱铁矿（FeCO₃）。前者是白色，氧化后呈浅蓝色，后者也是白色，氧化后呈黄色至黄棕色，因此，使潜育层呈灰白色或蓝灰色。

按照沼泽土泥炭积累状况和潜育过程的特点，宝清县沼泽土划分为草甸沼泽土、泥炭沼泽土和泥炭腐殖质沼泽土 3 个亚类。

（二）草甸沼泽土

草甸沼泽土总面积 29 462.8hm²，占全县总面积的 7.8%；其中已开垦 18 697.9hm²，占该亚类土壤面积约 63.5%，占全县耕地面积的 4.5%。草甸沼泽土在自然状况下生长小叶樟、莎草、沼柳等植被。地形低洼，雨季常有积水，成土母质为沉积物。剖面主要特征是，表层有 10cm 左右的半泥炭化的草根层，下为腐殖质层，再向下可见潜育层。现以Ⅳ-8 号剖面为例说明如下：该剖面采于万金山乡，兴国养鱼池北，荒地。泥炭化草根层厚 0～15cm，草根密集，并夹杂大量泥沙。腐殖质层（A₁）15～34cm，灰黑色，团粒结构，多根系，较疏松，有少量锈斑和铁子。潜育层（G）34cm 以下，灰蓝色，无结构，黏重紧实。

草甸沼泽土潜在养分含量很高，有机质平均在 83.4g/kg，高者可达 190g/kg，全氮在 3.06～9.2g/kg。各种养分均集中在上层，潜育层中的养分含量极低，各种养分在剖面中的分布呈漏斗形。

土壤质地黏重，一般为轻黏土至中黏土（表 2-2-5）。但由于荒地结构较好，腐殖质层容重为 0.88g/cm³，总孔隙度为 64.9%；潜育层紧实，容重为 1.59g/cm³，总孔隙度为 44%。

表 2-2-5　草甸沼泽土的机械组成

土层	取土深度（cm）	各粒级含量（%）						物理黏性（%）	质地名称
		1.0～0.25mm	0.25～0.05mm	0.05～0.01mm	0.01～0.005mm	0.005～0.001mm	<0.001mm		
AT₁	5～13	7.198	0.072	32.35	15.09	23.73	21.57	60.38	轻黏
A₁	20～30	2.470	0.004	21.68	10.84	19.51	45.50	75.85	中黏
G	40～50		0.008	21.29	12.78	21.29	44.70	78.80	中黏

草甸沼泽土按其腐殖质层厚度，分为薄层草甸沼泽土（A₁<30cm，代号 38 号）和厚层草甸沼泽土（A₁<30cm，代号 39 号）2 个土种。这 2 个土种的面积分别为 20 887.3hm² 和 8 575.5hm²，各占草甸沼泽土面积的 70.9% 和 29.1%。表层有机质含量很高，分别为 86.8g/kg 和 94.3g/kg，全氮 5.62g/kg 和 6.2g/kg，碱解氮和速钾也很丰富，速磷偏低。该土虽潜在肥力高，但是由于土质黏重，土壤过湿，因此需系统排水后，方可开垦为农田。在有条件的地方最好发展水田生产。

（三）泥炭沼泽土

泥炭沼泽土面积为 12 031.1hm²，占沼泽土类面积的 28.5%。自然植被以苔草、芦苇、小叶樟、三棱草、水葱等为主。成土母质为沉积物。该土的剖面形态主要有泥炭层和潜育层 2 个基本层次。以Ⅰ-20 号剖面为例说明如下：该剖面采于十八里乡，十八里东地河桥南荒地。泥炭层（At）0～43cm，表层 0～8cm，混有较多的泥沙，生草根极多；其次是泥炭层，分解差，含少量泥沙，疏松有弹性。潜育层（G）42cm 以下，灰蓝色，无结构，质地黏重。

该土富含营养物质，泥炭层有机质高达 403g/kg，全氮 17.3g/kg，全磷 2.7g/kg，全钾 16.5g/kg。潜在肥力极高，但作为农田耕地困难较多，可以作为改土和造肥原料。

六、水稻土

水稻土是在人类生产活动的影响下形成的一种特殊土壤。但是，由于宝清县种植水稻历史较短，且多数生产单位又没有固定的水稻田，因而在宝清县没有真正的水稻土。在土壤分类过程中，凡是普查时，种植水稻的土壤即定为水稻土。其分类和命名都是按前身土壤类别划分的。据此，宝清县水稻土划分为3个亚类，即草甸土型水稻土（代号41号）、草甸黑土型水稻土（代号43号）、白浆土型水稻土（代号46号）。这3种水稻土的特征特性均同其前身土壤。

宝清县水稻土面积13 113.3hm²，占全县总耕地面积的8.89%，主要分布在万金山乡、夹信子镇、青原镇和七星泡镇。宝清县耕地土壤为草甸土、黑土、沼泽土、暗棕壤和少部分水稻土、白浆土等。宝清县土壤类型汇总见表2-2-6。

表2-2-6　宝清县土壤类型汇总

序号	土类名称	亚类数量	土属数量	土种个数	耕地面积（hm²）	占耕地面积比例（%）
1	白浆土	2	2	6	5 390.7	3.65
2	黑土	4	4	12	39 181.6	26.55
3	草甸土	5	3	14	63 933.3	43.33
4	暗棕壤	4	3	4	7 224.2	4.90
5	沼泽土	3	2	4	18 697.9	12.67
6	水稻土	4	3	4	13 113.3	8.89
合计		6	22	17	44	147 550.5	100.00

从表中看出：宝清县草甸土耕地面积最大，有63 933.3hm²，占耕地的43.33%；黑土是宝清县的第二大土类，有39 181.6 hm²，占总耕地的26.552%；第三是沼泽土，有18 697.9hm²，占耕地的12.67%；第四是暗棕壤，有7 224.2hm²，占耕地面积的4.90%；第五是白浆土，有5 390.7 hm²，占3.65%。宝清县土种与黑龙江省土种对照表见表2-2-7。

表2-2-7　黑龙江省第二次土壤普查省、县土种名称对照

黑龙江省分类系统				宝清县分类系统	
土类名称	亚类名称	土属名称	土种名称	土种名称	土壤代码
暗棕壤	暗棕壤	暗棕壤		暗棕壤	2
暗棕壤	暗棕壤	泥质暗棕壤	泥质暗棕壤	原始暗棕壤	1
暗棕壤	白浆化暗棕壤	白浆化暗棕壤		白浆化暗棕壤	3
暗棕壤	草甸暗棕壤	草甸暗棕壤		草甸暗棕壤	4
白浆土	白浆土	黄土质白浆土	薄层黄土质白浆土	薄层岗地白浆土	6

（续表）

黑龙江省分类系统				宝清县分类系统	
土类名称	亚类名称	土属名称	土种名称	土种名称	土壤代码
白浆土	白浆土	黄土质白浆土	薄层黄土质白浆土	薄层平地白浆土	42
白浆土	白浆土	黄土质白浆土	厚层黄土质白浆土	厚层岗地白浆土	8
白浆土	白浆土	黄土质白浆土	厚层黄土质白浆土	厚层平地白浆土	10
白浆土	白浆土	黄土质白浆土	中层黄土质白浆土	中层岗地白浆土	7
白浆土	白浆土	黄土质白浆土	中层黄土质白浆土	中层平地白浆土	9
草甸土	白浆化草甸土	黏壤质白浆化草甸土	薄层黏壤白浆化草甸土	薄层白浆化草甸土	27
草甸土	白浆化草甸土	黏壤质白浆化草甸土	中层黏壤白浆化草甸土	中层白浆化草甸土	28
草甸土	草甸土	黏壤质草甸土	薄层黏壤质草甸土	薄层草甸土	24
草甸土	草甸土	黏壤质草甸土	厚层黏壤质草甸土	厚层草甸土	26
草甸土	草甸土	黏壤质草甸土	中层黏壤质草甸土	中层草甸土	25
草甸土	潜育草甸土	黏壤质潜育草甸土	薄层黏壤质潜育草甸土	薄层潜育草甸土	32
草甸土	潜育草甸土	黏壤质潜育草甸土	厚层黏壤质潜育草甸土	厚层潜育草甸土	34
草甸土	潜育草甸土	黏壤质潜育草甸土	中层黏壤质潜育草甸土	中层潜育草甸土	33
草甸土	石灰性草甸土	沙质石灰性草甸土	薄层沙质石灰性草甸土	薄层碳酸盐草甸土	35
草甸土	石灰性草甸土	沙质石灰性草甸土	厚层沙质石灰性草甸土	厚层碳酸盐草甸土	37
草甸土	石灰性草甸土	沙质石灰性草甸土	中层沙质石灰性草甸土	中层碳酸盐草甸土	36
黑土	白浆化黑土	黄土质白浆化黑土	薄层黄土质白浆化黑土	薄层白浆化黑土	20
黑土	白浆化黑土	黄土质白浆化黑土	中层黄土质白浆化黑土	中层白浆化黑土	21
黑土	表潜黑土	黄土质表潜黑土	薄层黄土质表潜黑土	薄层棕壤型黑土	22
黑土	表潜黑土	黄土质表潜黑土	中层黄土质表潜黑土	中层棕壤型黑土	23
黑土	草甸黑土	黄土质草甸黑土	薄层黄土质草甸黑土	薄层黏底草甸黑土	17
黑土	草甸黑土	黄土质草甸黑土	厚层黄土质草甸黑土	厚层黏底草甸黑土	19
黑土	草甸黑土	黄土质草甸黑土	中层黄土质草甸黑土	中层黏底草甸黑土	18
黑土	黑土	黄土质黑土	薄层黄土质黑土	薄层黏底黑土	11
黑土	黑土	黄土质黑土	厚层黄土质黑土	厚层黏底黑土	13
黑土	黑土	黄土质黑土	中层黄土质黑土	中层黏底黑土	12
黑土	黑土	黄土质黑土	中层黄土质黑土	中层沙底黑土	16
黑土	黑土	沙底黑土	薄层沙底黑土	薄层沙底黑土	15
水稻土	淹育水稻土	白浆土型淹育水稻土	白浆土型淹育水稻土	白浆化草甸土型水稻土	46
水稻土	潜育水稻土	沼泽土型潜育水稻土		草甸沼泽型水稻土	44

（续表）

黑龙江省分类系统				宝清县分类系统	
土类名称	亚类名称	土属名称	土种名称	土种名称	土壤代码
水稻土	淹育水稻土	草甸土淹育水稻土	中层草甸土型淹育水稻土	草甸土型水稻土	41
水稻土	淹育水稻土	黑土型淹育水稻土	中层黑土型淹育水稻土	草甸黑土型水稻土	43
沼泽土	草甸沼泽土	黏质草甸沼泽土	薄层黏质草甸沼泽土	薄层草甸沼泽土	38
沼泽土	草甸沼泽土	黏质草甸沼泽土	厚层黏质草甸沼泽土	厚层草甸沼泽土	39
沼泽土	泥炭沼泽土	泥炭腐殖质沼泽土		泥炭腐殖质沼泽土	45
沼泽土	沼泽土	沼泽土		泥炭沼泽土	40

第五节　农业基础设施建设

一、基础建设

为了增强农业防御自然灾害能力，全面提高农业综合生产能力及农业发展后劲，2005年县政府投资280万元，用于秋季3项重点工作补贴，充分调动乡村及广大农民积极性，其中完成大中棚育秧17万 m^3；水利工程动用土石方135万 m^3；秋整地5.29万 hm^2，其中深松整地3.29万 hm^2。宝清县共投入资金2 931万元，增加防灾效益和农业增产效益可达5 000多万元。2006年，县政府又投入秋季3项重点工作补贴资金150万元，对下年防灾增产、增效和农民增收奠定了基础。

二、农田水利建设

2006年，宝清县新增水田面积0.24万 hm^2，改善除涝面积0.37万 hm^2，新增水保面积0.17万 hm^2，治理侵蚀沟20条，打灌溉机电井210眼，人饮安全深井18眼，新建水利构造物190座，完成水利土石方220万 m^3。2006年全县落实防汛抢险队伍90支，总人数8 240人，准备了防汛抢险编织袋20万条，草袋2万条，麻袋3万条，木杆30 m^3，铁线3t，彩条布40万 m^2。

三、农业机械化进程

2006年秋收季节，宝清县出动收割机702台，完成机械化收获面积为852万 hm^2，占计划的142%；秋整地共投入机车489台套，完成整地7万 hm^2，占计划150%，其中深松4.47万 hm^2，水田翻旋0.53万 hm^2，达待播状态6.13万 hm^2，标准化整地6.2万 hm^2。宝清县建立了12个农机化科技示范区。围绕农业标准化作业、农机化新技术应用开展了技术培训，共举办各类培训班24期，受训人数达8 312人次。

第三章 耕地地力调查与质量评价技术路线

我国是世界土地资源大国，而面对占世界 1/4 的巨大人口需求又是一个土地资源的小国。面对人口的增长和经济的快速发展，土地问题尤其是耕地问题就显得十分重要，形势严峻。耕地生产力的高低，土地资源的合理利用是我们必须时刻关注的问题。

耕地地力是土地工作者或农业生产工作者对土地好坏提出的一个概念。地力好，作物生长得好，产量高，地力差，作物生长不好，产量低。耕地地力评价简单地说就是指对耕地基础地力的评价，也就是对现有耕地土壤的地形、地貌、成土母质、农田基础设施及培肥水平、土壤理化性状等综合构成的耕地生产能力的评价，因此，评价时要综合考虑这些因素。

第一节 耕地地力评价主要技术流程概述

一、耕地地力评价技术流程主要内容

耕地地力有许多不同的内涵和外延，即使对同一个特定的定义，耕地地力评价也有不同的方法。本次工作采用的评价流程是国内外相关项目和研究中应用较多、相对比较成熟的方法。宝清县耕地地力评价技术流程如下。

第一步：收集整理所有相关历史数据资料和测土配方施肥数据资料，采用多种方法和技术手段，以县为单位建立耕地资源基础数据库。

第二步：在省级专家技术组的主持下，吸收县级专家参加，结合本地实际，从国家和省级耕地地力评价指标体系中，选择本县的耕地地力评价指标。宝清县根据实际情况主要选择了 4 个决策层 11 个评价指标。

第三步：利用标准的矢量化县级土壤图、土地利用现状图和区划图，确定评价单元。经过碎小图斑处理后，宝清县在耕地地力评价中建立了 2 791 个评价单元。

第四步：建立县域耕地资源管理信息系统。全国将统一提供系统平台软件，各地只需按照统一要求，将第二次土壤普查及相关的图件资料和数据资料数字化，建立规范的数据库，并将空间数据库和属性数据库建立连接，用统一提供的平台软件进行管理。

第四步：这一步实际上有 3 个方面的内容，即对每个评价单元进行赋值、标准化和计算每个因素的权重。不同性质的数据，赋值的方法不同。数据标准化使用的是隶属函数法，并采用层次分析法确定每个因素的权重。通过先进的空间分析方法与土壤学、农学和模糊数学相结合得到耕地地力评价的等级分布图。

第五步：建立县域耕地资源管理信息系统。按照国家统一要求，将第二次土壤普查及相

关的图件资料和数据资料数字化，建立规范的数据库，并将空间数据库和属性数据库建立连接，用统一提供的平台软件进行管理和应用。

第六步：进行综合评价并纳入国家耕地地力等级体系。

依据《全国耕地地力调查与质量评价技术规程（试行）》，结合黑龙江省宝清县的实际情况和黑龙江省第二次土壤普查的经验，确定黑龙江省宝清县耕地地力调查由外业调查采样、分析化验、地力评价3部分组成。图2-3-1是耕地地力评价技术流程图，根据该图进行耕地地力的评价工作。从数据库的建立，评价指标的确定，应用地理学、模糊数学等分析方法对空间数据和属性数据进行了综合分析，最后确定了不同的耕地地力等级和评价报告。耕地地力评价的整个过程参照评价流程图进行。

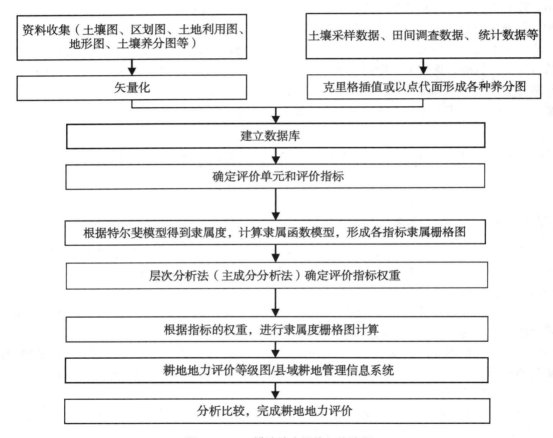

图 2-3-1 耕地地力评价工作流程

二、耕地地力评价重点技术内容

耕地地力评价流程中每一步都有丰富的内容、操作上具体的要求与注意事项。下面就主要技术内容进行简要说明。

（一）耕地地力评价的数据基础

耕地地力评价数据来源于第二次土壤普查历史数据和近年来各种土壤监测、肥效试验等数据，以及测土配方施肥野外调查、农户调查、土样样品测试和田间试验数据。测土配方施肥属性数据有专门的录入、分析和管理软件，历史数据也有专门的收集整理规范或数据字典，依据这些规范和软件建立相应的空间数据库的管理工具。县域耕地资源管理信息系统集成各种本地化的知识库和模型库，就可以依据这一系统平台，开展数据的各种应用。耕地地力评价就是这些数据的应用成果之一。所以，数据的收集、整理、建库和县域耕地资源管理信息系统的建立是耕地地力评价必不可少的基础工作。

但是，数据库或县域耕地资源管理信息系统中的数据不一定要全部用于耕地地力评价。耕地地力评价是一种应用性评价，必须与各地的气候、土壤、种植制度和管理水平相结合，评价指标的选择必须是本地化的，数据的利用也是本地化的，不可能有全部统一的规定。

（二）数据标准化

宝清县数据的标准化过程按照国家规定的原则进行。现代土壤调查技术和测土配方施肥技术、分析测试技术等都采用了计算机技术，数据库的建立、数据的有效管理、数据的利用和数据成果的表达都依赖于数据的规范化、标准化。根据科学性、系统性、包容性和可扩充性的原则，对历史数据的整理、数字化与建库、测土配方施肥数据的录入与建库管理等所有环节的数据都做了标准化的规定。对耕地资源数据库系统提出了统一的标准，基础属性数据和调查数据由国家制定统一的数据采集模板，制定统一的基础数据编码规则，包括行业体系编码、行政区划编码、空间数据库图斑、图层编码、土壤分类编码和调查表分类编码等，这些数据标准尽可能地应用了国家标准或行业标准。

（三）确定评价单元的方法

耕地地力评价单元是由耕地构成因素组成的综合体。确定评价单元的方法有以下几种：一是以土壤图为基础，这是源于美国土地生产潜力分类体系，将农业生产影响一致的土壤类型归并在一起成为一个评价单元；二是以土地利用现状图为基础确定评价单元；三是采用网格法确定评价单元。上述方法各有利弊。无论室内规划还是实地工作，需要评价的地块都应该能够落实到实际的位置，因此，宝清县使用了土壤图、土地利用现状图和区划图叠加的方法确定评价单元。同一评价单元内土壤类型相同、土地利用类型相同，这样使评价结果容易落实到实际的田间地块，便于对耕地地力做出评价，便于耕地利用与管理。通过土壤图、土地利用现状图和区划图的叠加，宝清县耕地地力评价中共确定了2 791个评价单元。

（四）耕地地力评价因素和评价指标

耕地地力评价实质是对地形、土壤等自然要素对当地主要农作物生长限制程度的强弱的评价。耕地地力评价因素包括气候因素、地形因素、土壤因素、植被、水文、及水文地质和社会经济因素，每一因素又可划分为不同因子。耕地地力指标可以归类为物理性指标、化学性指标和生物性指标。主要针对土壤类型、土壤质地、有机质和各种营养元素含量、pH、坡向、坡度、排涝能力、灌溉能力等因素进行综合评价。

我们在选择评价因素时，依据以下原则因地制宜地选择：选取的因子对耕地地力有较大影响；选取的因子在评价区域内的变异较大，便于划分等级；同时必须注意因子的稳定性和对当前生产密切相关的因素。例如，一般认为，地形、成土母质等最稳定，土壤因素中土壤质地、土体构型比较稳定，这些都是可以选择的因素。

（五）耕地地力等级与评价

耕地地力评价方法由于学科和研究目的不同，各种评价系统的评价目的、评价方法、工作程序和表达方式也不相同。归纳起来，耕地地力评价的方法主要有两种：一种是国际上普遍采用的综合地力指数的评价法，其主要技术路线：评价因素确定之后，应用层次分析法或专家经验法确定各评价因素的权重。单因素评价模型的建立采用模糊评价法，单因素评价模型分为数值型和概念型两类。数值型的评价因素模拟经验公式，概念型因素给出经验指数。然后，采用累加法、累乘法或加法与乘法的结合建立综合评价模型，对耕地地力进行分级。

另一种是用耕地潜在生产能力描述耕地地力等级。这种潜在的生产能力直接关系到农业发展的决策和宏观规划的编制。在应用综合指数法进行了耕地等级的划定之后，由于它只是一个指数，没有确切的生产能力或产量含义。为了能够计算我国耕地潜在生产能力，为人口增长和农业承载力分析、农业结构调整服务，需要对每一地块的潜在生产能力指标化。在对第二次土壤普查成果综合分析以及大量实地调查之后，王蓉芳等提出了我国耕地潜在生产能力的划分标准，这个标准通过地力要素与我国现在生产条件和现有耕作制度相结合，分析我国耕地的最高生产能力和最低生产能力之间的差距，大致从小于 1 500kg/hm² 至大于 13 500kg/hm² 的幅度，中间按 1 500kg/hm² 的级差切割成 10 个地力等级作为全国耕地地力等级的最终指标化标准。这样，在全国、全省都不会由于评价因素不同、由于同一等级名称但含义不同而难以进行耕地地力等级汇总。因此，在对耕地地力进行完全指数评价之后，要对耕地的生产能力进行等级划分，形成全国统一标准的地力等级成果。

（六）耕地地力评价结果汇总

评价结果汇总是一个逐步的过程，全国耕地地力评价结果汇总有 3 个方面的内容。一是耕地地力等级汇总。由于综合指数法评价的耕地地力分级在不同区域表示的含义不同，并且不具有可比性，无法进行汇总，因此，耕地地力评价结果汇总应依据《全国耕地类型区、耕地地力等级划分》（NY/T 309—1996）的 10 个等级，以区域或省为单位，将评价结果进行等级归类和面积汇总。二是中低产田类型汇总。依据《全国中低产田类型划分与改良技术规范》（NY/T 310—1996）规定的八大中低产田类型，以区域或省为单位，将中低产田进行归类和面积汇总。三是土壤养分状况汇总。目前，全国没有统一的土壤养分状况分级标准，第二次土壤普查确定的养分分级标准已经不能满足现实的土壤养分特征的描述需要，因此，土壤养分分级和归类汇总指标应以省为单位制定，以区域或省为单位，对土壤养分进行归类汇总。今后，应利用测土配方施肥的大量数据逐步建立全国统一的养分分级指标体系。

第二节 数据准备及数据库建立

一、资料准备

资料的准备包括文字资料，如第二次土壤普查的土壤志、历年的调查和统计报告。而最重要是图件、土壤采样点调查和化验室分析数据。这些资料和数据是建立耕地地力评价数据库的基础数据。

数据库可以分为空间数据库和列表型数据库。空间数据库可简单的定义为：含有地理空间坐标信息的地图图形数据库，其内容是以矢量格式存储的，以各种编码将地图信息分类及分级的地理坐标数据和属性数据。而列表型数据属于关系数据库，关系型数据库以行和列的形式存储数据，称作为表，多个数据表可以组成一个数据库。

用于耕地地力评价的图件是数据库建立的重要数据资源。要求比例尺为 1：50 000。宝清县图件资料收集如下。

1. 土地利用图

由宝清县农业技术推广中心收集。比例尺 1：50 000，要求对该纸图通过扫描、校正、配准处理后，矢量化，保证图上的斑块信息不丢失，符合检验标准。该图矢量化由黑龙江极象动漫公司负责。

2. 区划图

由宝清县农业技术推广中心收集。比例尺 1：50 000，要求该纸图通过扫描、校正、配准处理后，矢量化，保证图上的村界正确，符合检验标准。该图矢量化由黑龙江极象动漫公司负责。

3. 土壤图

数据来源于第二次土壤普查数据，比例尺 1：100 000（历史数据），由宝清县农业技术推广中心收集。要求对该纸图通过扫描、校正、配准处理后，矢量化，保证图上的斑块信息不丢失，符合检验标准。该图矢量化由中国科学院东北地理与农业生态研究所负责。

4. 地形图

采用中国人民解放军总参谋部测绘局测绘的地形图，比例尺 1：50 000。由中国科学院东北地理与农业生态研究所收集整理、校正、配准后处理，保证图上的斑块信息不丢失，符合检验标准。

5. 土壤采样点位图

通过田间采样化验分析并进行空间处理得到。数据由宝清县农业技术推广中心土肥站负责采集和化验分析，由中国科学院东北地理与农业生态研究所负责成图。

二、建立数据库原则

空间数据库采用比例尺为 1：50 000 的数据，坐标系及椭球参数：北京 54/克拉索夫斯基，投影方式：高斯—克吕格，6°分带，中央经线为东经 129°，高程系统：1956 年黄海高程基准。

野外 GPS 定位采样要求用手持 GPS 时，须在接受数据稳定后记录，经纬度精度保留到 0.1″，然后转入到 ArcGIS 软件中，经坐标变换将定位点的 WGS84 坐标系变换为北京 54 坐标系，投影为高斯—克吕格，与其他图件统一。

坐标转换，将采样用的 GPS 定位坐 WGS84，转为北京 1954 坐标。减少空间数据误差。

三、数据质量控制要求

数据质量控制要按照耕地地力评价指南中的要求。

（一）属性数据

根据国家制定统一的基础数据编码规则录入。录入前仔细审核，注意数值型资料的量纲、上下限数值、小数位和长度。地名数据的多音字、简称和全称。

土壤类型、地形地貌、成土母质等数据要规范化，不能出现同一土壤类型、地形地貌或成土母质有不同的表述。

（二）空间数据

（1）图形数据符合空间数据规定要求。

（2）野外调查 GPS 定位数据，初始数据采用经纬度并在调查表格中记载，装入 GIS 系统与图件匹配时，再投影转换为上述直角坐标系坐标。

（3）扫描影像能够区分图内各要素，若有线条不清晰现象，需重新扫描。扫描影像数据要经过角度纠正，纠正后的图幅下方两个内图廓点的连线与水平线的角度误差不超过 0.2°。

（4）公里网格线交叉点为图形纠正控制点，每幅图应选不少于 20 个控制点，纠正后控制点的点位绝对误差不超过 0.2mm（图面值）。

（5）矢量化：要求图内各要素的采集无错漏现象，图层分类和命名符合统一的规范，各要素的采集与扫描数据相吻合，线划（点位）整体或部分偏移的距离不超过 0.3mm（图面值）。所有数据具有严格的拓扑结构。面状图形数据中没有碎片多边形。图形数据及属性数据的输入正确。

（6）野外调查 GPS 定位数据误差在 50m 以内。

（7）耕地面积数以当地政府公布的数据（土地详查面积）为控制面积。

（三）图件输出要求

图须覆盖整个辖区，不得丢漏。比例尺 1∶50 000，最小上图面积 0.04cm²。

图内要素必有项目包括评价单元图斑、各评价要素图斑和调查点位数据、线状地物、注记。要素的颜色、图案、线形等表示符合规范要求。

图外要素必须有项目包括图名、图例、坐标系及高程系说明、成图比例尺、制图单位全称、制图时间等。

（四）统一的系统操作和数据管理

所有的应用系统设置统一的系统操作和数据管理，各级用户通过规范的操作来实现数据的采集、分析、利用和传输等功能。

制定规范的数据录入管理办法保障数据能够准确、及时地录入到数据库中，变化的数据能够及时更新，并注明更新的原因和日期。

（五）统一的系统用户编码

采用统一的用户编码，编码和采集的数据相结合并保存在数据库中。保障国家和省级的中心数据库，各级节点采集的数据都是唯一的、有效的。

（六）数据安全加密系统

为防止数据被恶性破坏或无意损坏，采用不对称加密钥加密技术，对数据进行存储和传输加密处理。通过数据存取控制对数据存入、取出的方式和权限进行控制。建立数据备份机制，采用数据库自动备份技术，定期备份数据，建立数据副本，定期把数据刻录成光盘再存放在安全的地方或进行异地备份。

四、空间数据库的建立

宝清县空间数据库包括土地利用图、区划图和土壤图。数据库说明见表 2 - 3 - 1 和表 2 - 3 - 2。

表2-3-1　空间数据库图件说明

数据集名称	数据类型	属性（字段数）	比例尺	年份	矢量化单位	来源和质量验证
土地利用图	多边形	5	1：50 000	2008	黑龙江极象动漫影视技术有限公司	宝清县农业技术推广中心
区划图	多边形	5	1：50 000	2008	黑龙江极象动漫影视技术有限公司	宝清县农业技术推广中心
土壤图	多边形	3	1：100 000	1980	中国科学院东北地理与农业生态研究所	宝清县农业技术推广中心
地形图	DEM	1	1：50 000	2005	中国科学院东北地理与农业生态研究所	中国科学院东北地理与农业生态研究所

表2-3-2　空间数据库各图件主要属性数据说明

图层名称	字段名称	字段类型	字段长度	单位	备注
土壤图	省土壤代码	数值型	8	无	第二次全国土壤普查资料
	省土壤名称	文本型	20	无	
	县土壤代码	数值型	8	无	
	县土壤名称	文本型	20	无	
	实体面积	数值型	19	m²	
	内部标识码	数值型	8	无	
行政区划图	县内行政码	数值型	6	无	县内行政码：见数据字典统一编码，行政区划码为6位数，主要依据 GB/T 2260—2007《中华人民共和国行政区划代码》和 GB/T 10114—2003《县以下行政区划代码编制规则》
	乡（镇）名称	文本型	10	无	
	村名称	文本型	10	无	
	内部标识码	数值型	8	无	
	实体面积	数值型	19	m²	
	实体长度	数值型	19	m²	
	实体类型	文本型	7	无	
土地利用现状图	地类号	数值型	4	无	地类代码：按照国家标准定义的旱田、水田等名称。按照2002年国土资源部启用的新的土地利用分类（三大类）
	地类名称	文本型	20	无	
	实体面积	数值型	19	m²	
	实体类型	文本型	7	无	
	内部标识码	数值型	8	无	

（续表）

图层名称	字段名称	字段类型	字段长度	单位	备注
耕地资源 管理单元图	内部标识码	数值型	8	无	关键字关联外部数据表
	县土壤代码	数值型	8	无	关联土壤类型
	县内行政码	数值型	6	无	关联行政区划
	地类号	数值型	4	无	关联土地利用
	实体面积	数值型	19	m²	多边形实体计算面积
	实体长度	数值型	19	m²	
	实体类型	文本型	7	无	
耕地地力调 查点点位图	见采样数据 表2-3-3和 表2-3-4				

五、属性数据库的建立

属性数据库一般包括采样点调查数据，历年人口统计数据，作物产量数据、施肥量等数据。重点将作物产量、施肥量与土壤采样点数据表关联。宝清县数据库主要属性数据表说明文档见表2-3-3和表2-3-4。

表2-3-3　耕地地力调查点基本情况及化验结果

数据集名称	数据类型	属性 （字段数）	年份	来源和质量验证
耕地地力调查点基本情况及化验 结果数据表	表格	24	2008	宝清县农业技术推广中心

表2-3-4　耕地地力调查点基本情况及化验结果

字段名称	字段类型	字段长度	单位	备注
序号	长整形	4	无	
点县内编号	文本型	20	无	
省名称	文本型	8	无	
乡名称	文本型	15	无	
村名称	文本型	15	无	
东经	数值型	15	度	
北纬	数值型	15	度	
海拔	文本型	10	m	
地类名称	文本型	6	无	
有机质	数值型	6/2	g/kg	

（续表）

字段名称	字段类型	字段长度	单位	备注
有效磷	数值型	6/2	mg/kg	
速效钾	数值型	6/2	mg/kg	
pH	数值型	4	无	
碱解氮	数值型	6/2	mg/kg	
全氮	数值型	6/2	mg/kg	
地形部位	文本型	10	无	
地块名称	文本型	10	无	
农户名称	文本型	10	无	
农田基础设施	文本型	10	无	
障碍类型	文本型	10	无	
耕层厚度	数值型	3	cm	
灌溉条件	文本型	4	无	
土壤质地	文本型	6	无	
产量水平	数值型	6	kg/hm^2	

六、采样布点原则

耕地采样数据是此次耕地地力评价的最重要环节，必须遵守以下几项原则。

（一）代表性原则

本次调查的特点是在第二次土壤普查的基础上，摸清不同土壤类型、不同土地利用下的土壤肥力和耕地生产力的变化和现状。因此，调查布点必须覆盖全县耕地土壤类型以及全部土地利用类型。

（二）典型性原则

调查采样的典型性是正确分析判断耕地地力和土壤肥力变化的保证。特别是样品的采取必须能够正确反映样点的土壤肥力变化和土地利用方式的变化。因此，采样点必须布设在利用方式相对稳定，没有特殊干扰的地块，避免各种非正常因素的影响。

（三）科学性原则

耕地地力的变化并不是没有规律，因此，在调查和采样布点上必须按照土壤分布规律布点。

（四）比较性原则

为了能够反映第二次土壤普查以来的耕地地力和土壤质量的变化，尽可能在第二次土壤普查的取样点上布点。

在上述原则的基础上，调查工作之前充分分析了宝清县的土壤分布状况，收集并认真研究了第二次土壤普查的成果以及相关的试验研究和定点监测资料。并请熟悉全县情况、参加过第二次土壤普查的有关技术人员参加工作，聘请当地的专家组成专家顾问组，在黑龙江省土壤肥料站的指导下，通过野外踏勘和室内图件的分析，确定调查和采样点，保证了本次调查和评价的高质量完成。

七、采样布点方法

由于此次地力评价利用了高科技的空间分析方法，所以，采样时布点也是非常重要的环节，布点是调查工作的重要一环，正确的布点能保证获取信息的典型性和代表性；能提高耕地地力调查与质量评价成果的准确性和可靠性；能提高工作效率，节省人力和资金。宝清县布点首先考虑到全县耕地的典型土壤类型和土地利用类型；其次耕地地力调查布点要与土壤环境调查布点相结合。样点的采集尽可能正确反应样点的土壤肥力变化和土地利用方式的变化。采样点布设在利用方式相对稳定，避免各种非正常因素的干扰的地块。大田调查点数的确定和布点。按照旱田、水田平均每个点代表 $66.7hm^2$ 的要求，在确定布点数量时，以这个原则为控制基数，在布点过程中，充分考虑了各土壤类型所占耕地总面积的比例、耕地类型以及点位的均匀性等。

采样时由推广中心派出包乡技术干部和各乡镇农技人员、村级技术员共同组成。同时对乡镇的技术人员进行培训，然后再到村屯对农民进行培训，培训内容：采样点的定位、采样点的选择、标准的取土混样方法、测土调查表的填写、测土配方施肥的意义等。在采集土样的同时进行田间调查，田间调查方法：一是利用采土样时对农户进行调查；二是县乡技术员入户调查；三是询问村干部或农民技术员的方式进行调查。然后，将调查的结果由推广中心农业技术员将调查的内容记录在本上，然后输入电脑数据库，地块基本情况调查有地块的地理位置（经、纬度）、自然条件、生产条件、土壤墒情等情况。农户施肥调查内容有施肥种类和数量、推荐施肥情况、实际施肥情况、肥料成本、底肥和追肥的数量及方法。

农田土样是在 2008 年秋收后取样。首先确定野外采样田块，再根据点位图，到点位所在的村庄，向农民了解本村的农业生产情况，确定具有代表性的田块，田块面积控制在 $0.07hm^2$ 以上，依据田块的准确方位修正点位图上的点位位置，并用 GPS 定位仪进行定位。在此基础上，让已确定采样田块的户主，按调查表格的内容逐项进行调查填写。在该田块中按旱田 $0 \sim 20cm$ 土层采样；采用"S"法，均匀随机采取 $10 \sim 15$ 个采样点，充分混合后，四分法留取 1kg。采样工具用铁锹、塑料布、不锈钢土钻；一袋土样填写两张标签，内外各具。做好记录表，记录表主要内容：样品野外编号（要与大田采样点基本情况调查表和农户调查表相一致）、采样深度、采样地点、采样时间、采样人、采样地点自然状况和农田基本情况等。

宝清县对待地力监测土样采集这项工作非常重视，严把质量关，以确保所采集的土样具有代表性和准确性。耕地地力评价共采集土样 2 690 个，水田 108 个，旱田 2 582 个，所采样点覆盖全县 10 个乡镇，145 个行政村，使采样点分布包括了 44 个土种和所有的耕地面积，同时做到样点分布均匀，具有很强的代表性。

八、调查内容

为了准确地划分耕地等级，真实地反映耕地环境质量状况，达到客观评价耕地质量状况的目的，需要对影响耕地地力的诸项属性、自然条件、管理水平等要素以及影响耕地环境质量的有害物质等进行调查、检测。根据耕地地力分等定级和耕地质量评价要求，对宝清县县境内的耕地灌溉水及农业生产管理等进行了全面调查，其主要内容分为采样点农业生产情况调查、采样点基本情况调查两个方面。

（一）采样点农业生产情况调查

采样点农业生产情况我们主要调查内容如下。

（1）基本项目：家庭住址、户主姓名、家庭人口、耕地面积、采样地块面积等。

（2）土壤管理：种植制度、保护设施、耕翻情况、灌溉情况、秸秆还田情况等。

（3）肥料投入情况：肥料品种、含量、施用量、费用等。

（4）农药投入情况：农药种类、用量、施用时间、费用等。

（5）种子投入情况：作物品种、名称、来源、用量、费用等。

（6）机械投入情况：耕翻、播种、收获、其他、费用等。

（7）产销情况：作物产量、销售价格、销售量、销售收入等。

（二）采样点基本情况调查

采样点基本情况调查内容如下。

（1）基本项目：采样地块俗称、经纬度、海拔、土壤类型、采样深度等。

（2）立地条件：地形部位、坡度、坡向、成土母质、盐碱类型、土壤侵蚀情况等。

（3）剖面性状：质地构型、耕层质地、障碍层次情况、潜水水质及埋深等。

（4）土地整理：地面平整度、灌溉水源类型、田间输水方式等。

第三节　样品分析及质量控制

一、分析项目与方法确定

分析项目与方法是以《全国耕地地力调查质量评价技术规程》中所规定的必测项目和方法要求确定的。

（一）分析项目

1. 物理性状

土壤质地。

2. 化学性状

土壤样品分析项目包括 pH、有机质、全氮、碱解氮、有效磷、速效钾、微量元素（铜、锌、铁、锰）等。

（二）分析方法

1. 物理性状

土壤容重测定采用环刀法。

2. 化学性状

样品分析方法具体见表 2 - 3 - 5。

表 2 - 3 - 5 土壤样品分析项目和方法

分析项目	分析方法
pH	电位法
有机质	油浴加热重铬酸钾容量法
全氮	凯氏蒸馏法
碱解氮	碱解扩散法
有效磷	碳酸氢钠提取—钼锑抗比色法
速效钾	乙酸铵提取—火焰光度法
土壤有效铜、锌、铁、锰	DTPA 浸提—原子吸收光度法

二、分析测试质量

实验室的检测分析数据质量客观地反映出了人员的素质水平、分析方法的科学性、实验室质量体系的有效性和符合性及实验室的管理水平。在检测过程中由于受被检样品、测量方法、测量仪器、测量环境、测量人员、检测等因素的影响，总存在一定的测量误差，影响结果的精密度和准确性。只有了解产生误差的原因，采取适当的措施加以控制，才能获得满意的效果。

（一）检测前确认几个步骤

检测前确认以下几个步骤：①样品确认。②检验方法确认。③检测环境确认。④检测用仪器设备的状况确认。

（二）检测中确认几个步骤

检测中确认以下几个步骤：①严格执行标准或规程、规范。②坚持重复试验，控制精密度；通过增加测定次数可减少随机误差，提高平均值的精密度。③带标准样或参比样，判断检验结果是否存在系统误差。④注重空白试验。可消除试剂、蒸馏水中杂质带来的系统误差。⑤做好校准曲线。每批样品均做校准曲线，消除温度或其他因素影响。⑥用标准物质校核实验室的标准溶液、标准滴定溶液。⑦检测中对仪器设备状况进行确认（稳定性）。⑧详细、如实、清晰、完整记录检测过程，使检测条件可再现、检测数据可追溯。

（三）检测后确认几个步骤

检测后确认以下几个步骤：①加强原始记录校核、审核，确保数据准确无误。②异常值的处理：对检测数据中的异常值，按 GB 4883 标准规定采用 Grubbs 法或 Dixon 法进行判定和处理。③复检：当数据被认为是不符合常规时或被认为是可疑、但检验人员无法解释时，须进行复验。④使用计算机采集、处理、运算、记录、报告、存储检测数据，保证数据安全。

第四节　质量评价依据及方法

一、评价依据

耕地地力评价是一种综合的多因素评价，难以用单一因素的方法进行划定。目前评价方法很多，所选择的评价指标也不一致。以往的评价方法大多人为划定其评价指标的数量、级别以及各指标的权重系数，然后利用简单的加法、乘法表进行合成，这些方法简单明确，直观性强，但其准确性在很大程度上取决于评价者的专业水平。近年来，研究者们把模糊数学方法、多元统计方法以及计算机信息处理等方法引入到评价之中，通过对大量信息的处理得出较真实的综合性指标，这在较大程度上避免了评价者自身主观因素的影响。

宝清县耕地地力评价采用《全国耕地地力调查与质量评价技术规程》中推荐的评价方法，即通过 3S 技术建立 GIS 支持下的耕地基础信息系统，对收集的资料进行系统的分析和研究，结合专家经验，综合应用相关分析法、因子分析法、模糊评价法，层次分析法等数学原理，用计算机拟合，插值分析等方法来构建一种定性与定量相结合的耕地生产潜力评价方法。

二、确定评价指标

为了做好宝清县耕地地力调查工作，在黑龙江省土肥站的支持和帮助下，邀请宝清县参加过第二次土壤普查的同志和县农业技术推广中心从事土壤肥料工作的技术人员，召开了耕地地力评价指标体系研讨会，在全国共用的指标体系框架内，针对宝清县耕地资源特点，选择了 4 个大类、11 个要素作为宝清县耕地地力评价的指标。

由于耕地地力评价的复杂性，在评价前要充分阅读第二次土壤普查的资料和文件，地力评价工作组和当地土肥专家、农民要共同讨论当地的具体情况、农业生产中出现的问题。理解各项评价指标的含义，为确定评价指标和权重提供准确性依据。

耕地地力评价的实质是对地形、土壤等自然要素对当地主要农作物生长限制程度的强弱。选取评价要素时应遵循以下几个原则。

（一）重要性原则

选取的因子对耕地地力有比较大的影响，如土壤因素、灌排条件、管理措施等。

（二）易获取性原则

通过常规的方法可以获取。有些评价指标很重要，但是获取不易，无法作为评价指标，可以用相关参数替代。

（三）差异性原则

取的因子在评价区域内的变异较大，便于划分耕地地力的等级。如在冲积平原地区，土壤的质地对耕地地力有很大影响，必须列入评价项目之中；但耕地土壤都是由松软的沉积物发育而成的，有效土层深厚而且又比较均一，就可以不作为参评因素。

（四）稳定性原则

选取的评价因素在时间序列上具有相对的稳定性。如土壤的质地、有机质含量等，评价的结果能够有较长的有效期。

（五）评价范围原则

选取评价因素与评价区域的大小有密切的关系。如在一个县的范围内，气候因素变化较小，在进行县域耕地地力评价时，气候因素可以不作为参评因子。

（六）充分利用现有数据，减少人为误差

利用第二次土壤普查的宝贵数据和资料，采用准确的数学分析方法，尽量减少人为误差。

三、特尔斐模型和隶属函数及评价指标的隶属度

本次地力评价采用了特尔斐模型，有专家采用特尔斐模型给出评价指标的隶属度。特尔斐法是美国兰德公司于1964年首先采用的一种方法，这个方法的核心是充分发挥专家对问题的独立看法，然后归纳、反馈，逐步收缩、集中，最终产生评价与判断。特尔斐法的基本步骤见图2-3-2。

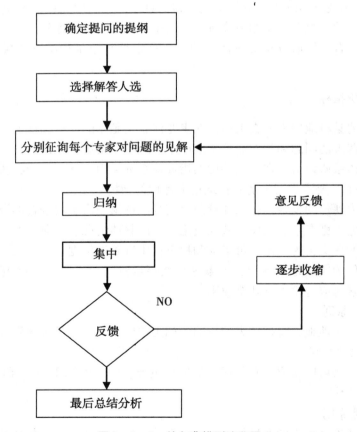

图2-3-2 特尔斐模型流程图

（一）确定提问的提纲

列出的调查提纲应当用词准确、层次分明，集中于要判断和评价的问题。为了使专家易于回答问题，通常还在调查提纲的同时提供有关背景材料。

（二）选择专家

为了得到较好的评价结果，通常需要选择对问题了解较多的专家 10～50 人，少数重大问题可选择 100 人以上。

（三）调查结果的归纳、反馈和总结

收集到专家对问题的判断后，应作一归纳。定量判断的归纳结果通常符合正态分布。在仔细听取了持极端意见专家的理由后，去掉两端各 25% 的意见，挑选出意见最集中的范围，然后把归纳结果反馈给专家，让他们再次提出自己的评价和判断。这样反复 3～4 次后，专家的意见会逐步趋于一致。这时就可作出最后的分析报告。

隶属函数，用于表征模糊集合的数学工具。对于普通集合 A，它可以理解为某个论域 U 上的一个子集。为了描述论域 U 中任一元素 u 是否属于集合 A，通常可以用 0 或 1 标志。用 0 表示 u 不属于 A，而用 1 表示 u 属于 A，从而得到了 U 上的一个二值函数 A（u），它表征了 U 的元素 u 对普通集合的从属关系，通常称为 A 的特征函数，为了描述元素 u 对 U 上的一个模糊集合的隶属关系。由于这种关系的不分明性，它将用从区间 ［0，1］ 中所取的数值代替 0，1 这 2 个值来描述，记为（u），数值（u）表示元素隶属于模糊集的程度，论域 U 上的函数 μ 即为模糊集的隶属函数，而 μ（u）即为 u 对应的隶属度。

模糊子集、隶属函数与隶属度是模糊数学的 3 个重要概念。一个模糊性概念就是一个模糊子集，模糊子集 A 的取值是 0 和 1 之间的任意值。隶属度是元素 x 符合这个模糊性概念的程度。完全符合时隶属度为 1，完全不符合时为 0，部分符合即取 0 与 1 之间的一个中间值。隶属函数是表示元素与隶属度之间的解析函数。根据隶属函数，对于每个元素 x 都可以算出其对应的隶属度。

为做好宝清县耕地地力调查工作，于 2009 年 4 月中旬就宝清县耕地地力评价指标的选取、指标的量化组织专家进行了研讨。专家们对宝清县耕地地力指标评价体系进行了筛选，对每一个指标的名称、释义、单位、上下限给出准确的定义并制定了规范。专家认为宝清县应考虑地形因素，土壤理化性状，养分状况和障碍类型。基于以上考虑，结合宝清县本地的土壤条件、农田地基础设施状况、当前农业生产中耕地存在的突出问题等，并参照全国耕地地力评价指标体系的 66 项指标体系，最后确定了立地条件、土壤理化性状、土壤养分、障碍因素 4 个决策层，11 项评价指标，并对每一个指标的名称、释义、量纲、上下限等做出定义。宝清县通过特尔斐模型对各评价指标作出的隶属度评价值见表 2 - 3 - 6 至表 2 - 3 - 16。

1. 有机质

土壤有机质的高低是评价土壤肥力高低的重要指标之一。它是植物养分的来源，在有机质分解过程中将逐步释放出植物生长需要的氮、磷和硫等营养元素；其次，有机质能改善土壤结构性能以及生物学和物理、化学性质。通常在其他条件相似的情况下，在一定含量范围内，有机质含量的多少反映了土壤肥力水平的高低。土壤有机质的含量越高，专家给出的分值越高（表 2 - 3 - 6）。

表 2 - 3 - 6　专家对土壤有机质给出的隶属度评价值

有机质（g/kg）	20	30	40	50	60	80	100
专家评价值	0.5	0.65	0.7	0.75	0.8	0.9	1

2. 速效钾

地壳的平均含钾浓度约为 25g/kg，相当于地壳磷浓度的 20 倍，是地球最巨大的钾存贮库。在氮、磷、钾 3 个元素中，钾在自然界的活跃程度远不如氮，钾几乎不进入大气，不能形成有机态。但钾较磷易于在环境中迁移流动，因此，在某种意义上钾在自然界的活跃程度可超过磷。尽管如此，钾在农业系统中的循环过程依然十分简单。专家给钾的分值为越高越好，属于戒上型函数（表 2 - 3 - 7）。

表 2 - 3 - 7　专家对土壤速效钾给出的隶属度评价值

速效钾（mg/kg）	100	120	150	180	200	250	300	350
专家评价值	0.4	0.5	0.65	0.75	0.85	0.9	0.95	1

3. 有效磷

生物圈磷循环属于元素循环的沉积类型，这是因为磷的储存库是地壳。磷极易为土壤所吸附，几乎不进入大气。因此，磷在农业系统中的迁移循环过程十分简单。它远不如氮那么活跃和难以控制。一般情况下，在一定的范围内，专家目前认为有效磷越多越好，属于戒上型函数（表 2 - 3 - 8）。

表 2 - 3 - 8　专家对土壤有效磷给出的隶属度评价值

有效磷（mg/kg）	10	15	20	30	35	40	45	50	60
专家评价值	0.3	0.4	0.55	0.7	0.75	0.8	0.85	0.95	1

4. 全氮

全氮对耕地地力的影响非常重要，目前农民施氮肥越来越多，对土壤氮素含量也有较大影响，因此要作为评价指标。专家评价值见表 2 - 3 - 9。

表 2 - 3 - 9　专家对土壤全氮给出的隶属度评价值

全氮（g/kg）	1	1.5	2	2.5	3	3.5	4	5
专家评价值	0.4	0.5	0.65	0.7	0.75	0.8	0.9	1

5. pH

pH 是评价土壤酸碱度的重要指标之一。对作物生长至关重要，影响土壤各种养分的转化和吸收，对大多数作物来讲，偏酸和偏碱都会对作物生长不利。所以，pH 符合峰性函数模型，专家评价值见表 2 - 3 - 10。

表 2 - 3 - 10　专家对土壤 pH 给出的隶属度评价值

pH	5.5	6	6.5	7	7.5	8
专家评价值	0.6	0.8	0.95	1	0.9	0.7

6. 坡向

坡向对作物也有很大影响，尤其是在地形复杂的地方。地势平坦和正南方向一般接受太阳辐射能力强，光照好，有利于作物的生长。研究表明，玉米改变栽培的垄向可以明显地提高作物产量。专家给出的评价值见表 2 - 3 - 11。

表 2 - 3 - 11　专家对坡向给出的隶属度评价值

坡向	平地	正南	东南	东	西南	东北	西	西北	北
专家评价值	1	1	0.98	0.7	0.7	0.6	0.5	0.5	0.4

7. 坡度

坡度对作物生长和地力的影响是非常重要的，坡度过大极易造成水土流失，破坏耕地质量，一般来讲，平地较好，但对有些降水偏多的地方略有坡度对排水更加有利。专家给出的评价值见表 2 - 3 - 12。

表 2 - 3 - 12　专家对坡度给出的隶属度评价值

坡度	<1°	2°	3°	4°	5°	6°	>7°
专家评价值	1	0.9	0.8	0.7	0.5	0.4	0.2

8. 障碍层类型

是指构成植物生长障碍的土层类型，主要有盐积层、沙砾层、白浆层等。这些土层对耕地地力有较大影响，对作物生长极为不利。这个指标属于概念型，专家给出的评价值见表 2 - 3 - 13。

表 2 - 3 - 13　专家对障碍层类型给出的隶属度评价值

障碍层类型	无	瘠薄培肥型	渍涝排水型	盐碱耕地型	白浆层	沙化耕地型
专家评价值	1	0.8	0.7	0.5	0.4	0.3

9. 质地

土壤质地是指土壤中各种粒径土粒的组合比例关系，也被称为机械组成，根据机械组成的近似性，划分为若干类别，称之为质地类型。专家给出的评价值见表 2 - 3 - 14。

表 2 - 3 - 14　专家对质地给出的隶属度评价值

质地	中壤	轻壤	黏壤	沙壤
专家评价值	1	0.9	0.8	0.6

10. 排水能力

宝清农田低洼地所占比例较大，排水能力也是影响农业生产的主要指标之一。专家给出的评价值见表 2 – 3 – 15。

表 2 – 3 – 15　专家对排涝能力给出的隶属度评价值

排水能力	弱	较弱	中	较强	强
专家评价值	0.3	0.5	0.7	0.85	1

11. 灌溉能力

宝清目前水田面积不断增大，灌溉能力是水稻生产的关键指标。专家给出的评价值见表 2 – 3 – 16。

表 2 – 3 – 16　专家对灌溉能力给出的隶属度评价值

灌溉条件	很差	较差	一般	好	很好
专家评价值	0.1	0.4	0.7	0.8	1

以上指标确定后，通过隶属函数模型的拟合以及层次分析法确定各指标的权重，即确定每个评价因素对耕地地力影响大小。根据层次化目标，A 层为目标层，即宝清县耕地地力评价；B 层为准则层；C 层为指标层。然后，通过求各判断矩阵的特征向量求得准则层和指标层的权重系数，从而求得每个评价指标对耕地地力的权重。其中，准则层权重的排序为理化性状 > 土壤养分 > 土壤管理 > 立地条件，指标层权重的排序为有机质 > 速效钾 > 排涝能力 > 有效磷 > 质地 > 全氮 > 坡度 > 灌溉能力 > 障碍层类型 > pH > 坡向。见图 2 – 3 – 3。

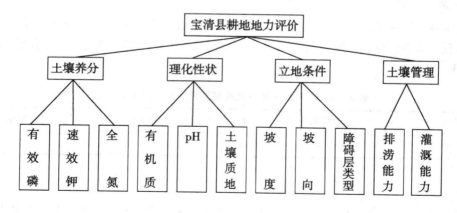

图 2 – 3 – 3　耕地地力评价层次分析法指标公析

四、建立评价指标隶属函数的方法

许多问题，常常需要根据 2 个变量的一组实验数据，来找出这 2 个变量的函数关系近似表达式，通常把这样得到的函数近似表达式叫隶属函数（经验公式）。其中，确定隶属函数中的常数是建立隶属函数的关键，一般确定常数常用的方法是最小二乘法。

隶属函数的类型可以分为戒上型函数、戒下型函数、峰型函数、直线型函数以及概念型等，前4种函数可以用特尔斐法对一组实测值评估出相应的一组隶属度，进而拟合函数，对于概念型隶属度的确立则可以直接按照函数值或者利用泰森多边形分析的方法进行拟合。

1. 戒上型函数（如有机质、有效磷等）

$$y_i = \begin{cases} 0 & u_i \leqslant u_t \\ 1/\left[1 + a_i(u_i - c_i)^2\right] & u_t < u_i < c_i(i = 1,2,\cdots,m) \\ 1 & c_i \leqslant u_i \end{cases} \tag{1}$$

式中：y_i 为第 i 因素评语；u_i 为样品观测值；c_i 为标准指标；a_i 为常数；u_t 为指标下限值。

2. 戒下型函数（如坡度等）

$$y_i = \begin{cases} 0 & u_t \leqslant u_i \\ 1/\left[1 + a_i(u_i - c_i)^2\right] & c_i < u_i < u_t(i = 1,2,\cdots,m) \\ 1 & u_i \leqslant c_i \end{cases} \tag{2}$$

式中：u_t 为指标上限值。

3. 峰型函数（pH）

$$y_i = \begin{cases} 0 & u_i > u_{t1} \text{ 或 } u_i < u_{t2} \\ 1/\left[1 + a_i(u_i - c_i)^2\right] & u_{t1} < u_i < u_{t2}(i = 1,2,\cdots,m) \\ 1 & u_i = c_i \end{cases} \tag{3}$$

式中：u_{t1}、u_{t2} 分别为指标上限值、下限值。

4. 直线型函数

$$y_i = b + a_i \times u_i \tag{4}$$

根据以上原理，对宝清县选定评价指标和隶属度进行隶属函数拟合。宝清县的评价指标隶属函数拟合曲线如图 2 - 3 - 4 至图 2 - 3 - 9 所示。所有拟合值都通过了显著性检验，均在 0.95 以上。

1. 有机质隶属函数拟合曲线

根据当地生产情况定义为戒上型函数，见图 2 - 3 - 4。

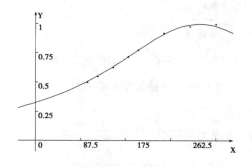

图 2 - 3 - 4　有机质隶属函数拟合曲线

2. pH 隶属函数拟合曲线

根据当地生产情况定义为峰型函数，见图 2 - 3 - 5。

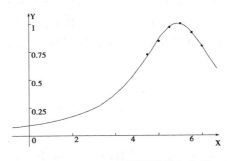

图 2 - 3 - 5　pH 隶属函数拟合曲线

3. 有效磷隶属函数拟合曲线

根据当地生产情况定义为戒上型函数，见图 2 - 3 - 6。

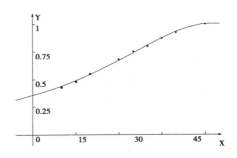

图 2 - 3 - 6　有效磷隶属函数拟合曲线

4. 速效钾隶属函数拟合曲线

根据当地生产情况定义为戒上型函数，见图 2 - 3 - 7。

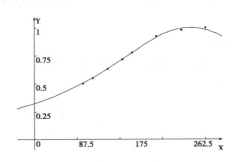

图 2 - 3 - 7　速效钾隶属函数拟合曲线

5. 全氮隶属函数拟合曲线

根据当地生产情况定义为戒上型函数，见图 2 - 3 - 8。

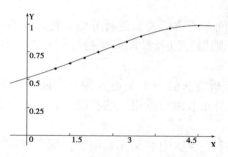

图 2 - 3 - 8　全氮隶属函数拟合曲线

6. 坡度隶属函数拟合曲线

坡度越大对农业生产越不利，根据当地生产情况定义为负直线型函数，见图 2 - 3 - 9。

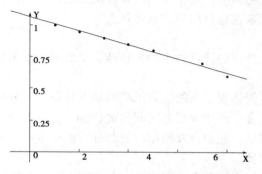

图 2 - 3 - 9　坡度隶属函数拟合曲线

其他隶属函数属于概念型，可以根据专家打分直接赋值。

五、层次分析法确定权重

层次分析法（Analytic Hierarchy Process，简称 AHP）是将决策有关的元素分解成目标、准则、方案等层次，在此基础之上进行定性和定量分析的决策方法。这种方法的特点是在对复杂的决策问题的本质、影响因素及其内在关系等进行深入分析的基础上，利用较少的定量信息使决策的思维过程数学化，从而为多目标、多准则或无结构特性的复杂决策问题提供简便的决策方法。尤其适合于对决策结果难于直接准确计量的场合。

在决策者作出最后的决定以前，他必须考虑很多方面的因素或者判断准则，最终通过这些准则作出选择。这些因素是相互制约、相互影响的。我们将这样的复杂系统称为一个决策系统。这些决策系统中很多因素之间的比较往往无法用定量的方式描述，此时需要将半定性、半定量的问题转化为定量计算问题。层次分析法是解决这类问题的行之有效的方法。层次分析法将复杂的决策系统层次化，通过逐层比较各种关联因素的重要性来为分析、决策提供定量的依据。

层次分析法的步骤如下。

1. 明确问题

即弄清问题的范围，所包含的因素，各因素之间的关系等，以便尽量掌握充分的信息。

2. 建立层次结构模型

在这一步骤中，要求将问题所含的要素进行分组，把每一组作为一个层次，按照最高层（目标层）、若干中间层（准则层）以及最低层（指标层）的形式排列起来。

3. 构造判断矩阵

这一步骤是 AHP 决策分析方法的一个关键步骤。判断矩阵表示针对上一层次中的某元素而言，评定该层次中各有关元素相对重要性的状况。

4. 层次单排序

层次单排序的目的是对于上层次中的某元素而言，确定本层次与之有联系的各元素重要性次序的权重值。这是本层次所有元素对上一层次某元素而言的重要性排序的基础。

5. 层次总排序

利用同一层次中所有层次单排序的结果，就可以计算针对上一层次而言的本层次所有元素的重要性权重值，这就称为层次总排序。计算各层元素对系统目标的合成权重，进行总排序，以确定最底层各个元素在总目标中的重要程度。

6. 一致性检验

为了保证评价层次总排序的计算结果的一致性，类似于层次单排序，也需要进行一致性检验。

层次分析法的整个过程体现了人的决策思维的基本特征，即分解、判断与综合，易学易用，而且定性与定量相结合，便于决策者之间彼此沟通，是一种十分有效地系统分析方法，广泛地应用在经济管理规划、能源开发利用与资源分析、城市产业规划、人才预测、交通运输、水资源分析利用等方面。

层次分析法判断矩阵标度及其含义如表 2 - 3 - 17 所示，层次分析法矩阵计算的特点见式（5），宝清县层次分析模型各层指标见表 2 - 3 - 18。

表 2 - 3 - 17   判断矩阵标度及其含义

标度	含义
1	表示两个因素相比，具有同样重要性
3	表示两个因素相比，一个因素比另一个因素稍微重要
5	表示两个因素相比，一个因素比另一个因素明显重要
7	表示两个因素相比，一个因素比另一个因素强烈重要
9	表示两个因素相比，一个因素比另一个因素极端重要
2，4，6，8	上述两相邻判断的中值
倒数	因素 i 与 j 比较得判断 b_{ij}，则因素 j 与 i 比较得判断 $b_{ij} = 1/b_{ij}$

矩阵的特点如下：

$$
\begin{array}{c|ccccc}
a_k & b_1 & b_2 & b_3 & \cdots & b_n \\
\hline
b_1 & b_{11} & b_{12} & b_{13} & \cdots & b_{1n} \\
b_2 & b_{21} & b_{22} & b_{23} & \cdots & b_{2n} \\
\cdots & \cdots & \cdots & \cdots & \ddots & \cdots \\
b_n & b_{n1} & b_{n2} & b_{n3} & \cdots & b_{nn}
\end{array}
\tag{5}
$$

表2-3-18　层次分析法指标体系各层次结果

决策层 B	准则权重	指标层 C	指标权重	综合权重	函数类型	隶属函数公式	系数
土壤管理	0.165 8	排涝能力	0.250 0	0.124 3	概念		
		灌溉条件	0.750 0	0.041 4	概念		
土壤养分	0.361 0	有效磷	0.297 3	0.107 3	戒上	$y=1/\left[1+a\ (x-c)^2\right]$	$a=0.000\ 457$ $c=62.877\ 75$
		速效钾	0.539 0	0.194 6	戒上	$y=1/\left[1+a\ (x-c)^2\right]$	$a=0.000\ 020$ $c=318.844\ 154$
		全氮	0.163 8	0.059 1	戒上	$y=1/\left[1+a\ (x-c)^2\right]$	$a=0.025\ 413$ $c=6.116\ 794$
理化性状	0.383 7	有机质	0.723 5	0.277 6	戒上	$y=1/\left[1+a\ (x-c)^2\right]$	$a=0.000\ 197$ $c=87.385\ 890$
		pH	0.083 3	0.032 0	峰型	$y=1/\left[1+a\ (x-c)^2\right]$	$a=0.206\ 932$ $c=6.889\ 844$
		土壤质地	0.193 2	0.074 1	概念		
立地条件	0.089 5	障碍层类型	0.405 5	0.036 3	概念		
		坡度	0.479 6	0.042 9	负直线	$y=a-bu$	$a=1.079\ 300$ $b=0.091\ 840$
		坡向	0.115 0	0.010 3	概念		

从表2-3-18中可以看出决策层和各指标层的权重、综合权重、函数模型和系数值，进而完成层次分析模型的计算。

六、评价单元划分方法

划分耕地地力评价单元是评价地力的基础，也是最重要的部分。划分评价单元有以下几种方法。

1. 根据土壤类型划分评价单元可以在一定程度上反映耕地地力的差异

这种方法的优点是能充分反映土壤在耕地地力中的主要矛盾，同时能够充分利用土壤普查的资料，节省大量的野外调查工作量，具有较好的土壤和耕地利用基础，只要将耕地评价地区的土壤图连同土壤调查报告收集起来，就可以确定耕地评价单元的数量及其位置。这样划分的评价单元主要问题是实地缺乏明显的界线，而且往往和自然田块、行政界线不一致；另外，由于利用方式、耕作管理措施的差异，随着时间的推移，同一种土壤类型耕地地力会发生较大的差异。

2. 用乡、村的行政界限为评价单元，更细的可以划分到生产队

这样划分的优点是行政隶属关系明确，适用于农业及农村经济管理。这样的评价单元内可能有两种或多种土壤类型；土地利用方式、管理方式都可能不一致，不适用于耕地地力的评价。

3. 按土地利用现状图的基础制图单元（自然地块或耕作规划单元）作为耕地评价单元

这样的单元内地形、水利状况基本一致，种植作物的种类、管理水平、常年产量也基本相同。不足之处是评价单元的区域较大，往往跨越村界甚至乡界，另外同一单元内可能包含多种土壤类型。

　　综合以上几种基础图的优缺点，用土壤图（土种）与土地利用现状图和行政区划图叠加产生的图斑作为耕地管理单元，这种方法的优点是考虑全面，综合性强；形成的评价单元空间界线及行政隶属关系明确，同一单元内土壤类型相同、土地利用类型相同，不同单元之间既有差异性也有可比性。评价结果不仅可应用于农业布局规划等农业决策，还可以用于指导实际的农事操作，为实施精准农业奠定良好的基础。

　　宝清县评价单元图是由土壤图、土地利用图和行政区划图叠加而成的，共计组成 2 791 个图斑作为评价单元。这些评价单元被挂接上各种属性后，作为分析和评价的基础底图。图件的叠合原理见示意图 2 - 3 - 10。

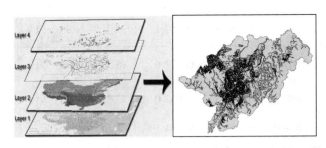

图 2 - 3 - 10　叠加生成的评价单元示意图

七、地力评价等级计算

（一）计算地力的综合指数法

　　耕地地力采用累加法计算各评价单元综合地力指数，计算公式如下：

$$IFI = \sum (F_i \times C_i) \qquad (i = 1, 2, 3\cdots, n) \tag{6}$$

　　式中：IFI 为耕地地力综合指数（Integrated Fertility Index）；F_i 为第 i 个评价因子的隶属度；C_i 为第 i 个评价因子的组合权重。

　　本次评价耕地地力综合指数的计算公式如下：

$$IFI = 0.572 F_{有效积温} + 0.255 F_{地貌类型} + 0.112 F_{坡度} + 0.06 F_{坡向} + 0.75 F_{有效磷} + 0.25 F_{速效钾} +$$
$$0.72 F_{有机质} + 0.168 F_{pH} + 0.112 F_{土壤质地} + 0.75 F_{障碍层类型} + 0.25 F_{障碍层出现位置} \tag{7}$$

（二）耕地地力评价结果讨论

　　通过计算后，将宝清县耕地地力分为 4 级（表 3 - 19）：一级耕地 $IFI > 0.80$，面积约为 2.8 万 hm^2，所占比例为 18.9%；二级耕地 IFI 为 0.70 ~ 0.80，面积约为 5.43 万 hm^2，所占比例为 36.78%；三级耕地 IFI 为 0.60 ~ 0.70，面积约为 5.69 万 hm^2，所占比例为 38.57%；四级耕地 $IFI < 0.60$，面积约为 0.83 万 hm^2，所占比例为 5.62%。地力综合指数和地力等级划分的面积比例表见表 2 - 3 - 19，耕地地力等级分布图见图 2 - 3 - 11。

表 2 - 3 - 19　宝清县耕地地力等级划分

耕地地力等级	一级	二级	三级	四级
地力综合指数	>0.80	0.70 ~ 0.80	0.60 ~ 0.7	<0.60
面积（万 hm^2）	2.8	5.43	5.69	0.83
百分比（%）	18.9	36.78	38.57	5.62

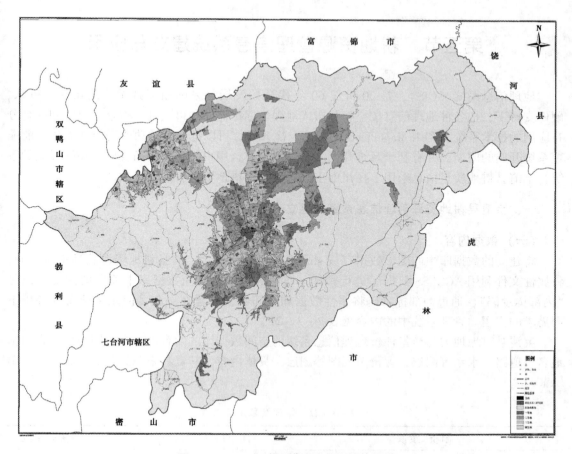

图 2 - 3 - 11　宝清县耕地地力评价等级图

八、结果检验和归并农业部地力等级指标划分标准

在对宝清县耕地地力调查点的 3 年实际年平均产量调查数据分析的基础上，筛选了 101 个点的产量与地力综合指数（IFI）进行了相关分析，建立直线回归方程 $y = 672.67x + 86.996$（$R^2 = 0.7872^{**}$，极显著），式中：y 代表自然产量，x 代表综合地力指数。

耕地地力的另一种表达方式，即以产量表达耕地地力水平。农业部于 1997 年颁布了"全国耕地类型区耕地地力等级划分"农业行业标准，将全国耕地地力根据粮食单产水平划分为 10 个等级。根据其对应的相关关系，将用自然要素评价的耕地地力等级分别归入相应的概念型产量表示的地力等级体系，见表 2 - 3 - 20。

表 2 - 3 - 20　耕地地力（国家级）分级

国家级	产量（kg/hm^2）
四	9 000 ~ 10 500
五	7 500 ~ 9 000
六	6 000 ~ 7 500

第五节　耕地资源管理信息系统建立与应用

地理信息系统（GIS），是 20 世纪 60 年代开始发展起来的新兴技术，是在计算机软、硬件支持下，把各种地理信息按空间分布或地理坐标存储，并可查询、检索、显示和综合分布应用的技术系统。利用 Mapobjects 的集成二次开发，可以把 GIS 的功能适当抽象化，能缩短系统开始的周期，并有利于系统开发人员开发出符合用户需求、界面友好、功能强大的系统，宝清县耕地质量信息采用了扬州市土肥站开发的耕地资源管理信息系统。

一、宝清县耕地资源管理信息系统的建立

（一）数据内容

将建立的数据库中的图形数据存成 shp 格式，逐一导入宝清县耕地资源管理工作空间，将属性文件利用 ACCESS 数据库进行管理，属性数据库和空间数据库中关联的主要字段是"内部标示码"，通过内部标示码将属性数据和空间数据结合在一起，使该系得到各种不同需求的应用。管理系统中的内容见表 2 - 3 - 21。

宝清县耕地地力与质量评价地理信息系统的空间数据库的内容由多个图层组成，它包括地名、道路、水系等图层，评价单元图等图层，具体内容及其资料来源见第二部分第三章第二节。

表 2 - 3 - 21　管理信息系统内容

编号	空间矢量数据名称	对应的属性数据表名称	关联字段
1	耕地管理单元图	耕地资源管理单元属性数据表 2009	内部标示码
2	耕地地力调查点点位图	耕地地力调查点基本情况及化验结果数据表 2009	内部标示码
3	耕地地力调查微量元素采样点位图	耕地地力调查点微量元素基本情况及化验结果数据表 2009	内部标示码
4	土地利用现状图	土地利用现状地块数据表 2009	内部标示码
5	行政区划图	县级行政区划代码表 2009 行政区基本情况数据表 2009	县内行政码
6	土壤图	土壤类型代码表 2009	县土壤代码
10	公路		

（二）图层的制作

基本图层包括行政区所在地图层、水系图层、道路图层、行政界线图层、等高线图层、文字注记图层、土地利用图层、土壤类型图层、基本农田保护块图层、野外采样点图层等，数据来源可以通过收集图纸图件、电子版的矢量数据及通过 GPS 野外测量数据（如采样点位置），根据不同形式的数据内容分别进行处理，最终形成统一坐标、统一格式的图层文件。

（三）评价单元图制作

由土壤图、土地利用现状图和农田保护区图叠加生成，并对每一个多边形单元进行内部标识码编号，然后将 11 个评价指标字段名添加到评价单元图数据库中。

（四）县域耕地质量管理信息系统应用

各种图件和属性数据导入县域耕地质量管理信息系统可以进行数据的查询，统计分析，制作专题图、汇总和给农民提供施肥建议卡。把我们对该信息系统的主要应用介绍如下。

1. 数据查询

数据查询包括简单条件查询和 SQL 语句的组合查询，如 SQL 语句的组合查询，查询乡镇名称为"尖山子乡"并且有机质 >50g/kg 的地块，可以得到空间位置信息和属性表的信息两种形式。从图 2-3-12 看到尖山子乡符合条件的区域变成浅紫色，同时列出了属性数据表。

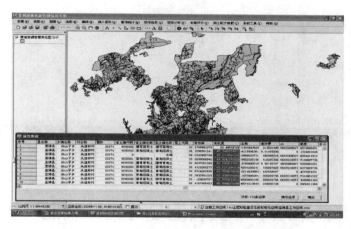

图 2-3-12　组合查询结果

2. 统计分析

可以按照不同的村、乡镇或者土壤类型进行各种土壤养分的统计分析并作图。有机质、有效磷和全氮在尖山子乡的分布情况见图 2-3-13。尖山子乡有机质的统计数据见图 2-3-14。

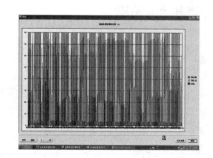

图 2-3-13　尖山子乡有机质、有效磷和全氮频率

图 2-3-14　尖山子乡有机质统计数据

3. 制作专题图

可以根据当地情况制作各种施肥指导图，也可以根据不同作物的需磷、需钾特征，分别作出不同作物的单质养分丰缺分布图等，作为施肥指导参考，图 2-3-15 是根据宝清县水

稻种植需磷的指标作出的水稻种植有效磷丰缺分布图。还有很多功能，诸如指导农民施肥，提供施肥配方卡，数据检查和汇总等都还有待于今后的应用中进一步学习和掌握。我们将在此次耕地地力评价的基础上，努力应用新技术新方法，用计算机这个有力的工具和信息化技术指导农民进行合理施肥。

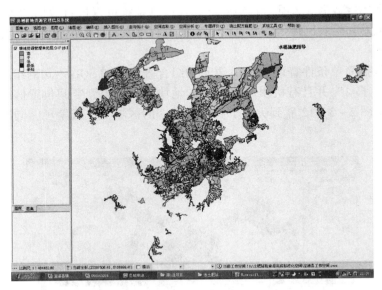

图 2 - 3 - 15　种植水稻有效磷丰缺分布

第六节　资料汇总与图件编制

一、资料汇总

资料汇总包括收集资料和野外调查表格整理汇总。野外调查表格内容包括大田采样点基本情况调查表、大田采样点农户调查表等，经整理后，将其录入系统。

二、图件编制

（一）耕地质量评价等级分布图

利用统一的软件系统《县域耕地资源管理系统》对每一个评价单元进行综合评价得出评价值，将评价结果分等定级，最后形成耕地质量评价等级图和其他图件。

（二）土壤养分含量图

耕地土壤养分含量图包括 pH 图，有机质含量图，全氮含量图，有效磷含量图，速效钾含量图等。利用统计分析模块，通过空间插值或者以点带面的方法分别生成养分图层，参考第二次土壤普查养分分级标准进行划分，生成不同等级的养分图。

（三）样点分布图

将 GPS 定位仪测定数据输入计算机，经过转换生成样点分布图。

第四章　耕地地力分级讨论

参照农业部关于本次耕地地力调查和质量评价规程中所规定的分级标准，并根据第二部分第二章第三节所述的评价结果，将宝清县基本农田划分为 4 个等级，其中：一级地、二级地属于高产农田，三级地属中产农田，四级地属低产农田。

宝清县农田的总面积为 14.76 万 hm^2，一级地面积为 2.8 万 hm^2，占宝清县基本农田面积的 18.99%；二级地面积为 5.43 万 hm^2，占宝清县基本农田面积的 36.78%；三级地面积为 5.69 万 hm^2，占宝清县基本农田面积的 38.57%；四级地面积为 0.83 万 hm^2，占宝清县基本农田面积的 5.62%。如表 2 - 4 - 1 所示。

表 2 - 4 - 1　各乡镇在各级耕地中所占比例

乡镇名称	实际面积（hm^2）	一级地		二级地		三级地		四级地	
		面积（hm^2）	比例（%）	面积（hm^2）	比例（%）	面积（hm^2）	比例（%）	面积（hm^2）	比例（%）
宝清镇	19 580	1 471.43	5.25	12 488.26	22.98	5 522.38	9.70	97.93	1.18
朝阳乡	13 410	2 552.23	9.11	6 666.46	12.27	4 128.00	7.25	63.31	0.76
夹信子镇	12 210	1 845.30	6.58	4 877.89	8.98	4 550.68	8.00	936.13	11.30
尖山子乡	18 230	10 950.56	39.08	7 113.76	13.09	153.29	0.27	12.39	0.15
龙头镇	6 580	3 210.10	11.45	2 365.53	4.35	996.74	1.75	7.63	0.09
七星河乡	10 710	2 454.59	8.76	8 255.41	15.19	0	0	0	0
七星泡镇	28 260	0	0	3 461.51	6.37	21 248.49	37.34	3 550.00	42.84
青原镇	19 890	3 242.27	11.57	3 211.53	5.91	12 648.17	22.23	788.03	9.51
万金山乡	10 990	2 148.06	7.67	4 364.23	8.03	3 658.06	6.43	819.65	9.89
小城子镇	7 690	149.47	0.53	1 528.28	2.81	4 001.01	7.03	2 011.24	24.27
总计	147 550	28 023.99	100.00	54 332.86	100.00	56 906.82	100.00	8 286.23	100.00

根据样点产量数据，将宝清县耕地数据归入国家耕地地力等级体系。农业部地力等级的划分是以平均每公顷产量为依据的，各等级间差异为 1 500kg/hm^2，根据宝清县耕地前 3 年粮食平均单产，可将宝清县耕地划分到部级地力四、五、六等级体系，具体见表 2 - 4 - 2 和表 2 - 4 - 3。

表 2 - 4 - 2　宝清县耕地地力（国家级）分级统计

国家地力分级	产量（kg/hm²）	耕地面积（hm²）	所占比例（%）
四级	9 000 ~ 10 500	28 023.99	18.99
五级	7 500 ~ 9 000	111 239.68	75.39
六级	6 000 ~ 7 500	8 286.33	5.62
合计		147 550.00	100.00

表 2 - 4 - 3　宝清县国家耕地地力分级各乡镇分布

乡镇名称	地力分级面积统计（hm²）			
	四级	五级	六级	面积合计
宝清镇	1 471.43	18 010.64	97.93	19 580.00
朝阳乡	2 552.23	10 794.46	63.31	13 410.00
夹信子镇	1 845.30	9 428.57	936.13	12 210.00
尖山子乡	10 950.56	7 267.05	12.39	18 230.00
龙头镇	3 210.10	3 362.27	7.63	6 580.00
七星河乡	2 454.59	8 255.41	0	10 710.00
七星泡镇	0	24 710.00	3 550.00	28 260.00
青原镇	3 242.27	15 859.70	788.03	19 890.00
万金山乡	2 148.06	8 022.29	819.65	10 990.00
小城子镇	149.47	5 529.29	2 011.24	7 690.00
合计	28 023.99	111 239.68	8 286.33	147 550.00

　　在这里，我们重点将这次耕地地力评价中的 4 个耕地地力级别参照评价指标和宝清县的其他历史数据和资料分别讨论如下。

第一节　一级地

　　宝清县一级地总面积为 28 023.99hm²，占宝清县基本农田面积的 18.99%。除七星泡镇以外，全县分布不均匀，尖山子乡、青原镇、龙头镇、朝阳乡分布面积较大，见表 2 - 4 - 4。

表2-4-4 各乡在一级地中所占比例

乡镇名称	实际面积（hm²）	一级地面积（hm²）	一级地比例（%）
尖山子乡	18 230.00	10 950.56	39.08
青原镇	19 890.00	3 242.27	11.57
龙头镇	6 580.00	3 210.10	11.45
朝阳乡	13 410.00	2 552.23	9.11
七星河乡	10 710.00	2 454.59	8.76
万金山乡	10 990.00	2 148.06	7.67
夹信子镇	12 210.00	1 845.30	6.58
宝清镇	19 580.00	1 471.43	5.25
小城子镇	7 690.00	149.47	0.53
七星泡镇	28 260.00	0	0
总计	147 550.00	28 023.99	100.00

从土壤组成看，宝清县一级地包括黑土、草甸土、暗棕壤、白浆土、沼泽土、水稻土6个土类，暗棕壤、白浆化暗棕壤、棕壤型黑土、草甸黑土、草甸土、白浆化草甸土、白浆土、沟谷草甸土、潜育草甸土9个亚类，8个土属，21个土种。其中：草甸土面积占一级地面积的44.21%，黑土占一级地面积的18.37%，暗棕壤占一级地面积的4.82%，白浆土占一级地面积的5.69%，沼泽土占一级地面积的24.9%，水稻土占一级地面积的1.91%。见表2-4-5。

表2-4-5 一级地主要土壤类型及面积统计表

土种名称	各土种面积（hm²）	一级地面积（hm²）	一级地比例（%）
暗棕壤	96 064.30	2 276.70	2.37
白浆化暗棕壤	24 488.00	5 517.10	22.53
白浆化草甸土型水稻土	824.10	423.00	51.33
薄层白浆化草甸土	6 974.20	3 799.50	54.48
薄层草甸土	11 467.20	508.00	4.43
薄层草甸沼泽土	20 887.30	6 807.20	32.59
薄层沟谷草甸土	402.30	68.20	16.96
厚层草甸土	5 750.90	336.40	5.85
厚层草甸沼泽土	8 575.50	4 744.80	55.33
厚层岗地白浆土	1 417.50	100.10	7.05
厚层沟谷草甸土	9 883.10	163.10	1.65
厚层平地白浆土	198.10	111.90	56.49

（续表）

土种名称	各土种面积（hm²）	一级地面积（hm²）	一级地比例（%）
厚层潜育草甸土	7 517.70	6.00	0.08
原始暗棕壤	20 959.10	19 106.30	91.16
中层白浆化草甸土	2 646.10	1 035.70	39.14
中层白浆化黑土	292.80	4.70	1.60
中层草甸土	18 258.20	323.20	1.77
中层岗地白浆土	6 827.90	150.90	2.21
中层平地白浆土	260.90	154.20	59.11
中层潜育草甸土	38 108.80	4 607.40	12.09
中层碳酸盐草甸土	2 528.10	34.60	1.37
中层黏底草甸黑土	10 667.70	1 640.70	15.38
中层棕壤型黑土	2 287.50	3.20	0.14

根据土壤养分测定结果并参照当地综合材料分析，结合各评价指标和其他属性总结如表2－4－6所示。

表2－4－6　宝清县一级地养分测定结果统计

项目	有机质（g/kg）	pH	全氮（g/kg）	碱解氮（mg/kg）	有效磷（mg/kg）	速效钾（mg/kg）
平均值	67.7	6.1	3.13	299.7	39.9	157.2
最大值	86.4	6.4	4.42	321.3	59.1	291.0
最小值	34.5	5.6	1.58	169.8	15.5	81.0
标准差	9.52	0.20	0.66	27.77	10.30	54.64

1. 有机质

一级地土壤有机质含量平均为67.7g/kg，变幅在34.5～86.4g/kg，标准差为9.52g/kg。含量在34.5～44.5g/kg出现频率为10.2%，含量在44.5～55.5g/kg出现频率是28.3%，含量在55.5～72.5g/kg出现频率为42.4%，含量在72.5～86.5g/kg出现频率为19.1%。

2. 全氮

宝清县一级地土壤全氮平均含量为3.13g/kg，变幅为1.58～4.42g/kg，标准差为0.66g/kg。含量在2.0g/kg以下出现频率为11.9%，含量在2.0～3.0g/kg出现频率为30.5%，含量在3.0～4.0g/kg出现频率为39.4%，含量在4.0g/kg以上出现频率为18.2%。

3. 碱解氮

宝清县一级地土壤碱解氮平均含量为229.68mg/kg，变幅为169.8～321.69mg/kg，标准差为27.77mg/kg。含量在200mg/kg以下出现频率为4.8%，含量在200～250mg/kg出现频率为47.8%，含量在250～300mg/kg出现频率为40.0%，含量在300mg/kg以上出现频率为

7.4%。

4. 有效磷

一级地土壤有效磷含量平均为 39.9mg/kg，变幅在 15.5～59.1mg/kg，标准差为 10.26mg/kg。有效磷含量在 20mg/kg 以下出现频率为 2.4%，有效磷含量在 20～30mg/kg 出现频率为 12.1%，有效磷含量在 30～40mg/kg 出现频率为 58.5%，有效磷含量在 40～50mg/kg 出现频率为 14.6%，有效磷含量在 50mg/kg 以上出现频率为 12.4%。

5. 速效钾

一级地土壤速效钾平均含量为 157.17mg/kg，变幅为 89～291mg/kg，标准差为 54.64mg/kg。小于 90mg/kg 的出现频率为 0.5%，90～140mg/kg 出现频率为 22.2%，140～180mg/kg 出现频率为 45.7%，180～200mg/kg 出现频率为 25.6%，大于 200mg/kg 出现频率为 6.5%。

6. pH

一级地土壤 pH 值平均为 6.1，最低值为 5.6，最高值为 6.4，标准差为 0.2。

7. 土壤腐殖质厚度

一级地土壤腐殖质厚度在 50cm 以上出现频率为 65%，在 30～50cm 出现频率为 17.5%，在 20～30cm 出现频率为 10%，在 10～20cm 出现频率为 7.5%。

8. 成土母质

一级地土壤成土母质由黄土母质和冲积母质组成，其中黄土母质出现频率为 43.9%；冲积母质出现频率为 56.1%。

9. 土壤质地

一级地土壤质地主要由壤土组成，其中：中壤土占 68.95%，黏壤土占 31.05%。

10. 土壤侵蚀程度

一级地土壤侵蚀程度由微度、轻度和中度构成，其中：微度侵蚀占 82.9%，轻度侵蚀占 7.3%，中度侵蚀占 9.8%。

11. 坡度

一级地坡度都小于 5°，以平地和 1°坡度的耕地居多。

第二节　二级地

宝清县二级地总面积为 54 332.86hm²，占全县基本农田面积的 36.77%。全县均有分布，但分布不均，宝清镇、尖山子、七星河分布面积较大，见表 2－4－7。

表 2－4－7　各乡在二级地中所占比例

乡镇名称	实际面积（hm²）	二级地面积（hm²）	二级地比例（%）
宝清镇	19 580.00	12 488.26	22.98
七星河乡	10 710.00	8 255.41	15.19
尖山子乡	18 230.00	7 113.76	13.09

（续表）

乡镇名称	实际面积（hm²）	二级地面积（hm²）	二级地比例（%）
朝阳乡	13 410.00	6 666.46	12.27
夹信子镇	12 210.00	4 877.89	8.98
万金山乡	10 990.00	4 364.23	8.03
七星泡镇	28 260.00	3 461.51	6.37
青原镇	19 890.00	3 211.53	5.91
龙头镇	6 580.00	2 365.53	4.35
小城子镇	7 690.00	1 528.28	2.81
总计	147 550.00	54 332.86	100.00

从土壤组成来看，宝清县二级地包括黑土、草甸土、沼泽土、水稻土、白浆土、暗棕壤6个土类，白浆土、潜育草甸土、黑土、草甸黑土、白浆化黑土、草甸土、白浆化草甸土、沟谷草甸土、泥炭沼泽土、淹育水稻土、暗棕壤11个亚类，13个土属，共29个土种。其中：草甸土面积占二级地面积的36.53%，黑土占二级地面积的22.1%，暗棕壤占二级地面积的11.09%，白浆土占二级地面积的5.7%，沼泽土占二级地面积的18.99%，水稻土占二级地面积的0.52%，见表2-4-8。

表2-4-8 二级地主要土壤类型及面积统计

土种名称	各土种面积（hm²）	二级地面积（hm²）	二级地比例（%）
暗棕壤	96 064.30	27 685.70	28.82
白浆化暗棕壤	24 488.00	8 005.10	32.69
白浆化草甸土型水稻土	824.10	67.40	8.18
薄层白浆化草甸土	6 974.20	309.60	4.44
薄层白浆化黑土	3 024.30	1 798.90	59.48
薄层草甸土	11 467.20	8 507.50	74.19
薄层草甸沼泽土	20 887.30	10 773.70	51.58
薄层沟谷草甸土	402.30	53.20	13.23
薄层潜育草甸土	10 343.00	5 822.10	56.29
薄层沙底黑土	2 173.30	861.10	39.62
薄层碳酸盐草甸土	1 841.10	858.10	46.61
薄层黏底草甸黑土	1 690.50	1 175.10	69.51
薄层黏底黑土	4 761.20	908.90	19.09
薄层棕壤型黑土	9 242.80	4 217.50	45.63
草甸暗棕壤	3 014.90	353.00	11.71

（续表）

土种名称	各土种面积（hm²）	二级地面积（hm²）	二级地比例（%）
草甸黑土型水稻土	504.10	408.30	80.99
草甸土型水稻土	1 523.70	269.50	17.69
厚层草甸土	5 750.90	1 197.30	20.82
厚层草甸沼泽土	8 575.50	3 806.70	44.39
厚层岗地白浆土	1 417.50	751.60	53.02
厚层沟谷草甸土	9 883.10	2 256.30	22.83
厚层平地白浆土	198.10	82.50	41.64
厚层潜育草甸土	7 517.70	2 061.40	27.42
厚层黏底草甸黑土	3 247.10	1 428.70	44.00
厚层黏底黑土	2 554.60	1 836.80	71.90
泥炭腐殖质沼泽土	730.20	727.70	99.66
泥炭沼泽土	12 031.10	6 193.60	51.48
原始暗棕壤	20 959.10	1 852.80	8.84
中层白浆化草甸土	2 646.10	868.90	32.84
中层白浆化黑土	292.80	227.60	77.73
中层草甸土	18 258.20	6 295.50	34.48
中层岗地白浆土	6 827.90	1 863.30	37.29
中层平地白浆土	260.90	106.70	40.89
中层沟谷草甸土	7 085.10	469.00	6.62
中层潜育草甸土	38 108.80	23 726.50	62.26
中层沙底黑土	1 512.20	198.20	13.11
中层碳酸盐草甸土	2 528.10	2 249.50	88.98
中层黏底草甸黑土	10 667.70	4 576.40	42.90
中层黏底黑土	10 375.30	3 855.50	37.16
中层棕壤型黑土	2 287.50	873.40	38.18

　　根据土壤养分测定结果并参考其他数据和资料，结合各评价指标和其他属性总结如表2－4－9。

表2－4－9　宝清县二级地养分测定结果统计

项目	有机质（g/kg）	pH	全氮（g/kg）	碱解氮（mg/kg）	有效磷（mg/kg）	速效钾（mg/kg）
平均值	41.4	6.1	2.19	232.10	132.1	215
最大值	85.5	8.0	4.13	377.90	10.5	538
最小值	24.7	5.6	1.25	165.01	40.1	81
标准差	10.70	0.20	0.55	24.62	15.10	58.12

1. 有机质

二级地土壤有机质含量平均为41.4%，变幅在24.7～85.5g/kg，标准差为10.7。含量在小于30g/kg出现频率为3.4%，含量在30～35g/kg出现频率是18.6%，含量在35～40g/kg出现频率为44.2%，含量在40～45g/kg出现频率为21.4%，含量在45g/kg以上出现频率为12.4%。

2. 全氮

宝清县二级地土壤全氮平均含量为2.19g/kg，变幅为1.25～4.31g/kg，标准差为0.55g/kg。含量在1.5g/kg以下出现频率为3.4%，含量在1.5～2.5g/kg出现频率为35.4%，含量在2.5～3.5g/kg出现频率为44.2%，含量在3.5～4.0g/kg出现频率为15.8%，含量在4.0g/kg以上出现频率为1.2%。

3. 碱解氮

宝清县二级地土壤碱解氮平均含量为232.1mg/kg，变幅为165～377.9mg/kg，标准差为24.62mg/kg。含量在200mg/kg以下出现频率为1.7%，含量在200～250mg/kg出现频率为34.8%，含量在250～300mg/kg出现频率为38.9%，含量在300mg/kg以上出现频率为24.6%。

4. 有效磷

宝清县二级地土壤有效磷含量平均为40mg/kg，变幅在10.5～132.1mg/kg，标准差为15.1mg/kg。含量在20mg/kg以下出现频率为2.3%，含量在20～40mg/kg出现频率为12.4%，含量在40～60mg/kg出现频率为53.3%，含量在60～80mg/kg出现频率为16.8%，含量在80mg/kg以上出现频率为15.2%。

5. 速效钾

宝清县二级地土壤速效钾平均含量为214.9mg/kg，变幅为81～538mg/kg，标准差为58.12mg/kg。含量小于100mg/kg出现频率为2.4%，含量在100～200mg/kg出现频率为10.8%，含量在200～300mg/kg出现频率为39.4%，含量在300～400mg/kg出现频率为34.6，含量在400mg/kg以上出现频率为12.8%。

6. pH

二级地土壤pH平均为6.12，最低值为5.50，最高值为8.0，标准差为0.30。

7. 土壤腐殖质厚度

二级地土壤腐殖质厚度在50cm以上出现频率为23.9%，在30～50cm出现频率为22.5%，在20～30cm出现频率为31.2%，在10～20cm出现频率为22.5%。

8. 成土母质

二级地土壤成土母质由黄土母质、冲积母质和坡积母质组成，其中：黄土母质出现频率为40.6%，冲积母质出现频率为52.9%，坡积母质出现频率为6.5%。

9. 土壤质地

二级地土壤质地由壤土和黏土组成，其中：粉沙质壤土占11.1%，中壤土占14%，粉沙质黏壤土占4.3%，黏壤土占52.7%，黏土占17.9%。

10. 土壤侵蚀程度

二级地土壤侵蚀程度由微度、轻度和中度组成，其中：微度侵蚀占70.0%，轻度侵蚀占24.4%，中度侵蚀占5.6%。

11. 坡度

坡度在二级地中，有部分大于5°的坡耕地，但是面积较小。

第三节　三级地

宝清县三级地总面积为 56 906.82hm²，占全县基本农田面积的 38.57%。除七星河乡以外在全县均有分布，以七星泡镇、青原镇面积较大，见表 2 - 4 - 10。

表 2 - 4 - 10　各乡在三级地类中所占比例

乡镇名称	实际面积（hm²）	三级地面积（hm²）	三级地比例（%）
七星泡镇	28 260.00	21 248.49	37.34
青原镇	19 890.00	12 648.17	22.23
宝清镇	19 580.00	5 522.38	9.70
夹信子镇	12 210.00	4 550.68	8.00
朝阳乡	13 410.00	4 128.00	7.25
小城子镇	7 690.00	4 001.01	7.03
万金山乡	10 990.00	3 658.06	6.43
龙头镇	6 580.00	996.74	1.75
尖山子乡	18 230.00	153.29	0.27
七星河乡	10 710.00	0	0
总计	147 550.00	56 906.82	100.00

从土壤组成（表 2 - 4 - 11）看，宝清县三级地包括黑土、沼泽土、草甸土、白浆土、暗棕壤、淹育水稻土 6 个土类，黑土、草甸黑土、白浆化黑土、草甸土、白浆化草甸土、白浆土、潜育草甸土、暗棕壤、潜育水稻土、草甸沼泽土 10 个亚类。其中：草甸土面积占三级地面积的 40.14%，黑土占三级地面积的 29.25%，暗棕壤占三级地面积的 17.08%，白浆土占三级地面积的 5.26%，沼泽土占三级地面积的 4.81%，水稻土占三级地面积的 1.6%。

表 2 - 4 - 11　三级地主要土壤类型及面积统计

土种名称	各土种面积（hm²）	三级地面积（hm²）	三级地比例（%）
暗棕壤	96 064.30	46 802.40	48.72
白浆化暗棕壤	24 488.00	10 821.20	44.19
白浆化草甸土型水稻土	824.10	333.70	40.49
薄层白浆化草甸土	6 974.20	2 865.00	41.08
薄层白浆化黑土	3 024.30	1 218.50	40.29

（续表）

土种名称	各土种面积（hm²）	三级地面积（hm²）	三级地比例（%）
薄层草甸土	11 467.20	2 451.70	21.38
薄层草甸沼泽土	20 887.30	3 304.40	15.82
薄层岗地白浆土	198.10	198.10	100.00
薄层沟谷草甸土	402.30	280.80	69.81
薄层潜育草甸土	10 343.00	4 520.90	43.71
薄层沙底黑土	2 173.30	1312.20	60.38
薄层碳酸盐草甸土	1 841.10	983.00	53.39
薄层黏底草甸黑土	1 690.50	515.40	30.49
薄层黏底黑土	4 761.20	2 370.10	49.78
薄层棕壤型黑土	9 242.80	4 040.90	43.72
草甸暗棕壤	3 014.90	2 235.50	74.15
草甸黑土型水稻土	504.10	95.80	19.01
草甸土型水稻土	1 523.70	790.80	51.89
草甸沼泽型水稻土	210.00	210.00	100.00
厚层草甸土	5 750.90	4 022.20	69.94
厚层草甸沼泽土	8 575.50	23.10	0.27
厚层岗地白浆土	1 417.50	566.00	39.93
厚层沟谷草甸土	9 883.10	6 816.40	68.97
厚层平地白浆土	198.10	3.70	1.87
厚层潜育草甸土	7 517.70	4 869.20	64.77
厚层碳酸盐草甸土	6 172.90	6 172.90	100.00
厚层黏底草甸黑土	3 247.10	1 539.10	47.40
厚层黏底黑土	2 554.60	717.80	28.10
泥炭腐殖质沼泽土	730.20	2.50	0.34
泥炭沼泽土	12 031.10	5 837.50	48.52
中层白浆化草甸土	2 646.10	733.50	27.72
中层白浆化黑土	292.80	40.20	13.74
中层草甸土	18 258.20	11 610.40	63.59
中层岗地白浆土	6 827.90	4 119.30	60.33
中层沟谷草甸土	7 085.10	6 616.10	93.38
中层潜育草甸土	38 108.80	9 774.90	25.65

（续表）

土种名称	各土种面积（hm²）	三级地面积（hm²）	三级地比例（%）
中层沙底黑土	1 512.20	1 313.90	86.89
中层碳酸盐草甸土	2 528.10	243.90	9.65
中层黏底草甸黑土	10 667.70	3 846.80	36.06
中层黏底黑土	10 375.30	3 165.50	30.51
中层棕壤型黑土	2 287.50	1 399.00	61.16

根据土壤养分测定结果并参考其他数据和资料，结合各评价指标和其他属性总结如表 2 - 4 - 12 所示。

表 2 - 4 - 12　宝清县三级地养分测定结果统计

项目	有机质（g/kg）	pH	全氮（g/kg）	碱解氮（mg/kg）	有效磷（mg/kg）	速效钾（mg/kg）
平均值	36.37	6.1	2.01	243.88	32.70	192.51
最大值	55.60	7.3	3.51	446.73	64.44	425.00
最小值	17.80	5.5	1.26	180.38	9.90	87.00
标准差	8.67	3.25	1.48	35.16	9.48	54.41

1. 有机质

三级地土壤有机质含量平均为 36.37g/kg，变幅在 17.8～55.6g/kg，标准差为 8.67g/kg。含量在小于 20g/kg 出现频率为 2.4%，含量在 20～30g/kg 出现频率是 34.0%，含量在 30～40g/kg 出现频率为 43.1%，含量在 40～50g/kg 出现的频率为 9.6%，50g/kg 以上出现频率为 3.9%。

2. 全氮

宝清县三级地土壤全氮平均含量为 2.01g/kg，变幅为 1.26～3.51g/kg，标准差为 1.48g/kg。含量在 1.5g/kg 以下出现频率为 2.2%，含量在 1.5～2.0g/kg 出现频率为 10.3%，含量在 2.0～2.5g/kg 出现频率为 46.2%，含量在 2.5～3.0g/kg 出现频率为 33.5%，含量在 3.0g/kg 以上出现频率为 7.8%。

3. 碱解氮

宝清县三级地土壤碱解氮平均含量为 243.88mg/kg，变幅为 180.38～446.73mg/kg，标准差为 35.16mg/kg。含量在 200mg/kg 以下出现频率为 4.3%，含量在 200～300mg/kg 出现频率为 47.0%，含量在 300～400mg/kg 出现频率为 43.6%，含量在 400mg/kg 以上出现频率为 5.1%。

4. 有效磷

宝清县三级地土壤有效磷含量平均为 32.7mg/kg，变幅在 9.9～64.4mg/kg，标准差为 9.48mg/kg。含量小于 20mg/kg 出现频率占 3.1%，含量在 20～40mg/kg 出现频率为 37.9%，含量在 40～50mg/kg 出现频率为 49.6%，含量在 50～60mg/kg 出现频率为 6.5%，含量大于

60mg/kg 出现频率占 3.0% 。

5. 速效钾

宝清县三级地土壤速效钾平均含量为 192.5mg/kg，变幅为 87 ~ 425mg/kg，标准差为 54.41mg/kg。含量小于 100mg/kg 出现频率为 9.7%，含量在 100 ~ 200mg/kg 出现频率为 29.9%，含量在 200 ~ 300mg/kg 出现频率为 44.2%，含量在 300 ~ 400mg/kg 出现频率为 12.1%，含量在 400mg/kg 以上出现频率为 4.1% 。

6. pH

三级地土壤 pH 平均为 6.09，最低值为 5.5，最高值为 7.3，标准差为 0.30。

7. 土壤腐殖质厚度

三级地土壤腐殖质厚度在 50cm 以上出现频率为 11.3%，在 30 ~ 50cm 出现频率为 14.4%，在 20 ~ 30cm 出现频率为 48.2%，在 10 ~ 20cm 出现频率为 25.0%，在 0 ~ 10cm 出现频率为 1.1% 。

8. 成土母质

三级地土壤成土母质由黄土母质、冲积母质、坡积母质和河湖沉积母质组成，其中：黄土母质出现频率为 53.4%，冲积母质出现频率为 38.6%，坡积母质出现频率为 7.2%，河湖沉积母质出现频率为 0.7% 。

9. 土壤质地

三级地土壤质地由壤土、黏土和沙壤土组成，其中：中壤土占 81.9%，黏土占 15.9%，沙壤土占 2.2% 。

10. 土壤侵蚀程度

三级地土壤侵蚀程度由微度、轻度、中度和强度组成，其中：微度侵蚀占 55.5%，轻度侵蚀占 26.8%，中度侵蚀占 13.9%，强度侵蚀占 3.9% 。

11. 坡度

三级地的坡度有大于 7° 到 10° 的耕地，这样的坡耕地极易造成水土流失进而影响耕地地力和质量，应该考虑作物的合理布局和合理种植。

第四节　四级地

宝清县四级地总面积为 8 286.33hm^2，占全县基本农田面积的 5.62%，主要分布在七星泡、夹信子、小城子等 5 个乡镇，见表 2 - 4 - 13。

表 2 - 4 - 13　各乡在四级地类中所占比例

乡镇名称	实际面积（hm^2）	四级地面积（hm^2）	四级地比例（%）
七星泡镇	28 260.00	3 550.00	42.84
小城子镇	7 690.00	2 011.24	24.27
夹信子镇	12 210.00	936.13	11.30
万金山乡	10 990.00	819.65	9.89

（续表）

乡镇名称	实际面积（hm²）	四级地面积（hm²）	四级地比例（%）
青原镇	19 890.00	788.03	9.51
宝清镇	19 580.00	97.93	1.18
朝阳乡	13 410.00	63.31	0.76
尖山子乡	18 230.00	12.39	0.15
龙头镇	6 580.00	7.63	0.10
七星河乡	10 710.00	0	0
总计	147 550.00	8 286.33	100.00

从土壤组成看，宝清县四级地包括白浆土、暗棕壤土、黑土、草甸土、水稻土5个土类，白浆土、潜育草甸土、暗棕壤、黑土、草甸黑土、草甸土、草甸型水稻土等8个亚类，17个土种。其中：草甸土面积占四级地面积的24.76%，黑土占四级地面积的26.48%，暗棕壤占四级地面积的35.89%，白浆土占四级地面积的5.42%，沼泽土占四级地面积的1.21%，水稻土占四级地面积的1.0%。各土种面积统计见表2-4-14。

表2-4-14　四级地主要土壤类型及面积统计

土种名称	各土种面积（hm²）	四级地面积（hm²）	四级地比例（%）
暗棕壤	96 064.3	19 299.3	20.09
白浆化暗棕壤	24 488.0	144.5	0.59
薄层白浆化黑土	3 024.3	6.7	0.22
薄层黏底黑土	4 761.2	1 482.2	31.13
薄层棕壤型黑土	9 242.8	984.4	10.65
草甸暗棕壤	3 014.9	426.3	14.14
草甸土型水稻土	1 523.7	463.5	30.42
厚层草甸土	5 750.9	195.0	3.39
厚层沟谷草甸土	9 883.1	647.3	6.55
厚层潜育草甸土	7 517.7	581.9	7.74
厚层黏底草甸黑土	3 247.1	278.9	8.59
中层白浆化黑土	292.8	20.3	6.93
中层草甸土	18 258.2	29.2	0.16
中层岗地白浆土	6 827.9	12.3	0.18
中层黏底草甸黑土	10 667.7	603.8	5.66
中层黏底黑土	10 375.3	3 354.3	32.33
中层棕壤型黑土	2 287.5	11.9	0.52

根据土壤养分测定结果并参考其他数据和资料，结合各评价指标和其他属性总结如表 2 - 4 - 15 所示。

表 2 - 4 - 15　宝清县四级地养分测定结果统计

项目	有机质 （g/kg）	pH	全氮 （g/kg）	碱解氮 （mg/kg）	有效磷 （mg/kg）	速效钾 （mg/kg）
平均值	24.58	6.3	1.72	260.24	28.15	223.7
最大值	42.50	6.8	3.44	430.44	44.80	326.0
最小值	15.10	5.5	1.41	199.46	11.30	109.0
标准差	5.58	0.25	0.36	37.38	5.78	40.25

1. 有机质

四级地土壤有机质含量平均为 24.58g/kg，变幅在 15.1～42.5g/kg，标准差为 5.58g/kg。含量在小于 20g/kg 出现频率为 5.6%，含量在 20～25g/kg 出现频率为 28.0%，含量在 25～30g/kg 出现频率为 32.3%，含量在 30～35g/kg 出现的频率为 20.4%，35g/kg 以上出现频率为 13.7%。

2. 全氮

宝清县四级地全氮平均含量为 1.72g/kg，变幅为 1.41～3.44g/kg，标准差为 0.36g/kg。含量在 1.5g/kg 以下出现频率为 1.3%，含量在 1.5～2.0g/kg 出现频率为 28.3%，含量在 2.0～2.5g/kg 出现频率为 41.8%，含量在 2.5～3.0g/kg 出现频率为 19.4%，含量在 3.0g/kg 以上出现频率为 9.2%。

3. 碱解氮

宝清县四级地碱解氮平均含量为 260.24mg/kg，变幅为 199.46～430.44mg/kg，标准差为 37.38mg/kg。含量在 200mg/kg 以下出现频率为 5.8%，含量在 200～250mg/kg 出现频率为 15.2%，含量在 250～300mg/kg 出现频率为 36.9%，含量在 300～350mg/kg 出现频率为 28.9%，含量在 350mg/kg 以上出现频率为 13.2%。

4. 有效磷

宝清县四级地有效磷含量平均为 28.15mg/kg，变幅在 11.3～44.8mg/kg，标准差为 5.78mg/kg。含量小于 15mg/kg 出现频率为 5.3%，含量在 15～20mg/kg 出现频率为 9.1%，含量在 20～30mg/kg 出现频率为 54.4%，含量在 30～40mg/kg 出现频率为 27.6%，含量大于 40mg/kg 出现频率为 3.6%。

5. 速效钾

宝清县四级地速效钾平均含量为 223.74mg/kg，变幅为 109～326mg/kg，标准差为 40.25mg/kg。含量小于 120mg/kg 出现频率为 11.3%，含量在 120～200mg/kg 出现频率为 20.2%，含量在 200～250mg/kg 出现频率为 44.1%，含量在 250～300mg/kg 出现频率为 20.4%，含量在 300mg/kg 以上出现频率为 4.0%。

6. pH

四级地土壤 pH 平均为 6.33，最低值为 5.5，最高值为 6.8，标准差为 0.25。

7. 土壤腐殖质厚度

四级地土壤腐殖质厚度在 50cm 以上出现频率为 11.5%，在 30 ~ 50cm 出现频率为 7.7%，在 20 ~ 30cm 出现频率为 39.8%，在 10 ~ 20cm 出现频率为 38.4%，在 0 ~ 10cm 出现频率为 2.6%。

8. 成土母质

四级地土壤成土母质由黄土母质、冲积母质和坡积母质组成，其中：黄土母质出现频率为 51.9%，冲积母质出现频率为 33.1%，坡积母质出现频率为 15.0%。

9. 土壤质地

四级地土壤质地由壤土、黏土和沙壤土组成，其中：中壤土占 76.3%，黏土占 17.3%，沙壤土占 6.4%。

10. 土壤侵蚀程度

四级地土壤侵蚀程度由微度、轻度、中度和强度组成，其中：微度侵蚀出现频率为 30.3%，轻度侵蚀出现频率为 40.8%，中度侵蚀出现频率为 21.1%，强度侵蚀出现频率为 7.9%。

11. 坡度

四级地的坡度有大于 15° 的耕地，应该考虑退耕还林。另外，在海拔上，一般在 225 ~ 260m，高程小于或等于 220m 的占 11.7%，220 ~ 230m 的占 38.9%，230 ~ 250m 的占 36.3%，250m 以上的占 13.2%。

12. 地貌构成

四级地土壤地貌由侵蚀剥蚀高丘陵、低河漫滩、侵蚀剥蚀低丘陵、起伏的冲击洪积台地与高阶地、河漫滩、倾斜的侵蚀剥蚀高台地、平坦的河流高阶地、侵蚀剥蚀小起伏低山、高河漫滩、倾斜的河流高阶地 10 种地貌构成。

第五章　耕地土壤属性分述

这次调查采集的土样主要是涉及全县各村主要粮食作物的耕地，林地、菜地、草地等均未采集土样。主要测试分析了 pH 值、土壤有机质、全氮、碱解氮、有效磷、有效钾、微量元素等 11 项土壤理化属性，现就以上数据分析如下。

第一节　有机质及大量元素

一、土壤有机质

土壤有机质是耕地地力的重要标志。它可以为植物生长提供大量必要的氮、磷、钾等营养元素，改善土壤的结构及理化性状。在立地条件相似的情况下，有机质含量的多少，可以反映出耕地地力水平的高低。

这次调查结果表明，宝清县耕地土壤有机质含量平均为 42.359g/kg，变化幅度在 15.1～86.4g/kg。根据宝清县实际情况现将宝清县耕地土壤有机质分为 4 级，其中：含量大于 60g/kg 的占 13.56%，含量为 40～60g/kg 的占 32.09%，含量为 20～40g/kg 的占 52.24%，含量小于 20g/kg 的占 2.11%。按统计面积大小来看，有机质含量为一级的面积为 2.0 万 hm²，占宝清县耕地面积的 13.56%，主要分布在宝清县的朝阳、尖山子，龙头、青原也有分布；有机质含量二级的面积为 4.74 万 hm²，占宝清县耕总面积的 32.09%，宝清县各乡镇除七星泡以外均有分布；有机质含量三级的面积为 7.74 万 hm²，占宝清县耕地总面积的 52.24%，宝清县各乡镇均有分布；有机质含量四级的面积为 0.31 万 hm²，占宝清县耕地总面积的 2.11%，仅在七星泡分布。

与 20 世纪 70 年代开展的第二次土壤普查调查结果比较，土壤有机质含量呈下降趋势，有机质含量为一级的比例下降了 13.94%，二级的下降了 13.81%，三级的增加了 29.69%，四级的增加了 1.05%，见表 2-5-1。

表 2-5-1　宝清县基本农田土壤有机质分级统计

乡镇名称	耕地面积（万 hm²）	平均值（g/kg）	变化幅度（g/kg）	>60g/kg	40～60g/kg	20～40g/kg	<20g/kg
宝清镇	1.96	42.16	33.3～47.5	0	53	47	0
朝阳乡	1.34	56.12	29.3～85.5	28	69	3	0
夹信子镇	1.22	32.76	24.4～46.6	0	8.1	91	0

（续表）

乡镇名称	耕地面积（万 hm²）	平均值（g/kg）	变化幅度（g/kg）	>60g/kg	40~60g/kg	20~40g/kg	<20g/kg
尖山子乡	1.82	64.84	33.4~78.6	86	14	0.3	0
龙头镇	0.66	45.88	35.5~86.4	0.6	84	12	0
七星河乡	1.07	34.69	28.1~44.1	0	11	88.1	0
七星泡镇	2.83	24.75	15.1~34.2	0	0	89	11
青原镇	1.99	37.17	26.6~66.7	2	24	74	
万金山乡	1.10	42.60	27.3~54.1	0	65	35.3	0
小城子镇	0.77	42.62	35.7~55.8	0	67	33	0

从行政区域看，朝阳、尖山子、龙头、青原镇等有机质含量较高，含量均在为40g/kg以上，七星泡镇最低，平均为22.3g/kg。

从土壤类型来看，白浆土、黑土、草甸土、暗棕壤、沼泽土、水稻土等主要土壤的有机质含量分别为25.3g/kg、31.3g/kg、36.3g/kg、39.1g/kg、50.3g/kg、29.7g/kg，见表2-5-2。

表2-5-2 各土种有机质状况统计分析 单位：g/kg

土壤名称	最大值	最小值	平均值	标准差
暗棕壤	73.8	18.9	37.19	9.57
白浆化暗棕壤	75.7	24.4	47.43	12.42
白浆化草甸土型水稻土	82.1	46.9	61.72	14.93
薄层白浆化草甸土	71.7	26.3	52.17	17.73
薄层白浆化黑土	75.0	26.6	40.17	8.65
薄层草甸土	63.4	26.3	40.64	7.71
薄层草甸沼泽土	77.0	26.4	49.18	13.55
薄层岗地白浆土	43.3	42.8	42.98	0.24
薄层沟谷草甸土	86.4	23.4	46.00	17.59
薄层潜育草甸土	42.4	26.8	34.63	6.87
薄层沙底黑土	41.1	32.1	36.30	3.03
薄层碳酸盐草甸土	42.2	27.1	35.58	4.64
薄层黏底草甸黑土	56.4	30.6	45.93	8.02
薄层黏底黑土	51.4	18.3	30.40	9.79
薄层棕壤型黑土	46.1	19.1	35.63	6.35
草甸暗棕壤	37.1	22.4	27.13	4.40

（续表）

土壤名称	最大值	最小值	平均值	标准差
草甸黑土型水稻土	53.2	50.5	51.75	1.13
草甸土型水稻土	47.5	21.7	32.93	9.02
草甸沼泽型水稻土	39.7	39.4	39.57	0.15
厚层草甸土	67.6	15.5	35.65	9.66
厚层草甸沼泽土	78.6	39.0	61.89	11.13
厚层岗地白浆土	68.6	26.8	45.42	11.74
厚层沟谷草甸土	56.9	19.6	30.09	8.22
厚层平地白浆土	72.5	38.9	52.63	9.53
厚层潜育草甸土	74.5	16.1	37.28	15.74
厚层碳酸盐草甸土	28.7	18.4	23.55	3.17
厚层黏底草甸黑土	53.9	16.1	31.65	9.43
厚层黏底黑土	47.5	20.0	33.12	11.87
泥炭腐殖质沼泽土	52.0	49.9	51.23	1.16
泥炭沼泽土	51.5	24.8	32.61	8.47
原始暗棕壤	83.5	47.1	59.81	10.17
中层白浆化草甸土	77.2	25.8	45.67	20.14
中层白浆化黑土	49.2	16.0	37.87	10.27
中层草甸土	61.5	21.5	40.02	8.07
中层岗地白浆土	75.0	23.4	45.08	9.38
中层沟谷草甸土	45.7	25.9	37.78	5.73
中层平地白浆土	85.5	38.9	73.37	13.96
中层潜育草甸土	85.4	26.5	50.28	19.70
中层沙底黑土	43.6	32.1	36.39	4.42
中层碳酸盐草甸土	63.4	25.8	35.32	7.18
中层黏底草甸黑土	75.3	24.5	41.31	15.49
中层黏底黑土	56.6	15.1	33.42	11.29
中层棕壤型黑土	41.9	24.5	32.10	4.85

二、土壤全氮

土壤中的氮素是我国农业生产中最重要的养分限制因子。土壤全氮是土壤供氮能力的重要指标，在生产实际中有着重要的意义。

宝清县耕地土壤中氮素含量平均为 1.927g/kg，变化幅度为 1.25～4.42g/kg。根据宝清县实际情况，现将宝清县耕地土壤全氮分为 4 级，其中：含量大于 4g/kg 的占 2.41%，含量为 3～4g/kg 的占 13.14%，含量在 1.5～3g/kg 的占 72.21%，含量小于 1.5g/kg 的占 12.24%。按统计面积大小，全氮含量为一级的面积为 0.36 万 hm²，占宝清县耕地面积的 2.41%，主要分布在宝清县的尖山子，青原也有分布；二级的为 1.98 万 hm²，占宝清县耕总面积的 13.14%，主要分布在宝清县的朝阳、尖山子、龙头，青原也有分布；三级的为 10.926 万 hm²，占宝清县耕地总面积的 72.21%，宝清县各乡镇均有分布；四级的为 1.85g/kg，占宝清县耕地总面积的 12.24%，主要分布在七星河、七星泡、青原，宝清镇和万金山也有分布。与第二次土壤普查的调查结果进行比较，宝清县全氮含量由第二次耕层土壤普查平均含量为 4.1g/kg 降低到现在的 2.0g/kg，变幅由 1982 年的 0.6～7.5g/kg 变化为现在的 0.9～4.42g/kg。全氮含量为一级比例下降 18.19%；二级的下降 16.26%；三级的增加了 26.61%；四级的增加了 7.88%。

调查结果还表明，宝清县含量最高的是尖山子乡，平均达到 3.55g/kg，最低为七星泡镇，平均含量为 1.53g/kg，见表 2-5-3。

表 2-5-3 各土种全氮统计分析 单位：g/kg

土壤类型	最大值	最小值	平均值	标准差
暗棕壤	3.51	1.36	2.12	0.49
白浆化暗棕壤	3.45	1.58	2.56	0.46
白浆化草甸土型水稻土	2.80	1.82	2.31	0.41
薄层白浆化草甸土	2.69	1.44	2.15	0.42
薄层白浆化黑土	3.18	1.43	1.96	0.41
薄层草甸土	3.61	1.25	2.22	0.46
薄层草甸沼泽土	4.42	1.50	2.62	0.83
薄层岗地白浆土	1.99	1.76	1.87	0.11
薄层沟谷草甸土	3.92	1.39	2.61	0.80
薄层潜育草甸土	2.17	1.43	1.90	0.26
薄层沙底黑土	1.61	1.36	1.49	0.09
薄层碳酸盐草甸土	1.69	1.46	1.59	0.06
薄层黏底草甸黑土	3.17	1.76	2.46	0.47
薄层黏底黑土	2.61	1.40	1.77	0.30
薄层棕壤型黑土	3.41	1.45	1.99	0.45
草甸暗棕壤	2.15	1.39	1.63	0.21
草甸黑土型水稻土	1.74	1.54	1.60	0.10
草甸土型水稻土	2.47	1.44	1.80	0.37
草甸沼泽型水稻土	1.93	1.80	1.87	0.07

（续表）

土壤类型	最大值	最小值	平均值	标准差
厚层草甸土	3.10	1.36	1.93	0.40
厚层草甸沼泽土	4.25	1.90	3.30	0.59
厚层岗地白浆土	3.17	1.61	2.26	0.32
厚层沟谷草甸土	3.49	1.43	1.97	0.52
厚层平地白浆土	3.46	1.49	2.55	0.62
厚层潜育草甸土	3.51	1.42	1.97	0.58
厚层碳酸盐草甸土	1.61	1.47	1.56	0.04
厚层黏底草甸黑土	3.21	1.57	2.04	0.48
厚层黏底黑土	2.43	1.44	1.92	0.39
泥炭腐殖质沼泽土	2.3	2.17	2.25	0.07
泥炭沼泽土	2.61	1.37	1.98	0.48
原始暗棕壤	3.89	2.93	3.24	0.27
中层白浆化草甸土	3.46	1.28	2.14	0.87
中层白浆化黑土	2.21	1.39	1.68	0.25
中层草甸土	3.49	1.25	1.89	0.46
中层岗地白浆土	3.41	1.60	2.40	0.39
中层平地白浆土	3.54	2.33	2.83	0.32
中层潜育草甸土	3.98	1.28	2.25	0.67
中层沙底黑土	1.68	1.42	1.51	0.08
中层碳酸盐草甸土	3.43	1.35	1.59	0.36
中层黏底草甸黑土	4.32	1.42	2.17	0.75
中层黏底黑土	3.07	1.41	1.92	0.47
中层棕壤型黑土	2.21	1.45	1.92	0.19
中层沟谷草甸土	3.50	1.47	2.44	0.56

三、土壤全磷

根据历史资料和以往的化验分析，宝清县耕地土壤中磷素含量平均为 1.62g/kg，变化幅度为 1.16~2.02g/kg。调查结果还表明，宝清县全磷含量最高的土壤是黑土，平均达到 2.03g/kg；最低的是白浆土，平均含量为 1.29g/kg；各类型的土壤全磷素差异也不太明显。

四、土壤全钾

宝清县耕地土壤中全钾含量平均为 17.8g/kg，变化幅度为 16~20g/kg。在宝清县各类型的土壤中全钾略有差异，含量最高的是黑土，平均含量为 19.3g/kg；最低的是沼泽土，平均含量为 14g/kg。调查结果还表明，宝清县全钾含量最高的土壤是草甸白浆土，平均达到 20.2g/kg，最低的是沼泽土，平均含量为 14.2g/kg；各土壤类型之间的差异不明显。

第二节　土壤大量元素速效养分

经过多年开展测土配方施肥工作，我们对宝清县的主要耕地进行了大量的土样采集、化验，并将之应用到农业生产，指导农民科学施肥，取得了一定的经济效益、社会效益。将多年来大量元素速效养分情况统计总结如下。

一、土壤有效磷

磷是构成植物体的重要组成元素之一。土壤有效磷中易被植物吸收利用的部分称之为有（速）效磷，它是土壤供磷供应水平的重要指标。

宝清县耕地有效磷平均为 35.08mg/kg，变化幅度为 9.18～132.12mg/kg。其中，黑土和草甸土含量较高，分别平均为 39.44mg/kg 和 41.87mg/kg，见表 2-5-4。根据宝清县实际情况，现将宝清县耕地土壤有效磷分为 4 级，其中：含量大于 60mg/kg 的占 5.27%；含量在 40～60mg/kg 的占 26.65%，含量在 20～40mg/kg 的占 64.11%，含量小于 20mg/kg 的占 3.97%。从统计面积大小来看，有效磷含量为一级的面积为 0.813 3 万 hm²，占宝清县耕地面积的 5.27%，主要分布在宝清县的夹信子、龙头镇，青原和万金山也有分布；二级的为 4.113 万 hm²，占全县耕总面积的 26.65%，宝清县各乡镇均有分布；三级的为 9.896 万 hm²，占宝清县耕地总面积的 64.11%，除龙头镇以外，在宝清县各乡镇均有分布；四级的为 0.614 万 hm²，占宝清县耕地总面积的 3.97%，主要分布在万金山、尖山子、小城子、七星河、青原，宝清镇也有分布。与第二次土壤普查的调查结果进行比较，宝清县有效磷含量由第二次土壤普查含量 31.36mg/kg 增加到现在的 35.08mg/kg。有效磷含量为一级的比例下降了 3.81%，二级的增加了 11.71%，三级的增加了 34.11%，四级的下降了 39.03%。

表 2-5-4　各土种有效磷统计分析　　　　　　　　单位：mg/kg

土壤类型	最大值	最小值	平均值	标准差
暗棕壤	78.8	10.7	35.57	10.70
白浆化暗棕壤	55.1	11.3	31.50	11.97
白浆化草甸土型水稻土	42.2	24.6	32.44	6.42
薄层白浆化草甸土	46.8	24.5	39.88	4.31
薄层白浆化黑土	112.3	12.3	43.17	20.70
薄层草甸土	132.1	14.1	48.07	18.19
薄层草甸沼泽土	54.7	15.5	34.63	10.54
薄层岗地白浆土	25.7	16.7	20.98	4.45

土壤类型	最大值	最小值	平均值	标准差
薄层沟谷草甸土	51.3	25.0	40.09	6.97
薄层潜育草甸土	59.4	19.7	43.94	14.80
薄层沙底黑土	44.6	18.5	27.96	9.49
薄层碳酸盐草甸土	44.8	18.0	30.94	9.24
薄层黏底草甸黑土	51.2	17.3	34.14	9.29
薄层黏底黑土	45.8	13.4	28.69	7.72
薄层棕壤型黑土	104.5	12.0	33.25	14.13
草甸暗棕壤	40.6	24.8	32.11	4.26
草甸黑土型水稻土	19.7	13.5	17.03	2.84
草甸土型水稻土	67.4	18.4	37.09	14.40
草甸沼泽型水稻土	22.6	22.1	22.40	0.26
厚层草甸土	44.6	14.8	32.68	6.89
厚层草甸沼泽土	58.8	12.8	31.68	12.37
厚层岗地白浆土	60.5	17.0	39.14	10.25
厚层沟谷草甸土	68.8	10.5	37.70	13.06
厚层平地白浆土	45.2	25.9	36.20	6.04
厚层潜育草甸土	52.8	20.3	30.85	7.79
厚层碳酸盐草甸土	37.1	26.9	33.96	3.64
厚层黏底草甸黑土	117.2	19.8	41.60	27.65
厚层黏底黑土	47.2	24.5	36.65	7.29
泥炭腐殖质沼泽土	20.8	17.6	19.43	1.65
泥炭沼泽土	56.3	19.5	43.73	11.68
原始暗棕壤	49.7	40.7	45.53	3.48
中层白浆化草甸土	54.1	11.4	32.58	13.16
中层白浆化黑土	43.9	19.7	33.74	7.47
中层草甸土	74.1	9.9	34.26	10.59
中层岗地白浆土	56.8	16.1	35.06	9.64
中层沟谷草甸土	60.9	10.6	37.23	14.25
中层平地白浆土	39.4	20.7	30.16	5.40
中层潜育草甸土	58.4	18.4	40.02	9.37
中层沙底黑土	38.5	19.3	27.08	5.94

（续表）

土壤类型	最大值	最小值	平均值	标准差
中层碳酸盐草甸土	62.3	17.2	31.88	11.32
中层黏底草甸黑土	54.6	11.8	32.77	8.29
中层黏底黑土	75.3	19.6	32.48	11.23
中层棕壤型黑土	63.3	34.4	44.30	6.69

二、土壤速效钾

　　土壤速效钾是指水溶性钾和黏土矿物晶体外表面吸附的交换性钾，是植物可以直接吸收利用的，对植物生长及其品质起着重要作用。其含量水平的高低，反映了土壤的供钾能力，是土壤质量的主要指标之一。

　　宝清县大部分耕地土壤速效钾比较适宜，调查表明宝清县速效钾平均在 204.32mg/kg，变化幅度在 87～425mg/kg。见表 2-5-5。根据宝清县实际情况，现将宝清县耕地土壤速效钾分为 4 级，其中：含量大于 300mg/kg 的占 4.17%，含量在 200～300mg/kg 的占 51.21%，含量在 150～200mg/kg 的占 33.01%，含量小于 150mg/kg 的占 11.61%。从统计面积大小来看，速效钾含量为一级的面积为 0.649 万 hm²，占宝清县耕地面积的 4.17%，主要分布在宝清县的万金山、七星河、夹信子、龙头镇，青原和宝清镇也有分布；二级的为 7.972 万 hm²，占宝清县耕总面积的 51.21%，宝清县各乡镇有分布；三级的为 5.138 万 hm²，占宝清县耕地总面积的 33.01%，除七星河以外，在宝清县各乡镇均有分布；四级的为 1.808 万 hm²，占宝清县耕地总面积的 11.61%，除七星河以外，在宝清县各乡镇均有分布。与第二次土壤普查的调查结果进行比较，宝清县速效钾含量由第二次土壤普查含量 222.58mg/kg 下降到现在的 204.32mg/kg。速效钾含量为一级的比例下降了 4.07%；二级的下降了 5.49%；三级的增加了 10.71%；四级的下降了 1.19%。

表 2-5-5　各土种速效钾统计　　　　　　　　　单位：mg/kg

土壤类型	最大值	最小值	平均值	标准差
暗棕壤	403	87	201.49	56.46
白浆化暗棕壤	331	109	182.14	47.33
白浆化草甸土型水稻土	299	82	175.25	96.78
薄层白浆化草甸土	275	85	152.38	67.55
薄层白浆化黑土	373	138	221.13	51.44
薄层草甸土	432	134	227.03	48.16
薄层草甸沼泽土	240	134	171.91	22.73
薄层岗地白浆土	153	132	142.00	9.70
薄层沟谷草甸土	425	142	230.95	90.19

（续表）

土壤类型	最大值	最小值	平均值	标准差
薄层潜育草甸土	296	128	231.56	61.83
薄层沙底黑土	276	186	219.27	28.96
薄层碳酸盐草甸土	287	125	192.36	40.35
薄层黏底草甸黑土	232	131	179.79	30.25
薄层黏底黑土	407	128	232.69	57.31
薄层棕壤型黑土	385	109	209.49	55.47
草甸暗棕壤	288	146	239.39	41.59
草甸黑土型水稻土	213	195	204.75	8.26
草甸土型水稻土	274	175	217.40	32.45
草甸沼泽型水稻土	186	184	185.33	1.15
厚层草甸土	265	89	195.29	46.24
厚层草甸沼泽土	261	87	183.87	38.21
厚层岗地白浆土	291	87	171.62	54.29
厚层沟谷草甸土	327	115	235.88	46.00
厚层平地白浆土	228	137	168.56	29.75
厚层潜育草甸土	233	132	173.31	33.32
厚层碳酸盐草甸土	259	202	240.57	16.84
厚层黏底草甸黑土	369	124	228.48	56.06
厚层黏底黑土	268	132	205.45	42.77
泥炭腐殖质沼泽土	250	237	244.33	6.66
泥炭沼泽土	281	182	228.41	32.51
原始暗棕壤	271	196	237.90	29.00
中层白浆化草甸土	285	142	220.47	40.67
中层白浆化黑土	308	149	253.22	40.97
中层草甸土	523	88	203.94	65.47
中层岗地白浆土	286	111	181.08	44.60
中层沟谷草甸土	287	99	150.43	40.44
中层平地白浆土	194	81	101.00	39.12
中层潜育草甸土	346	81	184.91	73.12
中层沙底黑土	206	117	170.50	30.68
中层碳酸盐草甸土	447	173	268.28	61.36

（续表）

土壤类型	最大值	最小值	平均值	标准差
中层黏底草甸黑土	294	127	202. 24	42. 41
中层黏底黑土	536	137	235. 50	63. 72
中层棕壤型黑土	291	152	200. 73	32. 79

三、土壤碱解氮

氮不仅是提高作物生物总量和经济产量，同时还可以改善农产品的营养价值，特别是能增加种子蛋白质含量，提高食品营养价值；反之，氮素过剩，光合作用产物碳水化合物大量用于合成蛋白质、叶绿素及其他含氮有机化合物，而构成细胞壁所需的纤维素、木质素、果胶酸等合成减少，以致细胞大而壁薄，组织柔软，抗病、抗倒伏能力减弱；植株贪青晚熟，籽粒不充实，导致减产和品质下降。因此，土壤中速效氮的含量反映土壤的供氮能力，决定了作物的生长情况。

宝清县耕地土壤速效氮大部分在适宜范围之内，调查表明宝清县碱解氮的含量平均为236. 12mg/kg，变化幅度为 164. 32 ~ 421. 16mg/kg，以草甸土平均值为最高，其次是黑土，见表 2 – 5 – 6。根据宝清县实际情况，现将宝清县耕地土壤速效氮分为 3 级，其中：含量大于 270mg/kg 的占 8. 52%，含量在 200 ~ 270mg/kg 的占 88. 49%，含量小于 200mg/kg 的占2. 99%。从统计面积大小来看，速效氮含量为一级的面积为 1. 24 万 hm^2，占宝清县耕地面积的 8. 52%，除万金山、七星河、青原以外，在宝清县各乡镇均有分布，以七星泡面积最大；二级的为 12. 876 万 hm^2，占宝清县耕总面积的 88. 49%，宝清县各乡镇均有分布；三级的为 0. 435 5 万 hm^2，占宝清县耕地总面积的 2. 99%，在宝清县各乡镇均有分布。与第二次土壤普查的调查结果进行比较，宝清县速效氮含量由第二次土壤普查含量 252mg/kg 下降到现在的 236mg/kg。按面积计算，速效氮含量为一级的比例下降 3. 25%，二级的增加了15. 49%，三级的减少了 12. 28%。

与第二次土壤普查结果对比，总体变化不大，大于 200mg/kg 的占耕地面积的 84. 5%，这次统计的结果为大于 200mg/kg 的耕地占 97. 01%，提高了 12. 51 个百分点，这说明，多年大量施用氮肥和土壤根茬还田及施用化学除草剂等（主要是三氮苯类）对土壤中的速效氮素增加起到了作用。

表 2 – 5 – 6　各土种碱解氮统计　　　　　　　　单位：mg/kg

土壤类型	最大值	最小值	平均值	标准差
暗棕壤	430. 44	184. 15	247. 64	37. 28
白浆化暗棕壤	326. 02	188. 18	239. 67	35. 23
白浆化草甸土型水稻土	328. 30	211. 18	249. 08	48. 86
薄层白浆化草甸土	251. 12	199. 14	231. 16	14. 62
薄层白浆化黑土	304. 46	184. 60	235. 40	24. 88

（续表）

土壤类型	最大值	最小值	平均值	标准差
薄层草甸土	289.34	176.91	229.47	20.58
薄层草甸沼泽土	260.83	182.54	219.24	18.56
薄层岗地白浆土	216.36	213.24	214.70	1.36
薄层沟谷草甸土	328.59	169.80	253.78	36.40
薄层潜育草甸土	237.71	195.84	216.26	14.34
薄层沙底黑土	259.08	205.79	237.74	19.43
薄层碳酸盐草甸土	260.07	215.94	242.73	13.32
薄层黏底草甸黑土	245.13	188.40	215.65	16.73
薄层黏底黑土	341.18	196.20	263.12	34.39
薄层棕壤型黑土	298.06	191.28	229.04	21.46
草甸暗棕壤	366.60	212.06	296.44	43.31
草甸黑土型水稻土	237.14	225.48	230.11	5.01
草甸土型水稻土	275.84	201.55	243.93	28.51
草甸沼泽型水稻土	236.34	229.83	233.29	3.28
厚层草甸土	301.36	200.84	239.50	16.63
厚层草甸沼泽土	323.60	176.87	222.29	27.63
厚层岗地白浆土	310.98	203.53	232.41	21.42
厚层沟谷草甸土	446.73	204.39	266.25	56.05
厚层平地白浆土	224.65	183.77	208.91	11.88
厚层潜育草甸土	271.60	188.52	231.98	26.71
厚层碳酸盐草甸土	279.37	213.45	231.49	21.92
厚层黏底草甸黑土	257.29	206.43	230.21	14.55
厚层黏底黑土	297.58	222.60	252.37	27.21
泥炭腐殖质沼泽土	219.91	209.88	213.60	5.49
泥炭沼泽土	248.28	202.67	222.56	14.37
原始暗棕壤	250.05	189.73	233.73	18.29
中层白浆化草甸土	246.07	200.83	225.45	12.74
中层白浆化黑土	255.52	212.45	233.11	12.26
中层草甸土	312.77	180.38	237.77	20.78
中层岗地白浆土	351.41	178.71	227.08	28.64
中层沟谷草甸土	343.23	203.96	249.63	32.26

（续表）

土壤类型	最大值	最小值	平均值	标准差
中层平地白浆土	298.24	224.77	265.19	27.45
中层潜育草甸土	328.50	197.53	238.11	32.98
中层沙底黑土	263.90	213.89	240.95	18.99
中层碳酸盐草甸土	274.53	165.01	228.79	19.18
中层黏底草甸黑土	282.57	191.17	230.60	17.34
中层黏底黑土	324.49	200.92	244.01	26.43
中层棕壤型黑土	259.50	208.02	234.14	15.83

第三节　土壤 pH

　　宝清县土壤以暗棕壤、黑土、草甸土、白浆土为主，土壤酸碱性为弱酸性至中性。调查表明，宝清县耕地 pH 平均为 6.02，变化幅度为 5.0～7.7。其中（按数字出现的频率计）：pH 小于 5.5 的占 7.8%，5.5～6.0 的占 39.4%，6.0～6.5 的占 22.5%，6.5～7.0 的占 22.1%，大于 7 的占 8.2%。

　　按照水平分布和土壤类型分析，土壤 pH 由东南向西北逐渐增加，但变化幅度不大。由于土地利用方式不同，也会引起耕地土壤的 pH 变化。统计结果表明，旱地的 pH 平均为 6.3，变化幅度在 5.0～7.7；水田 pH 平均为 6.0，变化幅度在 5.5～6.8。从化验结果来看，各乡镇 pH 分布不均，这主要与多年来施用肥料、种植方式和耕作制度有关，见表 2-5-7。

表 2-5-7　各土种 pH 统计

土壤类型	最大值	最小值	平均值	标准差
暗棕壤	7.3	5.5	6.12	0.30
白浆化暗棕壤	6.6	5.5	5.99	0.24
白浆化草甸土型水稻土	6.3	6.0	6.13	0.13
薄层白浆化草甸土	6.3	5.8	6.11	0.17
薄层白浆化黑土	6.9	5.5	6.12	0.26
薄层草甸土	7.0	5.7	6.13	0.22
薄层草甸沼泽土	6.4	5.6	6.04	0.19
薄层岗地白浆土	5.9	5.9	5.90	0
薄层沟谷草甸土	6.6	5.8	6.14	0.26
薄层潜育草甸土	6.4	5.8	6.04	0.22
薄层沙底黑土	7.2	5.8	6.37	0.42

（续表）

土壤类型	最大值	最小值	平均值	标准差
薄层碳酸盐草甸土	7.3	5.9	6.35	0.53
薄层黏底草甸黑土	6.4	5.5	5.99	0.27
薄层黏底黑土	6.7	5.6	6.12	0.33
薄层棕壤型黑土	6.9	5.5	6.11	0.25
草甸暗棕壤	6.9	6.0	6.41	0.21
草甸黑土型水稻土	6.0	5.8	5.88	0.10
草甸土型水稻土	6.5	5.6	6.12	0.26
草甸沼泽型水稻土	5.9	5.8	5.83	0.06
厚层草甸土	6.8	5.6	6.02	0.24
厚层草甸沼泽土	6.4	5.7	6.12	0.20
厚层岗地白浆土	6.3	5.8	6.04	0.14
厚层沟谷草甸土	6.8	5.9	6.28	0.24
厚层平地白浆土	6.3	5.8	5.98	0.11
厚层潜育草甸土	6.7	5.6	6.15	0.33
厚层碳酸盐草甸土	6.6	5.8	6.31	0.24
厚层黏底草甸黑土	6.7	5.6	6.09	0.35
厚层黏底黑土	6.8	5.6	6.14	0.42
泥炭腐殖质沼泽土	6.3	6.2	6.27	0.06
泥炭沼泽土	6.4	5.6	5.99	0.24
原始暗棕壤	6.5	6.0	6.20	0.18
中层白浆化草甸土	6.7	5.9	6.29	0.29
中层白浆化黑土	7.4	5.9	6.54	0.38
中层草甸土	7.3	5.7	6.14	0.29
中层岗地白浆土	6.6	5.5	6.01	0.22
中层沟谷草甸土	6.4	5.8	6.14	0.12
中层平地白浆土	6.2	5.7	6.04	0.17
中层潜育草甸土	6.8	5.6	6.04	0.22
中层沙底黑土	6.2	5.9	6.04	0.12
中层碳酸盐草甸土	8.0	5.7	6.81	0.46
中层黏底草甸黑土	6.8	5.5	6.10	0.29
中层黏底黑土	7.1	5.5	6.20	0.36
中层棕壤型黑土	6.5	5.7	6.07	0.16

第六章 作物种植适宜性评价

作物适宜性评价是农作物的生产和布局的基本依据，也是种植模式调整和设计的重要依据，对实现作物种植效益目标有着重大影响。本次评价是在测土配方施肥项目的支持下，利用地理信息系统平台、计算机和数学的方法结合田间采样和调查数据来完成的。目的是要回答对宝清县来说种什么作物、种在哪里最适宜、种多少最合适等问题，为宝清县农业生产宏观布局提供决策依据。

第一节 水稻种植适宜性评价

宝清县水资源丰富，地表水和地下水总贮量约有 73.8 亿 m³，可利用量为 35.31 m³，占水资源总量的 47.8%。全县耕地按 14.7hm² 计算，平均每公顷土地占有 2.4 万 m³，约为三江平原平均水平的 3 倍。土质肥沃，水质优良，灌溉用水基本无污染，又属于冻土带的一年一季稻作制，土壤休闲时间长，病虫害发生种类少、频率低、程度轻，有机肥源相对较充足，水稻灌浆期温度适宜，这一切条件都非常有利于生产绿色优质粳米。

水稻的适宜性评价利用了 2008 年田间调查和土壤采样化验分析数据，共计 2 690 个采样点的田间调查和统计数据。

一、水稻评价指标的选择和权重

水稻种植和产量的主要限制因素是气候条件、土壤、水热资源状况、生物性条件（如种子、虫害等）和社会经济条件，以及增加水稻单产途径的新的耕作技术、综合作物管理、养分管理以及灌溉农业中水资源的有效利用。

（一）水稻适宜性评价的指标

根据水稻生长对土壤和自然环境条件的需求，我们在选择评价因素时，依据以下原则因地制宜地进行了选择，诸如选取的因子对作物适宜性种植有较大影响；选取的因子在评价区域内的变异较大，便于划分等级；同时注意因子的稳定性和对当前生产密切相关的因素。宝清县水稻适宜性评价指标根据当地影响水稻种植的主要因素，选定为 7 项，包括有机质、有效磷、速效钾、pH、坡度、灌溉能力和质地。各指标的隶属度如下。

1. 有机质

有机质含量的多少反映了土壤肥力水平的高低，土壤有机质的含量越高，专家给出的分值越高。属于戒上型函数，见表 2-6-1。

表 2 - 6 - 1　专家对土壤有机质给出的隶属度评价值

有机质（g/kg）	20	30	40	50	60	80
专家评价值	0.5	0.65	0.7	0.85	0.9	1

2. 速效钾

属于戒上型函数，见表 2 - 6 - 2。

表 2 - 6 - 2　专家对土壤速效钾给出的隶属度评价值

速效钾（mg/kg）	100	120	150	180	200	250	300
专家评价值	0.5	0.55	0.65	0.75	0.85	0.9	1

3. 有效磷

一般情况下在一定的范围内，专家认为有效磷越多越好，属于戒上型函数，见表 2 - 6 - 3。

表 2 - 6 - 3　专家对土壤有效磷给出的隶属度评价值

有效磷（mg/kg）	10	15	20	30	35	40	45	50	60
专家评价值	0.4	0.45	0.55	0.7	0.75	0.8	0.85	0.95	1

4. pH

pH 是评价土壤酸碱度的重要指标之一。对作物生长至关重要，影响土壤各种养分的转化和吸收，对大多数作物来讲偏酸和偏碱都会对作物生长不利。所以，pH 符合峰性函数模型，见表 2 - 6 - 4。

表 2 - 6 - 4　专家对土壤 pH 给出的隶属度评价值

pH	5.5	6	6.5	7	7.5	8
专家评价值	0.7	0.8	0.95	1	0.95	0.8

5. 坡度

坡度对作物生长和地力的影响是非常重要的，坡度过大极易造成水土流失，破坏耕地质量，一般平地较好。专家给出的坡度评估值见表 2 - 6 - 5，属于负直线型函数。

表 2 - 6 - 5　专家对坡度给出的隶属度评价值

坡度	<1°	2°	3°	4°	5°	6°	>7°
专家评价值	1	0.9	0.8	0.65	0.5	0.4	0.3

6. 质地

土壤质地是指土壤中各种粒径土粒的组合比例关系，也被称为机械组成，根据机械组成的近似性，划分为若干类别，称之为质地类型，属于概念型函数，见表2-6-6。

表2-6-6 专家对质地给出的隶属度评价值

质地	中壤	轻壤	黏壤	沙壤
专家评价值	1	0.9	0.8	0.6

7. 灌溉条件

宝清县目前水田面积不断增大，灌溉条件是水稻生产的关键指标（表2-6-7）。

表2-6-7 专家对灌溉条件给出的隶属度评价值

灌溉条件	很差	较差	一般	好	很好
专家评价值	0.1	0.5	0.7	0.8	1

（二）评价指标权重

以上指标确定后，通过隶属函数模型的拟合，以及层次分析法确定各指标的权重，即确定每个评价因素对适宜性种植的影响大小。根据层次化目标，A层为目标层，即宝清县水稻适宜性评价；B层为准则层；C层为指标层。然后，通过求各判断矩阵的特征向量求得准则层和指标层的权重系数，从而求得每个评价指标对耕地地力的权重。其中，准则层权重的排序为灌溉能力＞有机质＞有效磷＞pH＞速效钾＞坡度＞质地。层次分析模型见图2-6-1。

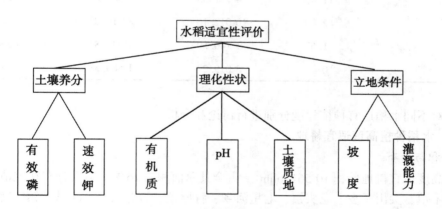

图2-6-1 水稻适宜性评价层次模型

二、水稻适宜性评价结果分析

对水田影响同样采用累加法计算各评价单元综合适宜性指数，通过计算得出宝清县水稻适宜性评价划分为4个等级（表2-6-8），高度适宜属于高产田面积为10 561.6hm²，占宝清县总耕地面积的7.16%；适宜属于中产田面积为38 984.4hm²，占宝清县总耕地面积的26.42%；勉强适宜属于低产田面积为39 365.2hm²，占宝清县总耕地面积的26.68%；不适宜耕地面积为58 638.7hm²，占宝清县总耕地面积的39.74%。各乡镇在4个等级中所占的比例见表2-6-9，其中：万金山乡高度适宜面积最大，为3 456.4hm²；而七星泡镇没有高度适宜的种植区域。

表 2 - 6 - 8　水稻的适宜性评价地块数及面积统计结果

适宜性	地块数	面积（hm²）	占全县耕地面积比例（%）
高度适宜	202	10 561. 628 5	7. 16
适宜	706	38 984. 447 6	26. 42
勉强适宜	603	39 365. 162 9	26. 68
不适宜	1 172	58 638. 760 9	39. 74

表 2 - 6 - 9　各乡镇水稻适宜性耕地面积统计　　　　　单位：hm²

乡镇	高度适宜	适宜	勉强适宜	不适宜
万金山乡	3 456. 42	3 012. 71	1 143. 69	3 377. 18
青原镇	2 538. 61	5 080. 14	5 070. 96	7 200. 29
夹信子镇	1 728. 68	1 689. 81	1 202. 77	7 588. 74
朝阳乡	1 512. 70	3 916. 72	6 411. 35	1 569. 23
宝清镇	830. 90	4 951. 25	8 011. 21	5 786. 64
龙头镇	238. 39	1 390. 36	2 446. 11	2 505. 14
七星河乡	211. 46	4 771. 55	4 507. 80	1 219. 19
尖山子乡	42. 80	10 012. 16	8 116. 07	58. 97
小城子镇	1. 67	1 140. 50	949. 82	5 598. 01
七星泡镇	0	3 019. 27	1 505. 38	23 735. 36

下面对不同水稻适宜种植程度分别进行讨论和分析。

（一）水稻种植高度适宜耕地

1. 面积与分布

水稻高度适宜耕地面积 10 561. 6hm²，占全县总面积 7. 16%，主要分布在宝清镇、朝阳乡、夹信子镇、尖山子乡、龙头镇、七星河乡、青原镇、万金山乡、小城子镇。超过万公顷的有 7 个乡镇，除七星泡镇外均有分布。其中，万金山乡高度适宜耕地面积最大。万金山乡是宝清县水稻种植的重点乡镇，水稻种植面积达 4 533. 3hm²，90% 以上的农户都采取大棚育秧、机械插秧的种植方式，见表 2 - 6 - 10。

表 2 - 6 - 10　各乡镇水稻高度适宜耕地面积分布

乡镇	耕地面积（hm²）	高度适宜耕地面积（hm²）	占高度适宜耕地面积比例（%）	占乡镇耕地面积比例（%）
万金山乡	10 990.00	3 456.42	32.73	31.45
青原镇	19 890.00	2 538.61	24.04	12.76
夹信子镇	12 210.00	1 728.68	16.37	14.16
朝阳乡	13 410.00	1 512.70	14.32	11.28
宝清镇	19 580.00	830.90	7.87	4.24
龙头镇	6 580.00	238.39	2.26	3.62
七星河乡	10 710.00	211.46	2.00	1.97
尖山子乡	18 230.00	42.80	0.41	0.23
小城子镇	7 690.00	1.67	0.02	0.02

2. 高度适宜耕地土壤养分

水稻高度适宜耕层土壤养分含量较丰富，有机质含量较高，平均值在 34.6 ~ 51.36g/kg，在朝阳乡附近有机质的最高值 >70g/kg，这些区域种植水稻产量较高，见表 2 - 6 - 11。

表 2 - 6 - 11　高度适宜耕地土壤有机质含量　　　　　　　单位：g/kg

乡镇名	最高值	最低值	平均值	标准差
朝阳乡	79.4	41.3	51.36	7.38
万金山乡	52.8	38	46.28	4.15
龙头镇	45.2	43.4	44.57	0.67
宝清镇	45.9	39.5	42.95	1.98
青原镇	66.7	30.5	40.81	10.27
夹信子镇	46.6	31.3	39.52	3.68
小城子镇	39.4	39.4	39.4	0
尖山子乡	39.6	33.4	35.48	2.41
七星河乡	34.6	34.6	34.6	0

有效磷在高度适宜地区平均含量变化为 29.5 ~ 68.57mg/kg，以夹信子镇附近平均有效磷含量最高，最高值 >100mg/kg，见表 2 - 6 - 12。

表 2 - 6 - 12　高度适宜耕地土壤有效磷含量　　　　　　　单位：mg/kg

乡镇名	最高值	最低值	平均值	标准差
夹信子镇	132.1	41.6	68.57	26.8
龙头镇	56.9	43.9	52.57	4.47

（续表）

乡镇名	最高值	最低值	平均值	标准差
尖山子乡	53.6	35.2	43.04	7.24
青原镇	55.2	20.3	43.01	9.45
朝阳乡	70.2	29.3	42.89	10.62
宝清镇	44.5	22.5	36.14	6.41
万金山乡	75.3	13.7	34.78	14.85
小城子镇	32.1	31.6	31.85	0.35
七星河乡	29.5	29.5	29.5	0

速效钾在高度适宜地区平均含量变化为 196.5~295mg/kg，以万金山乡附近平均含量最高，最高值 >500mg/kg，见表 2-6-13。

表 2-6-13　高度适宜耕地土壤速效钾含量　　　　单位：mg/kg

乡镇名	最高值	最低值	平均值	标准差
万金山乡	536	192	295.00	83.21
尖山子乡	308	258	287.60	18.19
七星河乡	282	282	282.00	0
夹信子镇	454	222	279.11	51.89
龙头镇	294	238	267.17	20.99
小城子镇	265	262	263.50	2.12
青原镇	309	137	234.81	56.42
宝清镇	251	171	221.07	23.00
朝阳乡	256	83	196.59	43.42

pH 在高度适宜耕地区平均含量变化为 5.9~6.8，偏酸性。以七星河乡附近平均含量最高，为 6.8。最高值在万金山乡附近，最高值 >7，见表 2-6-14。

表 2-6-14　高度适宜耕地土壤 pH

乡镇名	最高值	最低值	平均值	标准差
宝清镇	6.7	6.0	6.25	0.18
朝阳乡	6.6	5.8	6.24	0.17
夹信子镇	7.2	6.1	6.34	0.27
尖山子乡	6.1	5.9	5.96	0.09
龙头镇	6.1	5.8	5.90	0.13

（续表）

乡镇名	最高值	最低值	平均值	标准差
七星河乡	6.8	6.8	6.80	0
青原镇	6.5	5.8	6.06	0.19
万金山乡	7.4	5.8	6.44	0.42
小城子镇	6.0	6.0	6.0	0

坡度值在高度适宜耕地区平均变化为 $0.85° \sim 1.44°$，较为平坦。但由于宝清部分地区地形比较复杂，在万金山乡附近有大于 $5°$ 的坡度出现，种植水稻时应适当考虑地形因素对水稻生产的影响。

水稻高度适宜耕地的土壤质地适宜，灌溉能力强。灌溉能力指数都达到了 100%，满足水稻生长发育所需要的水分资源。水稻高度适宜性耕地总体水平较好。

（二）水稻种植适宜耕地

1. 面积与分布

水稻适宜耕地面积 38 984.47hm²，占全县总面积的 26% 左右，各乡都有分布。按面积大小排序为尖山子乡 > 青原镇 > 宝清镇 > 七星河乡 > 朝阳乡 > 七星泡镇 > 万金山乡 > 夹信子镇 > 龙头镇 > 小城子镇。如表 2－6－15 所示。

表 2－6－15　各乡镇水稻适宜耕地面积分布

乡镇名称	耕地面积（hm²）	适宜耕地面积（hm²）	占适宜耕地面积比例（%）	占乡镇耕地面积比例（%）
尖山子乡	18 230.00	10 012.16	25.68	54.92
青原镇	19 890.00	5 080.14	13.03	25.54
宝清镇	19 580.00	4 951.25	12.7	25.29
七星河乡	10 710.00	4 771.55	12.24	44.55
朝阳乡	13 410.00	3 916.72	10.05	29.21
七星泡镇	28 260.00	3 019.27	7.74	10.68
万金山乡	10 990.00	3 012.71	7.73	27.41
夹信子镇	12 210.00	1 689.81	4.33	13.84
龙头镇	6 580.00	1 390.36	3.57	21.13
小城子镇	7 690.00	1 140.50	2.93	14.83

2. 适宜区耕地土壤养分

水稻适宜耕地区耕层土壤养分含量也较丰富，土壤质地适宜，灌溉能力强。有机质含量平均值为 $22.72 \sim 68.08 \text{g/kg}$。尖山子乡、朝阳乡、龙头镇都有高值出现。最高值在龙头镇附近区域，最高值 $>85\text{g/kg}$，见表 2－6－16。

表 2 - 6 - 16　适宜耕地土壤有机质含量　　　　　　　　单位：g/kg

乡镇名	最高值	最低值	平均值	标准差
尖山子乡	77.2	53.9	68.08	6.45
朝阳乡	85.5	29.3	60.70	13.38
龙头镇	86.4	41.8	50.96	9.36
万金山乡	54.1	27.3	43.41	6.17
宝清镇	44.8	33.7	39.12	2.51
小城子镇	44.3	35.7	38.36	2.40
青原镇	51.8	26.6	33.62	4.46
七星河乡	36.3	29.9	32.54	1.74
夹信子镇	40.5	26.3	32.18	3.77
七星泡镇	28.7	15.1	22.72	3.76

　　水稻适宜耕地土壤有效磷含量平均值在 22.4 ~ 54mg/kg。平均值最高在夹信子镇附近区域。同时，夹信子镇附近也有最高值大于 100mg/kg 出现，应在施肥上注意施肥方法和数量，见表 2 - 6 - 17。

表 2 - 6 - 17　适宜耕地土壤有效磷含量　　　　　　　　单位：mg/kg

乡镇名	最高值	最低值	平均值	标准差
夹信子镇	115.3	27.4	54.00	14.91
龙头镇	62.9	37.4	47.60	4.84
青原镇	63.3	18.5	39.20	10.94
朝阳乡	57.1	28.2	39.00	6.10
宝清镇	47.9	15.2	30.74	8.08
七星泡镇	37.0	20.0	28.49	5.39
尖山子乡	59.1	15.5	28.03	8.80
万金山乡	56.8	11.3	26.79	11.08
小城子镇	40.1	13.1	25.09	7.64
七星河乡	31.2	18.8	22.41	3.60

　　水稻适宜耕地土壤速效钾含量平均值在 129.8 ~ 245.4mg/kg。平均最高值在龙头镇附近区域。在朝阳乡附近有区域含量较低。应注意增施钾肥，见表 2 - 6 - 18。

表 2 - 6 - 18　适宜耕地土壤速效钾含量　　　　　单位：mg/kg

乡镇名	最高值	最低值	平均值	标准差
龙头镇	359	161	245.48	33.00
七星河乡	287	216	238.29	18.95
七星泡镇	304	175	225.00	24.34
夹信子镇	373	174	216.35	31.38
万金山乡	327	139	207.29	54.22
宝清镇	403	147	205.43	38.21
青原镇	244	117	190.75	30.74
尖山子乡	233	142	188.86	19.62
小城子镇	248	130	181.08	33.12
朝阳乡	237	81	129.85	52.24

　　水稻适宜耕地土壤 pH 平均值在 5.93 ~ 7.21。大部分地区 pH 显示了中性和弱碱。最高平均值在七星河乡附近区域，最高值 > 7.2，见表 2 - 6 - 19。

表 2 - 6 - 19　适宜耕地土壤 pH

乡镇名	最高值	最低值	平均值	标准差
宝清镇	6.9	5.5	5.93	0.27
青原镇	6.4	5.6	5.93	0.18
小城子镇	6.2	5.9	5.98	0.07
七星泡镇	6.5	5.6	6.04	0.33
夹信子镇	6.9	5.8	6.09	0.14
龙头镇	6.5	5.8	6.13	0.17
朝阳乡	6.5	5.6	6.15	0.2
万金山乡	7.3	5.7	6.15	0.38
尖山子乡	6.4	5.8	6.18	0.14
七星河乡	8.0	6.7	7.21	0.36

　　水稻适宜耕地区坡度有较高地区，平均坡度在 0.68° ~ 5.67°。有些区域坡度过大，但是面积不大。这些坡度过大区域对种植水稻不利，在作物布局时应适当考虑。

　　水稻适宜耕地区域灌溉能力不如高度适宜区，差异较明显，但大部分地区都能满足水稻灌溉的需求，只有尖山子乡在这个等级内没有灌溉条件。

（三）水稻种植勉强适宜耕地

1. 面积与分布

　　水稻勉强适宜耕地面积 147 550hm²，占全县总面积 26.68%，各县均有分布，主要分布在尖山子乡、宝清镇等地，见表 2 – 6 – 20。

表 2 – 6 – 20　各乡镇水稻勉强适宜耕地面积分布

乡镇	耕地面积 （hm²）	勉强适宜耕地面积 （hm²）	占勉强适宜耕地 面积比例（%）	占乡镇耕地面积 比例（%）
尖山子乡	18 230.00	8 116.07	20.62	44.52
宝清镇	19 580.00	8 011.21	20.35	40.92
朝阳乡	13 410.00	6 411.35	16.29	47.81
青原镇	19 890.00	5 070.96	12.88	25.50
七星河乡	10 710.00	4 507.80	11.45	42.09
龙头镇	6 580.00	2 446.11	6.21	37.17
七星泡镇	28 260.00	1 505.38	3.82	5.33
夹信子镇	12 210.00	1 202.77	3.06	9.85
万金山乡	10 990.00	1 143.69	2.91	10.41
小城子镇	7 690.00	949.82	2.41	12.35

2. 勉强适宜耕地土壤养分

水稻勉强适宜耕地土壤有机质平均含量在 28.4 ~ 65.5g/kg，最高值出现在朝阳乡附近，最高值大于 >80g/kg，最低值出现在七星泡镇附近，见表 2 – 6 – 21。

表 2 – 6 – 21　勉强适宜耕地土壤有机质含量　　　　　　单位：g/kg

乡镇名	最高值	最低值	平均值	标准差
尖山子乡	78.6	42.4	65.47	9.43
朝阳乡	83.5	38.8	58.08	13.48
龙头镇	61.2	39.0	46.63	4.83
万金山乡	53.2	36.7	45.89	4.98
小城子镇	55.8	40.0	43.98	4.02
宝清镇	47.5	33.6	41.57	2.75
青原镇	64.3	30.2	40.23	7.67
七星河乡	44.1	28.1	35.71	4.83
夹信子镇	43.5	24.9	33.46	5.06
七星泡镇	32.9	23.4	28.40	2.28

水稻勉强适宜耕地土壤有效磷平均含量在 24.59 ~ 53.88mg/kg，最高值出现在夹信子镇附近（最高值超过 100mg/kg），最低值出现在尖山子乡附近（最低值不到 10mg/kg），见表 2 – 6 – 22。

表 2 - 6 - 22 勉强适宜耕地土壤有效磷含量　　　　单位：mg/kg

乡镇名	最高值	最低值	平均值	标准差
夹信子镇	101.3	21.6	53.88	19.6
龙头镇	60.9	32.2	48.33	5.87
小城子镇	50.0	31.1	40.35	6.3
宝清镇	47.3	21.0	36.97	6.22
朝阳乡	51.7	29.7	35.24	4.63
七星泡镇	43.0	27.4	34.51	4.46
七星河乡	54.2	20.3	33.52	9.74
青原镇	56.1	17.2	32.03	10.78
万金山乡	38.8	17.6	24.63	6.14
尖山子乡	48.7	9.9	24.59	6.89

水稻勉强适宜耕地土壤速效钾平均含量在 153.36 ~ 294.26mg/kg，最高值出现在七星泡镇附近（最高值大于 400mg/kg），最低值出现在朝阳乡附近（最低值小于 80mg/kg），见表 2 - 6 - 23。

表 2 - 6 - 23　勉强适宜耕地土壤速效钾含量　　　　单位：mg/kg

乡镇名	最高值	最低值	平均值	标准差
七星河乡	346	218	294.26	40.05
七星泡镇	420	229	269.89	40.46
夹信子镇	313	178	256.02	37.32
宝清镇	403	147	243.33	50.51
龙头镇	342	134	232.27	34.53
万金山乡	319	176	229.62	41.66
青原镇	275	138	214.51	38.40
尖山子乡	263	121	171.31	25.53
小城子镇	245	106	168.86	41.26
朝阳乡	229	81	153.36	50.42

水稻勉强适宜耕地土壤 pH 平均值为在 6.0 ~ 6.7，最高值出现在七星河乡附近，最低值出现在尖山子乡附近，见表 2 - 6 - 24。

表 2 – 6 – 24　勉强适宜耕地土壤 pH 含量

乡镇名	最高值	最低值	平均值	标准差
七星河乡	7.1	6.3	6.71	0.21
七星泡镇	6.8	6.0	6.52	0.22
青原镇	6.8	5.8	6.22	0.27
宝清镇	6.8	5.7	6.18	0.23
小城子镇	6.3	6.0	6.16	0.10
夹信子镇	6.3	6.0	6.11	0.07
万金山乡	6.6	5.6	6.11	0.26
朝阳乡	6.6	5.8	6.10	0.16
龙头镇	6.3	5.8	6.03	0.14
尖山子乡	6.5	5.6	6.01	0.21

　　水稻勉强适宜耕地坡度平均值为 0.61° ~ 2.76°；最高值出现在龙头镇附近，最高值超过 7°；最低值出现在朝阳乡和夹信子镇附近，为平地；但整体坡度值都较高。

　　勉强适宜种植水稻区域灌溉能力都不好，基本灌溉条件几乎为零。需要采用地下水和其他方法解决水源问题，这些区域如果种植水稻，需要进行农田基本设计的改造和建设。

（四）不适宜水稻种植耕地区

1. 面积与分布

　　不适宜种植水稻耕地区面积为 58 638.75hm²，约占全县总面积的 39.7%，各乡均有分布。面积最大区域在七星泡镇，超过 80% 的耕地不适宜种植水稻，见表 2 – 6 – 25。

表 2 – 6 – 25　各乡镇水稻不适宜耕地面积分布

乡镇	耕地面积（hm²）	不适宜耕地面积（hm²）	占不适宜耕地面积比例（%）	占乡镇耕地面积比例（%）
七星泡镇	28 260.00	23 735.36	40.48	83.99
夹信子镇	12 210.00	7 588.74	12.94	62.15
青原镇	19 890.00	7 200.29	12.28	36.20
宝清镇	19 580.00	5 786.64	9.87	29.55
小城子镇	7 690.00	5 598.01	9.55	72.80
万金山乡	10 990.00	3 377.18	5.76	30.73
龙头镇	6 580.00	2 505.14	4.27	38.07
朝阳乡	13 410.00	1 569.23	2.68	11.70
七星河乡	10 710.00	1 219.19	2.08	11.38
尖山子乡	18 230.00	58.97	0.10	0.32

2. 不适宜耕地土壤养分

不适宜水稻种植区耕层土壤有机质含量平均值为 25.06 ~ 46.15g/kg，最高值出现在小城子镇和朝阳乡附近（最高值超过 50g/kg），最低值出现在七星泡镇附近（最低值小于 20g/kg），见表 2 - 6 - 26。

表 2 - 6 - 26　不适宜耕地土壤有机质含量　　　　　　　　单位：g/kg

乡镇名	最高值	最低值	平均值	标准差
朝阳乡	53.6	31.0	46.15	5.52
小城子镇	55.6	35.9	43.71	4.93
龙头镇	47.7	35.5	42.31	3.14
尖山子乡	45.3	37.9	41.78	2.92
宝清镇	46.9	33.3	39.62	2.78
万金山乡	46.2	33.6	38.35	3.42
七星河乡	37.6	31.0	34.96	2.68
青原镇	40.6	27.1	34.23	2.52
夹信子镇	43.3	24.4	30.86	4.09
七星泡镇	34.2	16.0	25.06	2.82

不适宜水稻种植区耕层土壤有效磷含量平均值为 21.4 ~ 44.8mg/kg，最高值出现在夹信子镇附近（最高值超过 72mg/kg），最低值出现在万金山乡附近（最低值仅为 14.3mg/kg），见表 2 - 6 - 27。

表 2 - 6 - 27　不适宜耕地土壤有效磷含量　　　　　　　　单位：mg/kg

乡镇名	最高值	最低值	平均值	标准差
夹信子镇	72.9	25.5	44.86	8.25
龙头镇	56.1	32.1	41.75	3.90
朝阳乡	52.6	23.3	35.17	5.82
青原镇	55.5	18.7	34.58	9.29
小城子镇	55.1	10.5	33.00	11.6
七星泡镇	42.8	19.6	31.70	4.59
尖山子乡	30.5	26.5	29.13	1.49
宝清镇	47.1	15.2	28.99	7.53
七星河乡	26.9	18.0	22.47	3.64
万金山乡	35.7	14.3	21.41	4.83

水稻不适宜耕地区耕层土壤速效钾含量平均值为 129.03 ~ 233.88mg/kg，最高值出现在七

星泡镇附近（最高值超过 400mg/kg），最低值出现在小城子镇附近（最低值不到 100mg/kg），见表 2-6-28。

表 2-6-28　不适宜耕地土壤速效钾含量表　　　　　　单位：mg/kg

乡镇名	最高值	最低值	平均值	标准差
七星泡镇	405	123	233.88	36.53
七星河乡	230	216	225.00	5.77
夹信子镇	331	148	207.83	42.74
宝清镇	295	113	205.36	38.39
尖山子乡	202	161	180.83	16.73
龙头镇	288	127	177.17	30.12
青原镇	230	113	167.29	22.95
朝阳乡	224	128	151.74	24.37
万金山乡	204	116	145.08	22.08
小城子镇	232	87	129.03	29.99

水稻不适宜耕地耕层土壤 pH 平均值为 5.76~7.1，最高值出现在七星河乡附近，最低值出现在万金山乡和宝清镇附近，见表 2-6-29。

表 2-6-29　不适宜耕地土壤 pH

乡镇名	最高值	最低值	平均值	标准差
七星河乡	7.3	6.8	7.10	0.17
七星泡镇	6.9	5.6	6.39	0.25
小城子镇	6.4	5.8	6.10	0.12
青原镇	6.8	5.7	6.03	0.19
夹信子镇	6.5	5.6	6.00	0.14
龙头镇	6.3	5.8	5.95	0.13
朝阳乡	6.1	5.6	5.87	0.12
宝清镇	6.4	5.5	5.86	0.23
尖山子乡	6.0	5.6	5.80	0.14
万金山乡	6.2	5.5	5.76	0.15

不适宜种植水稻的区域，耕地坡度平均值为 0.74°~6.7°，最高值出现在小城子镇附近，有的区域坡度达到了 15°。坡度大于 5°的应该考虑种植树木或其他。不适宜水稻种植区整体坡度值都偏高。

不适宜水稻种植区几乎没有灌溉能力，从全县整体来讲可能更适合安排其他作物或者植树造林。

第二节　大豆种植适宜性评价

　　宝清县是粮食生产大县，总耕地面积 14.76 万 hm^2，其中，大豆历年播种面积 7.3 万 hm^2，占全县总耕地面积的 46.2%，是黑龙江省主要的大豆生产基地县之一。宝清县自然状态好、生态环境优越、环境污染程度低、土质肥沃、地势平坦、光照资源丰富、土质肥沃、有机质含量较高，且农作物生育期间雨量充沛，很适合大豆种植，是生产绿色大豆的理想之处。

　　大豆适宜性评价利用了 2008 年土壤采样和化验分析数据，共采集样点 2 690 个，同时进行了田间调查和统计数据的收集。

一、大豆评价指标的选择和权重

　　大豆种植和产量的主要限制因素是气候条件、土壤、水资源状况、生物性条件（如种子、虫害等）和社会经济条件，以及增加大豆单产途径的新的耕作技术、综合作物管理、养分管理以及灌溉农业中水资源的有效利用。

（一）大豆适宜性评价的指标

　　根据大豆生长对土壤和自然环境条件的需求，我们在选择评价因素时，依据以下原则因地制宜地进行了选择，诸如选取的因子对耕地地力有较大影响；选取的因子在评价区域内的变异较大，便于划分等级；同时必须注意因子的稳定性和对当前生产密切相关的因素。宝清县大豆适宜性评价指标根据影响大豆种植的主要因子，选定评价指标为 6 项：有机质、有效磷、排涝能力、速效钾、坡度和 pH，各指标的隶属度如下。

　　1. 有机质

　　土壤有机质的高低是评价土壤肥力高低的重要指标之一。首先，它是植物养分的来源，在有机质分解过程中将逐步地释放出植物生长需要的氮、磷和硫等营养元素；其次，有机质能改善土壤结构性能以及生物学和物理、化学性质。通常在其他条件相似的情况下，在一定含量范围内，有机质含量的多少反映了土壤肥力水平的高低。土壤有机质的含量越高，专家给出的分值越高，属于戒上型函数，见表 2-6-30。

表 2-6-30　专家对土壤有机质给出的隶属度评价值

有机质（g/kg）	20	30	40	50	60	80
专家评价值	0.5	0.65	0.7	0.85	0.9	1

　　2. 有效磷

　　一般情况下在一定的范围内，专家目前认为有效磷越多越好，属于戒上型函数，见表 2-6-31。

表 2 - 6 - 31   专家对土壤有效磷给出的隶属度评价值

有效磷（mg/kg）	10	15	20	30	35	40	45	50	60
专家评价值	0.4	0.45	0.55	0.7	0.75	0.8	0.85	0.95	1

3. 速效钾

在氮、磷、钾 3 个元素中，钾在自然界的活跃程度远不如氮，钾几乎不进入大气，不能形成有机态。但钾较磷易于在环境中迁移流动，因此，在某种意义上钾在自然界的活跃程度可超过磷。尽管如此，钾在农业系统中的循环过程依然十分简单。专家给钾的分值为越高越好，属于戒上型函数，见表 2 - 6 - 32。

表 2 - 6 - 32   专家对土壤速效钾给出的隶属度评价值

速效钾（mg/kg）	100	120	150	180	200	250	300
专家评价值	0.5	0.55	0.65	0.75	0.85	0.9	1

4. 坡度

坡度对作物生长和地力的影响是非常重要的，坡度过大极易造成水土流失，破坏耕地质量，一般来讲平地较好，但对有些降水偏多的地方略有坡度对排水更加有利。专家给出的坡度评估值见表 2 - 6 - 33，属于负直线型函数。

表 2 - 6 - 33   专家对坡度给出的隶属度评价值

坡度	0°	1°	2°	3°	4°	5°	6°	7°
专家评价值	1	1	0.9	0.8	0.7	0.6	0.5	0.4

5. 排涝能力

宝清县目前大豆种植区域中农田低洼地所占比例较大，有无排涝能力是大豆生产的关键指标（表 2 - 6 - 34）。

表 2 - 6 - 34   专家对排涝能力给出的隶属度评价值

排涝能力	1	2	3	4	5
专家评价值	0.3	0.5	0.7	0.85	1.0

6. pH

pH 是评价土壤酸碱度的重要指标之一。对作物生长至关重要，影响土壤各种养分的转化和吸收，对大多数作物来讲偏酸和偏碱都会对作物生长不利。所以，pH 符合峰性函数模型，见表 2 - 6 - 35。

表 2 - 6 - 35　专家对土壤 pH 给出的隶属度评价值

pH	5.5	6	6.5	7	7.5	8
专家评价值	0.6	0.8	0.95	1	0.95	0.7

（二）评价指标权重

以上指标确定后，通过隶属函数模型的拟合，以及层次分析法确定各指标的权重，即确定每个评价因素对耕地地力影响大小。根据层次化目标，A 层为目标层，即宝清县大豆适宜性评价；B 层为准则层；C 层为指标层。然后，通过求各判断矩阵的特征向量求得准则层和指标层的权重系数，从而求得每个评价指标对耕地地力的权重，见图 2 - 6 - 2。其中，准则层权重的排序为有机质 > 有效磷 > 排水能力 > 速效钾 > 坡度 > pH。

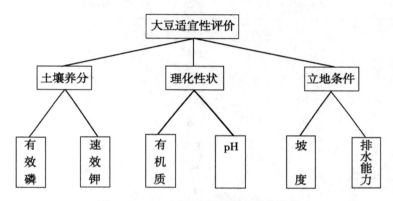

图 2 - 6 - 2　大豆适宜性评价层次模型

对大豆适宜性评价根据隶属函数和层次分析模型进行计算和分析。

二、大豆适宜性评价结果分析

大豆适宜性评价同样采用累加法计算各评价单元综合适宜性指数，通过计算得出宝清县大豆适宜性评价划分为 4 个等级（表 2 - 6 - 36），高度适宜属于高产田面积为 16 348.24hm²，占宝清县总耕地面积的 13.15%；适宜属于中产田面积为 80 718.72hm²，占宝清县总耕地面积的 55.42%；勉强适宜属于低产田面积为 37 653.28hm²，占宝清县总耕地面积的 23.31%；不适宜耕地面积为 12 829.76hm²，占宝清县总耕地面积的 8.13%。各乡镇大豆适宜性耕地地块数见表 2 - 6 - 37。

表 2 - 6 - 36　大豆的适宜性评价结果

适宜性	地块数	面积（hm²）	占全县耕地面积比例（%）
高度适宜	242	16 348.24	13.15
适宜	1 439	80 718.72	55.42

（续表）

适宜性	地块数	面积（hm²）	占全县耕地面积比例（%）
勉强适宜	716	37 653.28	23.31
不适宜	286	12 829.76	8.13

从适宜性等级的分布特征来看，等级的高低与地形部位、土壤类型及养分等密切相关。高中产区域主要集中在中部，行政区域包括宝清县、朝阳乡、夹信子镇、尖山子乡、龙头镇、青原镇、万金山乡，其中，尖山子乡高度适宜耕地面积最大（表2-6-38）。

表2-6-37　各乡镇大豆适宜性耕地地块数

乡镇名称	高度适宜	适宜	勉强适宜	不适宜
宝清镇	6	233	63	22
朝阳乡	63	214	5	0
夹信子镇	29	247	69	17
尖山子乡	30	163	1	0
龙头镇	89	126	40	7
七星河乡	0	52	7	0
七星泡镇	0	25	263	157
青原镇	13	137	52	0
万金山乡	12	137	104	8
小城子镇	0	105	112	75

表2-6-38　各乡镇大豆适宜性耕地面积　　　　　单位：hm²

乡镇名称	高度适宜	适宜	勉强适宜	不适宜
宝清镇	367.52	15 105.98	2 831.42	1 275.07
朝阳乡	3 513.04	9 872.21	24.75	0
夹信子镇	1 229.10	6 549.24	3 266.78	1 164.88
尖山子乡	6 467.10	11 742.86	20.03	0
龙头镇	2 129.45	3 659.11	643.68	147.76
七星河乡	0	10 316.64	393.36	0
七星泡镇	0	1 255.72	18 360.95	8 643.33
青原镇	1 932.24	11 985.07	5 972.68	0
万金山乡	709.78	6 298.72	3 956.80	24.69
小城子镇	0	3 933.16	2 182.81	1 574.03

下面对大豆适宜性评价的不同等级分别进行讨论和分析。

（一）大豆种植高度适宜耕地区

1. 面积与分布（表2-6-39）

大豆高度适宜耕地面积16 348.24hm²，占全县总面积13.15%，主要分布在朝阳乡、夹信子镇、尖山子乡、龙头镇、青原镇。超过千公顷的有7个乡镇，除七星河乡和七星泡镇之外，各乡镇均有分布。其中，尖山子乡高度适宜耕地面积最大。尖山子乡是宝清县大豆种植的重点乡镇，大豆种植面积达4 000多公顷。

表2-6-39 各乡镇大豆高度适宜耕地面积分布

乡镇	耕地面积（hm²）	高度适宜耕地面积（hm²）	占高度适宜耕地面积比例（%）	占乡镇耕地面积比例（%）
宝清镇	19 580.00	367.52	2.25	1.88
朝阳乡	13 410.00	3 513.04	21.49	26.20
夹信子镇	12 210.00	1 229.10	7.52	10.07
尖山子乡	18 230.00	6 467.10	39.56	35.48
龙头镇	6 580.00	2 129.45	13.03	32.36
七星河乡	10 710.00	0	0	0
七星泡镇	28 260.00	0	0	0
青原镇	19 890.00	1 932.24	11.82	9.71
万金山乡	10 990.00	709.78	4.34	6.46
小城子镇	7 690.00	0	0	0

2. 高度适宜耕地土壤养分

高度适宜种植大豆的耕地区，耕层土壤养分含量较丰富，土壤质地适宜，排涝能力强。有机质含量较高，平均值为40.20~68.22g/kg，种植大豆产量高，见表2-6-40。

表2-6-40 高度适宜耕地土壤有机质含量 单位：g/kg

乡镇名	最高值	最低值	平均值	标准差
宝清镇	43.4	38.3	40.20	2.00
朝阳乡	85.5	36.4	68.22	11.42
夹信子镇	46.6	35.3	41.33	3.37
尖山子乡	77.2	34.5	66.78	8.40
龙头镇	86.4	42.6	50.38	8.24
青原镇	62.2	33.2	40.75	10.78
万金山乡	49.3	38.2	44.58	4.10

土壤有效磷在高度适宜耕地区平均含量变化为37.79~85.43mg/kg，以夹信子镇附近平

均有效磷含量最高，最高值大于 130mg/kg，见表 2 - 6 - 41。

表 2 - 6 - 41　高度适宜耕地土壤有效磷含量　　　　单位：mg/kg

乡镇名	最高值	最低值	平均值	标准差
宝清镇	47.9	39.5	43.13	3.26
朝阳乡	70.2	29.9	40.34	8.27
夹信子镇	132.1	52.4	85.43	25.74
尖山子乡	59.1	23.4	37.79	9.30
龙头镇	62.9	40.7	49.34	4.71
青原镇	63.3	27.1	51.26	12.64
万金山乡	75.3	37.4	52.58	14.37

速效钾在高度适宜耕地区平均含量变化为 107.4 ~ 385.58mg/kg，以万金山乡附近平均含量最高，最高值大于 500mg/kg，见表 2 - 6 - 42。

表 2 - 6 - 42　高度适宜耕地土壤速效钾含量　　　　单位：mg/kg

乡镇名	最高值	最低值	平均值	标准差
宝清镇	251	200	230.50	21.36
朝阳乡	256	81	107.40	49.55
夹信子镇	454	222	307.14	58.82
尖山子乡	308	154	190.70	29.22
龙头镇	359	183	247.21	28.77
青原镇	304	137	224.62	55.34
万金山乡	536	288	385.58	99.80

pH 在高度适宜耕地区平均值变化为 5.97 ~ 6.69，偏酸性。以万金山乡附近平均值最高，为 6.69，见表 2 - 6 - 43。

表 2 - 6 - 43　高度适宜耕地土壤 pH

乡镇名	最高值	最低值	平均值	标准差
宝清镇	6.3	5.9	6.05	0.14
朝阳乡	6.6	5.8	6.16	0.18
夹信子镇	7.2	6.1	6.49	0.27
尖山子乡	6.4	5.6	5.97	0.23
龙头镇	6.5	5.8	6.11	0.17
青原镇	6.2	5.8	5.98	0.17
万金山乡	7.4	6.3	6.69	0.38

总体上讲，高度适宜耕地区农田基础设施配套，排涝能力较强，地势高岗，土壤养分和其他条件都较好。

（二）大豆种植适宜耕地区

1. 面积与分布

大豆适宜耕地面积 80 718.72hm²，占全县总面积 55.42% 左右，各乡都有分布。按面积大小排序为宝清镇 > 青原镇 > 尖山子乡 > 七星河乡 > 朝阳乡 > 夹信子镇 > 万金山乡 > 小城子镇 > 龙头镇 > 七星泡镇，见表 2 - 6 - 44。

表 2 - 6 - 44　各乡镇大豆适宜耕地面积分布

乡镇	耕地面积（hm²）	适宜耕地面积（hm²）	占适宜耕地面积比例（%）	占乡镇耕地面积比例（%）
宝清镇	19 580.00	15 105.98	18.71	77.15
朝阳乡	13 410.00	9 872.21	12.23	73.62
夹信子镇	12 210.00	6 549.24	8.11	53.64
尖山子乡	18 230.00	11 742.86	14.55	64.42
龙头镇	6 580.00	3 659.11	4.53	55.61
七星河乡	10 710.00	10 316.64	12.78	96.33
七星泡镇	28 260.00	1 255.72	1.56	4.44
青原镇	19 890.00	11 985.07	14.85	60.26
万金山乡	10 990.00	6 298.72	7.80	57.31
小城子镇	7 690.00	3 933.16	4.87	51.15

2. 适宜耕地土壤养分

大豆适宜耕地耕层土壤养分含量也较丰富，土壤质地较适宜，排灌能力较强。有机质含量平均值为 27.31 ~ 64.64g/kg。尖山子乡、朝阳乡、青原镇、龙头镇都有高值出现。平均值最高在尖山子乡附近区域，平均值超过 60g/kg，见表 2 - 6 - 45。

表 2 - 6 - 45　适宜耕地土壤有机质含量　　　　　　　　　单位：g/kg

乡镇名	最高值	最低值	平均值	标准差
宝清镇	47.5	33.6	40.60	2.96
朝阳乡	83.5	29.3	52.95	11.15
夹信子镇	44.2	24.4	32.40	4.47
尖山子乡	78.6	33.4	64.64	10.68
龙头镇	61.2	36.3	44.25	4.15
七星河乡	44.1	28.1	35.19	4.11
七星泡镇	33.3	23.4	27.31	2.44

（续表）

乡镇名	最高值	最低值	平均值	标准差
青原镇	66.7	26.6	36.27	7.28
万金山乡	54.1	27.7	45.21	5.44
小城子镇	55.8	36.3	44.38	4.22

大豆适宜耕地土壤有效磷含量平均值为 24.25～50.3mg/kg。最高平均值在夹信子镇附近区域。同时，夹信子镇也有最高值，最高值大于 100mg/kg，应在施肥上注意施肥方法和数量，见表 2-6-46。

表 2-6-46　适宜耕地土壤有效磷含量　　　　　　单位：mg/kg

乡镇名	最高值	最低值	平均值	标准差
宝清镇	47.3	15.2	34.32	7.44
朝阳乡	57.1	26.8	36.66	5.94
夹信子镇	112.3	21.6	50.30	13.67
尖山子乡	46.6	9.9	24.25	5.86
龙头镇	60.9	32.1	44.86	5.60
七星河乡	54.2	18.9	30.23	9.31
七星泡镇	43.0	29.2	38.28	3.83
青原镇	56.1	18.5	39.35	9.28
万金山乡	59.6	11.5	28.35	10.39
小城子镇	55.1	24.5	37.58	7.73

大豆适宜耕地土壤速效钾含量平均值为 144.86～275.92mg/kg。最高平均值在七星河乡附近区域。在小城子镇附近区域平均值含量较低，应注意增施钾肥，见表 2-6-47。

表 2-6-47　适宜耕地土壤速效钾含量　　　　　　单位：mg/kg

乡镇名	最高值	最低值	平均值	标准差
宝清镇	403	132	224.48	46.68
朝阳乡	240	81	164.36	44.30
夹信子镇	373	148	229.86	42.48
尖山子乡	292	121	178.72	30.09
龙头镇	342	127	208.65	40.74
七星河乡	346	216	275.92	42.73
七星泡镇	420	218	259.28	38.56

（续表）

乡镇名	最高值	最低值	平均值	标准差
青原镇	309	113	202.96	42.01
万金山乡	463	136	233.36	58.89
小城子镇	265	87	144.86	47.02

大豆适宜耕地土壤 pH 含量平均值为 5.98 ~ 6.85，偏酸性。最高平均值在七星河乡附近区域。见表 2 - 6 - 48。

表 2 - 6 - 48　适宜耕地土壤 pH

乡镇名	最高值	最低值	平均值	标准差
宝清镇	6.9	5.5	6.06	0.26
朝阳乡	6.6	5.6	6.08	0.20
夹信子镇	6.9	5.6	6.07	0.13
尖山子乡	6.5	5.6	6.08	0.20
龙头镇	6.3	5.8	5.98	0.14
七星河乡	8.0	6.3	6.85	0.33
七星泡镇	6.8	5.7	6.27	0.31
青原镇	6.8	5.6	6.00	0.22
万金山乡	7.3	5.6	6.23	0.39
小城子镇	6.4	5.8	6.12	0.12

大豆适宜耕地土壤状态比较好，地面坡度稍大，排涝能力稍差，与高度适宜区相比，大豆适宜耕地区土壤养分等综合指标分值相对较低。

（三）大豆种植勉强适宜耕地区

1. 面积与分布

大豆勉强适宜耕地面积 37 653.28hm²，占全县总面积 23.31%，各县均有分布，主要分布在七星泡镇、青原镇、万金山乡、夹信子镇、宝清镇、小城子镇等地，见表 2 - 6 - 49。

表 2 - 6 - 49　各乡（镇）大豆勉强适宜耕地面积分布

乡镇	耕地面积（hm²）	勉强适宜耕地面积（hm²）	占勉强适宜耕地面积比例（%）	占乡镇耕地面积比例（%）
宝清镇	19 580.00	2 831.42	7.52	14.46
朝阳乡	13 410.00	24.75	0.07	0.18
夹信子镇	12 210.00	3 266.78	8.68	26.75
尖山子乡	18 230.00	20.03	0.05	0.11

（续表）

乡镇	耕地面积 （hm²）	勉强适宜耕地 面积（hm²）	占勉强适宜耕地 面积比例（%）	占乡镇耕地面积 比例（%）
龙头镇	6 580.00	643.68	1.71	9.78
七星河乡	10 710.00	393.36	1.04	3.67
七星泡镇	28 260.00	18 360.95	48.76	64.97
青原镇	19 890.00	5 972.68	15.86	30.03
万金山乡	10 990.00	3 956.80	10.51	36.00
小城子镇	7 690.00	2 182.81	5.80	28.39

2. 勉强适宜耕地土壤养分

大豆勉强适宜耕地土壤有机质含量平均为 25.52~43.72g/kg，平均最高值出现在朝阳乡附近（最高值超过 40g/kg），最低平均值出现在七星泡镇附近（最低值小于 25g/kg），见表 2-6-50。

表 2-6-50 勉强适宜耕地土壤有机质含量　　单位：g/kg

乡镇名	最高值	最低值	平均值	标准差
宝清镇	44.8	33.3	39.25	2.76
朝阳乡	47.6	39.4	43.72	3.47
夹信子镇	38.8	24.5	30.60	4.18
尖山子乡	37.9	37.9	37.90	0
龙头镇	46.7	35.5	42.26	3.37
七星河乡	31.7	29.9	30.91	0.53
七星泡镇	34.2	16.3	25.52	2.71
青原镇	41.1	27.1	34.90	2.79
万金山乡	52.2	27.3	39.08	4.29
小城子镇	55.6	35.7	42.62	4.82

大豆勉强适宜耕地土壤有效磷含量平均为 19.41~43.1mg/kg，最高值出现在夹信子镇附近（最高值超过 65mg/kg），最低值出现在七星河乡附近（最低值小于 18mg/kg），见表 2-6-51。

表 2-6-51 勉强适宜耕地土壤有效磷含量　　单位：mg/kg

乡镇名	最高值	最低值	平均值	标准差
宝清镇	47.1	17.6	26.46	6.75
朝阳乡	55.1	23.3	32.20	13.12

（续表）

乡镇名	最高值	最低值	平均值	标准差
夹信子镇	67.1	30.4	43.10	8.16
尖山子乡	26.5	26.5	26.50	0
龙头镇	46.3	36.4	40.66	2.63
七星河乡	21.5	18.0	19.41	1.07
七星泡镇	42.8	21.5	32.41	4.43
青原镇	51.1	17.2	27.77	6.45
万金山乡	43.7	11.3	21.44	5.49
小城子镇	52.1	10.5	32.92	11.43

大豆勉强适宜耕地土壤速效钾含量平均为 145.13～236.37mg/kg，最高值出现在七星泡镇附近（最高值大于 400mg/kg），最低值出现在小城子镇附近（最低值小于 88mg/kg），见表 2-6-52。

表 2-6-52　勉强适宜耕地土壤速效钾含量　　　　单位：mg/kg

乡镇名	最高值	最低值	平均值	标准差
宝清镇	295	113	199.30	42.43
朝阳乡	223	128	154.20	39.39
夹信子镇	249	148	192.87	24.11
尖山子乡	161	161	161.00	0
龙头镇	215	131	167.33	22.68
七星河乡	232	216	223.57	6.78
七星泡镇	405	125	236.37	35.04
青原镇	212	117	169.79	25.68
万金山乡	224	117	153.80	25.25
小城子镇	232	88	145.13	36.90

大豆勉强适宜耕地土壤 pH 平均值为 5.6～7.29，变化较大。最高值出现在七星河乡附近，最低值出现在宝清镇、万金山乡附近，见表 2-6-53。

表 2-6-53　勉强适宜耕地土壤 pH

乡镇名	最高值	最低值	平均值	标准差
宝清镇	6.4	5.5	5.83	0.25
朝阳乡	6.5	5.7	5.98	0.31

（续表）

乡镇名	最高值	最低值	平均值	标准差
夹信子镇	6.5	5.6	6.00	0.15
尖山子乡	5.6	5.6	5.60	0
龙头镇	6.2	5.8	5.97	0.09
七星河乡	7.5	7.0	7.29	0.16
七星泡镇	6.9	5.6	6.29	0.34
青原镇	6.8	5.8	6.15	0.22
万金山乡	6.3	5.5	5.82	0.18
小城子镇	6.4	5.8	6.07	0.14

在排涝能力和坡度方面，大豆勉强适宜耕地整体排涝能力差，坡度变化大，综合打分值更低。

（四）大豆种植不适宜耕地区

1. 面积与分布

大豆不适宜耕地面积 12 829.76hm²，占全县总面积约为 8.13%，各乡均有分布，面积最大区域在七星泡镇，见表 2 - 6 - 54。

表 2 - 6 - 54 各乡镇大豆不适宜耕地面积分布

乡镇	耕地面积（hm²）	不适宜耕地面积（hm²）	占不适宜耕地面积比例（%）	占乡镇耕地面积比例（%）
宝清镇	19 580.00	1 275.07	9.94	6.51
夹信子镇	12 210.00	1 164.88	9.08	9.54
龙头镇	6 580.00	147.76	1.15	2.25
七星泡镇	28 260.00	8 643.33	67.37	30.59
万金山乡	10 990.00	24.69	0.19	0.22
小城子镇	7 690.00	1 574.03	12.27	20.47

2. 不适宜耕地土壤养分

大豆不适宜耕地耕层土壤有机质含量平均值为 23.1～40.12g/kg，最高值出现在小城子镇附近。最低值出现在七星泡镇附近，见表 2 - 6 - 55。

表 2 - 6 - 55 不适宜耕地土壤有机质含量   单位：g/kg

乡镇名	最高值	最低值	平均值	标准差
宝清镇	43.9	35.7	39.47	2.19
夹信子镇	43.3	25.4	32.09	4.83

（续表）

乡镇名	最高值	最低值	平均值	标准差
龙头镇	39.3	37.1	38.60	0.85
七星泡镇	30.0	15.1	23.10	3.37
万金山乡	40.0	34.5	36.00	1.80
小城子镇	51.0	35.7	40.12	5.11

大豆不适宜耕地耕层土壤有效磷含量平均值为 17.55~41.86mg/kg，最高值出现在朝阳乡附近，最低值出现在小城子镇附近，见表 2-6-56。

表 2-6-56　不适宜耕地土壤有效磷含量　　　　　　　单位：mg/kg

乡镇名	最高值	最低值	平均值	标准差
宝清镇	37.0	20.6	25.85	4.13
朝阳乡	49.1	36.1	41.86	3.68
龙头镇	39.7	36.5	38.16	1.33
七星泡镇	41.3	19.6	28.11	3.76
万金山乡	21.3	15.9	17.55	2.25
小城子镇	42.8	10.6	21.81	8.32

大豆不适宜耕地耕层土壤速效钾含量平均值为 125.5~225.39mg/kg，最高值出现在七星泡镇附近，最低值出现在小城子镇附近，见表 2-6-57。

表 2-6-57　不适宜耕地土壤速效钾含量　　　　　　　单位：mg/kg

乡镇名	最高值	最低值	平均值	标准差
宝清镇	241	154	204.82	26.00
夹信子镇	223	152	187.41	27.43
龙头镇	161	139	147.00	7.39
七星泡镇	296	123	225.39	33.95
万金山乡	148	116	125.50	13.55
小城子镇	200	92	134.80	28.33

大豆不适宜耕地耕层土壤 pH 平均值为 5.7~6.41，最高值出现在七星泡镇附近，最低值出现在万金山乡和宝清镇附近，见表 2-6-58。

表 2 - 6 - 58　不适宜耕地土壤 pH

乡镇名	最高值	最低值	平均值	标准差
宝清镇	6.2	5.5	5.75	0.25
夹信子镇	6.1	5.7	5.96	0.13
龙头镇	6.1	5.9	5.99	0.07
七星泡镇	6.8	5.9	6.41	0.17
万金山乡	5.8	5.5	5.70	0.13
小城子镇	6.4	5.8	6.03	0.09

大豆不适宜耕地灌溉能力更差，地面坡度最大。大豆适宜性评价得出的不同适宜程度分布区，可以为宝清县大豆合理种植计划提供一个比较科学的参考依据，为农业生产合理布局提供科学的定量化的决策方案。

第三节　玉米种植适宜性评价

一、玉米评价指标的选择和权重

玉米种植和产量的主要限制因素是气候条件、土壤、生物性条件（如种子、虫害等）和社会经济条件，以及增加玉米单产途径的新的耕作技术、综合作物管理、养分管理。

（一）玉米适宜性评价的指标

根据玉米生长对土壤和自然环境条件的需求，我们在选择评价因素时，依据以下原则因地制宜地进行了选择，诸如：选取的因子对耕地地力有较大影响；选取的因子在评价区域内的变异较大，便于划分等级；同时必须注意因子的稳定性和对当前生产密切相关的因素。宝清县玉米适宜性评价指标根据当地对玉米种植的主要影响因素，选定 36 项评价指标，包括有机质、有效磷、速效钾、排涝能力和质地，各指标的隶属度如下。

1. 有机质

土壤有机质的含量是评价土壤肥力高低的重要指标之一，是植物养分的给源，在有机质分解过程中将逐步释放出植物生长需要的氮、磷和硫等营养元素；其次，有机质能改善土壤结构性能以及生物学和物理性质、化学性质。通常在其他条件相似的情况下，在一定含量范围内，有机质含量的多少反映了土壤肥力水平的高低。土壤有机质的含量越高，专家给出的分值越高（表 2 - 6 - 59）。

表 2 - 6 - 59　专家对土壤有机质给出的隶属度评价值

有机质（g/kg）	20	30	40	50	60	80
专家评价值	0.5	0.65	0.7	0.85	0.9	1

2. 速效钾

专家给钾的分值为越高越好（表2-6-60），属于戒上型函数。

表2-6-60 专家对土壤速效钾给出的隶属度评价值

速效钾（mg/kg）	100	120	150	180	200	250	300
专家评价值	0.5	0.55	0.65	0.75	0.85	0.9	1

3. 有效磷

磷在农业系统中的迁移循环过程十分简单。它远不如氮那么活跃和难以控制。一般情况下，在一定的范围内，目前专家认为有效磷越多越好（表2-6-61），属于戒上型函数。

表2-6-61 专家对土壤有效磷给出的隶属度评价值

有效磷（mg/kg）	10	15	20	30	35	40	45	50	60
专家评价值	0.4	0.45	0.55	0.7	0.75	0.8	0.85	0.95	1

4. 全氮

全氮对耕地地力的影响非常重要，目前农民施氮肥越来越多，对土壤氮素含量也有较大影响，因此要作为评价指标（表2-6-62）。

表2-6-62 专家对土壤全氮给出的隶属度评价值

全氮（g/kg）	1	1.5	2	2.5	3	3.5	4	5
专家评价值	0.4	0.5	0.65	0.7	0.75	0.8	0.9	1

5. 土壤质地

土壤质地是指土壤中各种粒径土粒的组合比例关系，也被称为机械组成，根据机械组成的近似性，划分为若干类别，称之为质地类型。专家对质地给出的隶属度评价值见表2-6-63。

表2-6-63 专家对质地给出的隶属度评价值

土壤质地	中壤	轻壤	黏壤	沙壤
专家评价值	1	0.9	0.8	0.6

6. 排涝能力

宝清目前玉米田面积不断增大，排涝能力也是玉米生产的关键指标（表2-6-64）。

表2-6-64 专家对排涝力给出的隶属度评价值

排水能力	1	2	3	4	5
专家评价值	0.3	0.5	0.7	0.85	1.0

7. 灌溉能力

灌溉能力是作物丰产的关键指标（表2-6-65）。

表2-6-65　专家对灌溉能力给出的隶属度评价值

灌溉条件	很差	较差	一般	好	很好
专家评价值	0.1	0.4	0.7	0.8	1

（二）评价指标权重

以上指标确定后，通过隶属函数模型的拟合以及层次分析法确定各指标的权重，即确定每个评价因素对耕地地力影响大小。根据层次化目标（图2-6-3），A层为目标层，即玉米适宜性评价层次分析；B层为准则层；C层为指标层。然后，通过求各判断矩阵的特征向量求得准则层和指标层的权重系数，从而求得每个评价指标对耕地地力的权重。其中，准则层权重的排序为有机质＞速效钾＞质地＞速效磷＞全氮＞排涝能力＞灌溉能力。

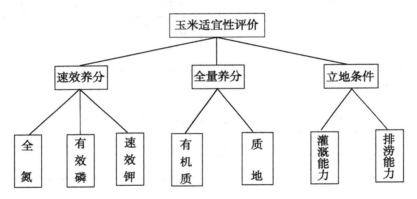

图2-6-3　玉米适应性评价层次分析模型

二、玉米适宜性评价结果分析

对玉米田影响同样采用累加法计算各评价单元综合适宜性指数，通过计算将宝清县玉米适宜性评价划分为4个等级：高度适宜属于高产田面积为11 794.86hm²，占宝清县总耕地面积的7.99%；适宜属于中产田面积为103 247.98hm²，占宝清县总耕地面积的69.97%；勉强适宜属于低产田面积为22 918.19hm²，占宝清县总耕地面积的15.53%；不适宜耕地面积面积为9 588.97hm²，占宝清县总耕地面积的6.50%。

各乡镇玉米不同适宜性种植面积见表2-6-66。

表2-6-66　各乡镇玉米不同适宜性种植面积统计　　　　　单位：hm²

乡镇	高度适宜	适宜	勉强适宜	不适宜
宝清镇	0	17 187.37	1 791.21	601.42

（续表）

乡镇	高度适宜	适宜	勉强适宜	不适宜
朝阳乡	0	11 143.20	1 720.90	545.90
夹信子镇	691.14	7 103.48	3 142.18	1 273.20
尖山子乡	8 279.07	9 950.93	0	0
龙头镇	2 824.64	3 685.72	60.19	9.44
七星河乡	0	6 572.06	4 137.94	0
七星泡镇	0	20 802.97	5 706.58	1 750.46
青原镇	0	16 147.63	2 085.80	1 656.57
万金山乡	0	7 547.34	1 252.49	2 190.17
小城子镇	0	3 107.29	3 020.89	1 561.82

从玉米不同适宜性耕地的分布特点来看，适宜性等级的高低与地形部位、土壤类型及土壤质地密切相关。高中产田耕地主要集中在尖山子乡和龙头镇、宝清镇、青原镇、七星泡镇、朝阳等乡镇，这一地区土壤类型以黑土、草甸土为主，地势较缓，坡度一般不超过3°；低产田则主要分布于七星河乡、万金山乡、小城子镇、夹信子等乡镇。土壤类型主要是黑钙土、沙土和草甸土，地势较陡，坡度一般大于5°。各乡镇在4个等级中所占的比例见表2-6-66。其中：尖山子乡高度适宜面积最大，为8 279.07hm²；七星泡镇适宜面积最大，为20 802.97hm²。

下面对玉米不同适宜性耕地分别进行讨论。

（一）玉米种植高度适宜耕地

1. 面积与分布

玉米高度适宜耕地面积为11 794.86hm²，占全县总面积的7.99%，主要分布在夹信子镇、尖山子乡、龙头镇（表2-6-67）。其中，尖山子乡适宜耕地面积最大。尖山子乡是宝清县玉米种植的重点乡镇，10%以上的农户都采取地膜覆盖、机械收获的种植方式。

表2-6-67 各乡镇玉米高度适宜耕地面积分布

乡镇	耕地面积（hm²）	高度适宜耕地面积（hm²）	占高度适宜耕地面积比例（%）	占乡镇耕地面积比例（%）
宝清镇	19 580.00	0	0	0
朝阳乡	13 410.00	0	0	0
夹信子镇	12 210.00	691.14	5.86	5.66
尖山子乡	18 230.00	8 279.07	70.19	45.41
龙头镇	6 580.00	2 824.64	23.95	42.93
七星河乡	10 710.00	0	0	0
七星泡镇	28 260.00	0	0	0

（续表）

乡镇	耕地面积 （hm²）	高度适宜耕地 面积（hm²）	占高度适宜耕地 面积比例（%）	占乡镇耕地面积 比例（%）
青原镇	19 890.00	0	0	0
万金山乡	10 990.00	0	0	0
小城子镇	7 690.00	0	0	0

2. 高度适宜耕地土壤养分

玉米高度适宜耕地耕层土壤养分含量较丰富，土壤质地适宜，排涝能力强。有机质含量较高，平均值在 41.06 ~ 68.19g/kg，种植玉米产量高，见表 2 - 6 - 68。

表 2 - 6 - 68　高度适宜耕地土壤有机质含量　　　　单位：g/kg

乡镇名	最高值	最低值	平均值	标准差
夹信子镇	44.1	37.5	41.06	3.02
尖山子乡	77.2	56.4	68.19	6.53
龙头镇	86.4	41.0	50.02	7.70

玉米高度适宜耕地耕层土壤全氮含量较高，平均值在 2.5 ~ 3.52g/kg，见表 2 - 6 - 69。

表 2 - 6 - 69　高度适宜耕地土壤全氮含量　　　　单位：g/kg

乡镇名	最高值	最低值	平均值	标准差
夹信子镇	2.78	2.18	2.50	0.25
尖山子乡	4.42	3.01	3.52	0.37
龙头镇	3.92	2.02	2.84	0.35

有效磷在高度适宜耕地区平均含量变化为 31.29 ~ 102.5mg/kg，以夹信子镇附近有效磷平均含量最高，见表 2 - 6 - 70。

表 2 - 6 - 70　高度适宜耕地土壤有效磷含量　　　　单位：mg/kg

乡镇名	最高值	最低值	平均值	标准差
夹信子镇	132.1	71.2	102.50	24.74
尖山子乡	59.1	16.6	31.29	8.78
龙头镇	62.9	38.3	49.78	5.18

速效钾在高度适宜耕地区平均含量变化为 191.04 ~ 344.6mg/kg，以夹信子镇附近平均含量最高，见表 2 - 6 - 71。

表 2 - 6 - 71   高度适宜耕地土壤速效钾含量   单位：mg/kg

乡镇名	最高值	最低值	平均值	标准差
夹信子镇	432	279	344.60	71.16
尖山子乡	219	154	191.04	17.45
龙头镇	359	183	248.52	31.41

总体上，高度适宜耕地区农田基础设施比较配套，土壤质地好，排涝能力较强，灌溉能力能达到 30% 左右，地势较为平坦，综合评价因子分值较高。

（二）玉米种植适宜耕地

1. 面积与分布

玉米适宜耕地面积为 103 247.98 hm²，占全县总面积的 69.97% 左右，各乡都有分布。按面积大小排序为七星泡镇 > 宝清镇 > 青原镇 > 朝阳乡 > 尖山子乡 > 万金山乡 > 夹信子镇 > 七星河乡 > 龙头镇 > 小城子镇，见表 2 - 6 - 72。

表 2 - 6 - 72   各乡镇玉米适宜耕地面积分布

乡镇名	耕地面积（hm²）	适宜耕地面积（hm²）	占适宜耕地面积比例（%）	占乡镇耕地面积比例（%）
宝清镇	19 580.00	17 187.37	16.65	87.78
朝阳乡	13 410.00	11 143.20	10.79	83.10
夹信子镇	12 210.00	7 103.48	6.88	58.18
尖山子乡	18 230.00	9 950.93	9.64	54.59
龙头镇	6 580.00	3 685.72	3.57	56.01
七星河乡	10 710.00	6 572.06	6.37	61.36
七星泡镇	28 260.00	20 802.97	20.15	73.61
青原镇	19 890.00	16 147.63	15.64	81.18
万金山乡	10 990.00	7 547.34	7.31	68.67
小城子镇	7 690.00	3 107.29	3.01	40.41

2. 适宜耕地土壤养分

玉米适宜耕地耕层土壤养分含量也较丰富，土壤质地适宜。有机质含量平均值为 25.54 ~ 63.7g/kg，尖山子乡、朝阳乡、万金山乡都有高值出现，平均值最高在尖山子乡附近区域（表 2 - 6 - 73）。

表 2 - 6 - 73   适宜耕地土壤有机质含量   单位：g/kg

乡镇名	最高值	最低值	平均值	标准差
宝清镇	47.5	33.6	40.59	2.81
朝阳乡	85.5	29.3	57.82	13.12
夹信子镇	46.6	24.4	33.65	5.03

（续表）

乡镇名	最高值	最低值	平均值	标准差
尖山子乡	78.6	33.4	63.70	11.36
龙头镇	49.3	35.5	42.49	3.05
七星河乡	44.1	28.1	35.67	4.45
七星泡镇	34.2	16.1	25.54	2.58
青原镇	66.7	28.0	36.99	7.33
万金山乡	54.1	28.9	43.81	5.72
小城子镇	55.8	35.8	41.89	3.72

玉米适宜耕地土壤全氮含量平均值为 1.49~3.24g/kg，最高值达到了 4.32g/kg，在尖山子乡附近，见表 2-6-74。

表 2-6-74　适宜耕地土壤全氮含量

乡镇名	最高值	最低值	平均值	标准差
宝清镇	2.71	1.45	1.96	0.36
朝阳乡	3.49	1.76	2.58	0.31
夹信子镇	2.98	1.65	2.05	0.24
尖山子乡	4.32	1.45	3.24	0.57
龙头镇	2.86	1.92	2.31	0.23
七星河乡	1.62	1.35	1.49	0.08
七星泡镇	1.85	1.36	1.57	0.10
青原镇	3.32	1.25	1.73	0.43
万金山乡	2.68	1.41	1.96	0.35
小城子镇	3.39	1.69	2.47	0.37

玉米适宜耕地土壤有效磷含量平均值为 24.69~54mg/kg，最高平均值在夹信子镇附近区域，有效磷含量最高值也出现在夹信子镇（表 2-6-75），应在施肥上注意施肥方法和数量。

表 2-6-75　玉米适宜耕地土壤有效磷含量　　　　　单位：mg/kg

乡镇名	最高值	最低值	平均值	标准差
宝清镇	47.9	17.7	33.40	7.85
朝阳乡	70.2	23.3	37.57	7.01
夹信子镇	132.0	25.5	54.00	17.08

（续表）

乡镇名	最高值	最低值	平均值	标准差
尖山子乡	53.6	9.9	24.69	7.18
龙头镇	54.0	36.4	42.61	3.66
七星河乡	54.2	20.3	32.53	9.17
七星泡镇	43.0	19.6	32.40	4.60
青原镇	63.3	17.2	38.30	10.91
万金山乡	75.3	11.3	28.38	11.78
小城子镇	55.1	22.2	38.29	9.45

玉米适宜耕地土壤速效钾含量平均值在 153.03 ~ 288.05mg/kg，平均值最高在七星河乡附近区域；在朝阳乡附近区域含量较低，应注意增施钾肥，见表 2 – 6 – 76。

表 2 – 6 – 76　土壤速效钾含量　　　　　　　单位：mg/kg

乡镇名	最高值	最低值	平均值	标准差
宝清镇	403	132	228.27	42.49
朝阳乡	256	81	153.03	55.07
夹信子镇	454	148	236.19	48.25
尖山子乡	308	121	176.92	32.66
龙头镇	261	139	190.05	31.71
七星河乡	346	222	288.05	39.88
七星泡镇	420	165	244.55	28.40
青原镇	309	137	206.47	40.11
万金山乡	536	124	233.73	79.67
小城子镇	265	95	170.75	41.88

大豆适宜耕地区农田基础设施基本配套，排涝能力一般，灌溉能力可以达到70%左右，地面坡度变化较大，土壤养分、质地等其他综合指标分值稍低。

（三）玉米种植勉强适宜耕地

1. 面积与分布

玉米勉强适宜耕地面积为 22 918.19hm²，占全县总面积的 15.53%，各乡镇均有分布，主要分布在七星泡镇、七星河乡等地（表 2 – 6 – 77）。

表 2 - 6 - 77　　各乡镇玉米勉强适宜耕地面积分布

乡镇名	耕地面积 （hm²）	勉强适宜耕地面积 （hm²）	占勉强适宜耕地 面积比例（%）	占乡镇耕地面积 比例（%）
宝清镇	19 580.00	1 791.21	7.82	9.15
朝阳乡	13 410.00	1 720.90	7.51	12.83
夹信子镇	12 210.00	3 142.18	13.71	25.73
尖山子乡	18 230.00	0	0	0
龙头镇	6 580.00	60.19	0.26	0.91
七星河乡	10 710.00	4 137.94	18.06	38.64
七星泡镇	28 260.00	5 706.58	24.90	20.19
青原镇	19 890.00	2 085.80	9.10	10.49
万金山乡	10 990.00	1 252.49	5.47	11.40
小城子镇	7 690.00	3 020.89	13.18	39.28

2. 勉强适宜耕地土壤养分

玉米勉强适宜耕地土壤有机质平均含量在 22.5 ~ 45.89g/kg，最高值出现在朝阳乡附近，最低值出现在七星泡镇附近（表 2 - 6 - 78）。

表 2 - 6 - 78　　勉强适宜耕地土壤有机质含量　　　　单位：g/kg

乡镇名	最高值	最低值	平均值	标准差
宝清镇	41.5	33.3	37.71	1.98
朝阳乡	52.8	31.0	45.89	6.78
夹信子镇	43.1	24.5	29.65	4.02
龙头镇	46.0	43.0	44.98	1.23
七星河乡	35.8	29.9	32.44	1.76
七星泡镇	29.7	16.0	22.50	3.48
青原镇	40.6	26.6	33.46	3.62
万金山乡	53.2	28.8	41.81	5.93
小城子镇	55.4	35.7	44.34	5.13

玉米勉强适宜耕地土壤全氮平均含量在 1.51 ~ 2.54g/kg，最高值在小城子镇附近，最低值在青原镇附近（表 2 - 6 - 79）。

表 2 - 6 - 79　　勉强适宜耕地土壤全氮含量　　　　单位：g/kg

乡镇名	最高值	最低值	平均值	标准差
宝清镇	2.60	1.50	1.83	0.32
朝阳乡	2.94	1.65	2.21	0.34
夹信子镇	2.27	1.46	1.89	0.15

（续表）

乡镇名	最高值	最低值	平均值	标准差
龙头镇	2.54	2.12	2.42	0.16
七星河乡	1.60	1.40	1.51	0.05
七星泡镇	1.80	1.39	1.57	0.10
青原镇	1.73	1.26	1.52	0.12
万金山乡	2.56	1.47	1.87	0.22
小城子镇	3.10	1.70	2.54	0.30

玉米勉强适宜耕地土壤有效磷平均含量在 20.77～42.29mg/kg，最高平均值出现在夹信子镇附近，最低值出现在七星河乡附近（表 2-6-80）。

表 2-6-80　勉强适宜耕地土壤有效磷含量　　　　单位：mg/kg

乡镇名	最高值	最低值	平均值	标准差
宝清镇	39.2	15.2	28.79	6.89
朝阳乡	51.4	26.8	36.82	6.57
夹信子镇	59.1	21.6	42.29	8.42
龙头镇	40.5	37.9	38.93	1.05
七星河乡	24.2	18.0	20.77	1.74
七星泡镇	36.4	22.1	28.17	3.42
青原镇	55.3	18.7	33.91	10.56
万金山乡	51.3	11.4	24.14	10.39
小城子镇	47.6	15.3	32.50	9.36

玉米勉强适宜耕地土壤速效钾平均含量在 128.74～227.94mg/kg，最高值出现在七星河乡附近，最低值出现在小城子镇附近（表 2-6-81）。

表 2-6-81　勉强适宜耕地土壤速效钾含量　　　　单位：mg/kg

乡镇名	最高值	最低值	平均值	标准差
宝清镇	236	141	174.76	19.77
朝阳乡	182	129	146.60	13.24
夹信子镇	257	153	200.34	26.80
龙头镇	159	127	141.13	11.72
七星河乡	244	216	227.94	9.38
七星泡镇	253	151	205.92	29.11

（续表）

乡镇名	最高值	最低值	平均值	标准差
青原镇	207	113	161.16	23.27
万金山乡	235	116	169.97	31.36
小城子镇	202	87	128.74	30.08

大豆勉强适宜耕地区农田基础设施不配套，排涝能力较差，灌溉能力达到18.5%左右，地面坡度也大。

（四）玉米不适宜耕地

1. 面积与分布

玉米不适宜耕地面积为9 588.97hm²，约占全县总面积的6.5%，各乡镇均有分布，面积最大区域在万金山乡，见表2-6-82。

表2-6-82　各乡镇玉米不适宜耕地面积分布

乡镇名	耕地面积（hm²）	不适宜耕地面积（hm²）	占不适宜耕地面积比例（%）	占乡镇耕地面积比例（%）
宝清镇	19 580.00	601.42	6.27	3.07
朝阳乡	13 410.00	545.90	5.69	4.07
夹信子镇	12 210.00	1 273.20	13.28	10.43
尖山子乡	18 230.00	0	0	0
龙头镇	6 580.00	9.44	0.10	0.14
七星河乡	10 710.00	0	0	0
七星泡镇	28 260.00	1 750.46	18.25	6.19
青原镇	19 890.00	1 656.57	17.28	8.33
万金山乡	10 990.00	2 190.17	22.84	19.93
小城子镇	7 690.00	1 561.82	16.29	20.31

2. 不适宜耕地土壤养分

玉米不适宜耕地耕层土壤有机质含量平均值为21.1~48.4g/kg，最高值出现在朝阳乡附近，最低值出现在七星泡镇附近（表2-6-83）。

表2-6-83　不适宜耕地土壤有机质含量　　　　　　　　单位：g/kg

乡镇名	最高值	最低值	平均值	标准差
宝清镇	44.5	33.8	41.49	3.37
朝阳乡	52.2	40.0	48.41	3.21
夹信子镇	35.5	24.7	30.07	2.43

（续表）

乡镇名	最高值	最低值	平均值	标准差
龙头镇	43.3	43.1	43.20	0.14
七星泡镇	27.1	15.1	21.11	4.20
青原镇	35.8	31.2	32.81	1.20
万金山乡	46.1	27.3	39.07	4.34
小城子镇	51.7	35.9	40.80	5.43

玉米不适宜耕地耕层土壤全氮含量平均值为 1.51~2.83g/kg，最高值出现在小城子镇附近，最低值在青原镇附近（表 2-6-84）。

表 2-6-84 不适宜耕地土壤全氮含量 单位：g/kg

乡镇名	最高值	最低值	平均值	标准差
宝清镇	1.87	1.53	1.65	0.10
朝阳乡	2.60	2.05	2.35	0.17
夹信子镇	2.19	1.61	1.91	0.13
龙头镇	1.98	1.98	1.98	0
七星泡镇	1.69	1.44	1.55	0.08
青原镇	1.66	1.42	1.51	0.06
万金山乡	2.37	1.50	1.93	0.23
小城子镇	3.51	1.82	2.83	0.41

玉米不适宜耕地耕层土壤有效磷含量平均值为 20.65~38.25mg/kg，最高值出现在夹信子乡附近，最低值出现在小城子镇附近（表 2-6-85）。

表 2-6-85 不适宜耕地土壤有效磷含量 单位：mg/kg

乡镇名	最高值	最低值	平均值	标准差
宝清镇	27.7	18.0	22.02	3.66
朝阳乡	49.3	27.2	35.97	4.96
夹信子镇	47.6	30.7	38.25	4.83
龙头镇	32.2	32.1	32.15	0.07
七星泡镇	33.4	20.0	24.77	3.73
青原镇	40.0	24.5	30.03	5.35
万金山乡	46.7	15.9	22.21	7.77
小城子镇	37.3	10.5	20.65	7.90

玉米不适宜耕地耕层土壤速效钾含量平均值为122.61～181.32mg/kg，最高值出现在夹信子镇附近，最低值出现在小城子镇附近（表2-6-86）。

表2-6-86　不适宜耕地土壤速效钾含量　　　　　　　　单位：mg/kg

乡镇名	最高值	最低值	平均值	标准差
宝清镇	167	113	148.17	16.67
朝阳乡	142	128	136.24	3.65
夹信子镇	225	150	181.32	22.08
龙头镇	134	134	134.00	0
七星泡镇	206	123	173.86	32.89
青原镇	180	117	144.17	22.90
万金山乡	214	116	148.90	24.88
小城子镇	169	88	122.61	19.10

玉米不适宜耕地区农田基础设施不配套，根本无排涝能力，灌溉能力在7.0%以下，地面坡度相当大，土壤质地等其他影响因素的综合打分都最低。

第四节　宝清县种植业合理布局的若干建议

通过开展全县耕地地力调查与质量评价，基本查清了全区各种耕地类型的地力状况及农业生产现状，为宝清县农业发展及种植业结构优化提供了较可靠的科学依据。种植业结构调整除了因地因区域种植，还要与县域的经济、社会发展紧密相连。

一、结构调整势在必行

由于农业生物技术的发展，种植业单产、总产稳步提高。粮食需求出现了相对过剩的局面，导致大部分农产品价格下跌。即使某种农产品的市场供给稍微紧俏些，也会立即诱发众多地区一哄而上，很快出现滞销积压的局面。面临市场经济的汪洋大海，特别是我国加入WTO后，农民们很难把握应该种什么？种多少？在这种情况下，农业产业结构调整不能简单地理解为多种点什么、少种点什么，必须从实际出发，严格按照市场经济规律进行科学决策，寻找新的突破口，从优质、高产、高效品种上寻求新的发展，就成为农业产业结构调整的重要内容。

二、品种结构调整重在转变观念

农业产业结构调整的关键首先是要抓好品种结构的调整，重在实现以下4个观念的转变。

（一）由产量型农业观念向质量效益型农业观念转变

随着人民生活水平的不断提高和农产品加工业的发展，对农产品的品质要求越来越高，某种农产品是否适应市场需求，不能仅从数量上看，还要从质量上看，只有在数量和质量两个方面都能满足消费者的需要，才能适应市场需求。更要看到，农产品的优质是一个相对的动态概念，它受到各种自然环境条件的制约和品种退化的影响较大，这就要求农业科研部门不断地研究、开发、推广新品种，农业技术推广部门不断地提供先进的生产技术和方法，以满足农资市场及农产品市场的需求，达到农业增效、农民增收之目的。

（二）由传统种植二元结构观念向多元结构观念转变

目前，传统的粮食作物、经济作物二元结构已不能满足迅猛发展的畜牧水产业对优质蛋白质饲料的需求。我国生产的玉米总产量的78%用于畜禽饲料，即便如此，饲料资源仍然匮乏，每年仍需大量从国外进口，尤其是缺少蛋白质饲料依然是限制畜牧业发展的"瓶颈"。所以有目的的引进优质高蛋白品种资源，利用其蛋白质含量高、适口性好等特点，适用于做饼干、糕点，有利于改善传统食品的营养状况。这不仅能扩大消费，还能缓解粮食生产供大于求的矛盾。同时，还应大力发展优质牧草，增加饲料源，而且还可以改善自然生态环境，促进农业可持续发展。

（三）由粮食观念向食物观念转变

现代农业发展表明，粮食问题解决之后，人们的生活质量就会发生很大的变化，生活水平提高，膳食结构必然会从过去单纯的大米、面食等传统的温饱型食物结构逐步向高营养、有保健作用以及新、奇、特、色、香、味、形并重的小康、富裕型方向转变，形成食物多样化特点，特别是对动物食品、水果、蔬菜、瓜果的需求量的增加，粮食消费大幅度下降，这就要求必须对农业产业结构进行调整，优化农作物品种结构，加大对其他动、植物品种的开发，由传统的粮食观念向现代食物观念转变，以满足市场的需要。

（四）由封闭型农业观念向市场型农业观念转变

随着农产品短缺时代的结束，农产品相对过剩，价格下降，增产不增收现象日趋严重。即使当前市场看好的、质量优异的农产品，也不能过多过快地盲目发展，而是应当在对市场需求进行深入调查分析的基础上科学决策，生产市场适销对路的产品，力求保持市场供需基本平衡，尽量避免供大于求的局面。"以销定产，实行合同经济"，这个在工业上应用了多少年的经济方针，对现在乃至今后农业的发展将发挥越来越重要的作用。但是，"以销定产"不能只停留在口头和一般号召上，必须付诸行动。这种行动就是要全面推行农产品生产合同制，并维护合法合同的法律效力，通过广泛利用购销合同即"订单农业"，确保农产品的销路，同时也是防止农业结构调整时期出现盲目性的基本保证。

所以，作物品种结构调整的重要目标不仅仅是粮经比例的调整，还应是品质调优，作物调新，最终实现效益调高。

三、作物品种结构调整的措施

要充分利用自然资源，积极开展新品种，实现大宗农作物生产优质化、专用化和杂交化。在水稻上要在基本稳定现有单产的基础上重点开发适口性、商品性好的优质品种。以推广高蛋白玉米为例，除其优良的食用价值外，其饲料价值更不可忽视。

随着农业市场化、农产品优质化、农作物多样化和专用化进程的加快，更要注重新品种的开发，以适应和促进农业产业化经营的发展。一是对粮油大宗作物，在加大优质高产新品种示范和宣传力度的同时，种子部门要和农产品收购部门分工协作，实行区域化供种，连片种植，农产品优质优价收购。二是对小宗作物，要注重品种多样化，发展外销队伍，在促进初级产品销售的同时，积极开发农产品深加工，运用高科技，提高产品附加值，抢占外销市场，对能够形成规模生产的作物门类，逐步打出品牌和"拳头"产品，建立起适应现代农业的产供销一体化产业。

建立完善新品种开发、示范和推广网络。种植业结构调整，首先是品种结构的调整。为此，必须加快各类新作物、新品种的引进速度，建立相应的引种基地和生产基地，为在引种上做到规范有序，避免引种上的盲目性和不必要的低水平重复劳动，有效控制检疫性病虫害的迁入，应建立完善的县级示范基地和乡村推广分工负责的引种示范网络。

农业结构调整是一个长期的动态的过程。要充分认识品种结构调整工作的长期性和艰巨性。农作物种类及其品种的确定是经过长期人工选择和自然选择的结果。要改变这种结构就必须有适宜本县栽培并适销对路的品种，而一般选育或引进一个可推广应用的新品种需要一个相当长的时间。加之农产品供求时常在不断变化，对品种会不断提出新的要求。第三，宝清县目前农业产业化经营仍属社会大分化阶段，"公司＋基地＋农户"的产供销一体化模式尚未形成。所以，在今后相当长的时期内要进行种植业品种结构的调整。

近年来，各级（包括乡镇农技站）对新品种的引进热情高涨，纷纷通过各种渠道大量引进新品种（系），引进后又不经过正规试种和正确的市场分析，盲目扩大种植规模，不仅扰乱了种子市场秩序，违反了《中华人民共和国种子法》，同时给新品种的推广带来了严重影响，使广大种植农户损失严重，即使有的丰产了却找不到销路，甚至有的还将检疫性病虫害引入而造成重大损失。因此，要力求避免引种的盲目性和随意性，要严格按照引种规程科学决策。

四、种植业结构的调整

为适应加入世贸组织的新形势、提高农产品竞争能力、促进农业和农村经济的持续发展，通过精心规划，在农业结构调整中，品种调优、规模调大、效益调高。

（一）粮豆作物

根据耕地土壤及生态条件的要求进行作物面积的调整。生态条件适宜双季稻生长的地区，应继续巩固和发展双季稻；确系生态条件不宜于种植双季稻的，应改种单季稻。提倡实行粮经作物合理轮作、间作、套种，提高复种指数。

1. 水稻

水稻是宝清县的主要粮食作物，20年来已走出了一条"稳定面积，优化结构，提高单产，稳定总产，改善品质，提高效益"的路子。通过改进耕作制度，依靠科技进步，使单产、总产有了大幅度提高。宝清县水稻适宜的种植面积为4.954万hm^2，占耕地总面积的33.58%；近几年，宝清县水稻种植面积大致为1.1万hm^2，根据水稻适宜性评价和水资源特点，宝清县水稻种植面积应在1.5万hm^2以下。

2. 玉米

玉米种植面积占粮食作物种植面积的16.5%，产量占40%。自1987年实施省"丰收计划"以来，面积稳定在2.2万hm^2左右。通过定面积、定单位、定技术方案，推广良种密植，埯种坐水，推广紧凑型玉米及配套增产技术，玉米产量有所提高。宝清县玉米适宜种植面积为11.504万hm^2，占耕地总面积的77.97%；近几年，宝清县玉米种植面积大致为2.5

万 hm^2，根据玉米适宜性评价、粮食生产总体要求、轮作的需要和市场价格，宝清县玉米种植面积应在 5 万～6 万 hm^2。

3. 大豆

大豆种植面积一般占粮豆种植面积的 60% 左右，产量占粮豆总产量的 41%。自 1990 年参加省"丰收计划"竞赛，普及"良种匀植，双肥深施，防治病虫，不重不迎"的大豆综合栽培模式以来，大豆单产突破了 2 250kg/hm^2。推行大豆密植技术全部采用精量播种深松、分层施肥、窄行等技术，大豆行间覆膜技术，大豆重迎茬防治技术，大豆产量得到较大提高。宝清县大豆适宜种植面积为 9.707 万 hm^2，占耕地总面积的 65.79%；近几年，宝清县大豆种植面积大致在 8.5 万 hm^2，根据大豆适宜性评价、避免大豆重迎茬和市场价格，宝清县大豆种植面积应在 5.5 万 hm^2。

（二）经济作物

1. 白瓜籽

宝清县白瓜籽生产历史较早，但因品质差、产量低，发展缓慢。引进优质大板少杈白瓜籽以后，白瓜籽生产迅速发展。到 2005 年，白瓜籽种植面积已达 1.16 万 hm^2，产值大幅度提高。在形成万亩白瓜籽乡镇的基础上，稳定白瓜籽种植面积，实施订单农业，产销一条龙。

2. 蔬菜作物

实现陆地蔬菜、地膜覆盖、棚室蔬菜相结合的蔬菜生产。宝清县在建设菜园子、丰富菜蓝子工程中，通过建立基地、引进新品种、加强技术指导等措施，解决了品种单一、上市时间晚、价格高的问题，不但满足了城镇居民的需求，而且蔬菜生产成为农民致富的一项新产业。

在宝清镇建起日光节能温室 20 栋，面积 5 000m^2，引进国内外 30 多个特色品种，每平方米比普通棚室效益提高 1 倍。蔬菜保护地形成了日光节能温室，普通温室，塑料大、中、小棚的格局。保证全县蔬菜生产面积在 5 000hm^2 以上。

（三）其他生产

1. 菌类生产

宝清县菌类生产以黑木耳、菇类著称。木耳段已发展 3 000 万段。发展生态农业，采取保护和利用并举的方针，天然木耳段稳定在 3 000 万段，不再增加。引进地摆木耳生产技术，利用锯末、农作物秸秆生产木耳途径增加农民收入。到 2005 年，全县地摆木耳已发展到 300 万袋，产值 300 万元；各种菇类面积已达 1.3 万 m^2。近几年，菌类生产已向多品种发展，有黑木耳、平菇、滑菇、金针菇等 10 多个品种，滑菇已达 30 万 m^2，金针菇 1.2 万 m^2。同时，引进加工厂，进行产、加、销一条龙服务。

2. 药材生产

宝清县除利用低山区自然资源采集大量野生药材外，引进龙胆草、黄芪、甘草、黄芩、林下参、平贝母等药材品种 11 个，不断扩大种植面积，最终实现粮经饲种植结构为 82.1：16.9：1.0。

第七章　耕地利用改良分区

农业生产是以一定规格的地块或生产单位进行布局的，而不是以土壤界线作为生产布局的界线。因此，需要把具有共同生产特性和改良利用方向相一致的耕地组合分区划片，才便于生产应用。这也是在耕地质量评价过程中，查清耕地质量后必须解决的问题。

第一节　分区的原则和依据

耕地利用改良分区，是耕地组合及其他自然生态条件的综合性分区。宝清县耕地利用改良分区，是在充分分析耕地质量评价各项成果的基础上，根据耕地组合、肥力属性及其自然条件、农业经济条件的内在联系，综合编制而成的。

一、分区原则

耕地利用改良分区的原则如下：在同一区域内，成土条件、耕地组合、土壤属性和肥力水平具有相似性；同一区域内，生产中存在的主要问题及改良利用方向基本一致；为了便于生产应用和管理，分区保持村界的完整性。

宝清县耕地利用改良分区分为二级，即耕地区和亚区。耕地区：根据自然景观单元、耕地等级的近似性和改良利用方向的一致性划分；亚区：主要是在同一区内，根据耕地组合、肥力状况及改良利用措施的一致性，并结合小地形、水分状况等特点划分。

二、分区命名土区

区级突出反映自然景观和改良利用方向，辅以耕地区的地理位置而命名。亚区以主要土壤类型或亚类命名。根据上述分区原则、宝清县耕地利用改良分区，宝清县耕地共划为4个区、9个亚区。

第二节　分区概述

一、西部、南部低山丘陵林农副区

该区位于宝清县西部和南部，包括14个村。该区的利用方向应以林为主，林、农和多种经营相结合。按其土壤特点，进一步将其划分为暗棕壤亚区和白浆化暗棕壤亚区。

（一）低山丘陵暗棕壤亚区

该亚区是宝清县西部和南部的边缘地区，包括 10 个村，3 个县属林场。该亚区地形复杂，山谷纵横。地下水较深，成土条件较差。自然植被以天然次生杂木林为主。气候温凉，年有效积温在 2 000 ~ 2 300℃，无霜期 90 ~ 110 天，易遭受低温冷害。年降水量在 580mm 左右，略高于平原地区。山间谷地河流较多，地表水丰富。土壤以暗棕壤为主，占该亚区面积的 86.8%，其次是白浆化暗棕壤、沟谷草甸土、白浆土等。土壤物理性质良好，有机质含量在 14.0 ~ 83.2g/kg，平均为 65.2g/kg；全氮含量在 2.3 ~ 6.37g/kg，平均为 3.68g/kg；全磷含量在 0.72 ~ 1.67g/kg，平均为 1.2g/kg。碱解氮平均为 343.4mg/kg，速效磷平均为 26.46mg/kg，速效钾平均为 196.4mg/kg。该区土层薄，土性热潮。易旱，而谷地则易涝。有些地方由于自然植被破坏，水土流失严重，农业生产能力低。为了合理利用土地资源，今后应抓好以下措施。

（1）该亚区是宝清县唯一的木材产区，要实行封山育林，严禁毁林开荒、乱砍滥伐；加强林木扶育，合理采伐，促进生态平衡。

（2）加强农田基本建设，防止水土流失。对坡度较大的瘠薄地块要退耕还林，修筑环山截水沟等水土保持工程，防止山水急泄。沟谷地要修整河道，健全排水设施。排除地表水，降低地下水位。耕地要合理耕作，保持土壤肥力。

（3）要发挥本亚区土地面积大和资源丰富之优势，充分利用山区资原，发展林、牧、副业生产。在农业方面，要选用早熟高产品种，积极发展大豆及薯类作物，建立健全耕作与轮作制。

（二）低山丘陵白浆化暗棕壤亚区

该亚区主要分布于宝清县西南部的小城子镇、龙头镇、朝阳乡及东方红林场等地，在暗棕壤亚区北部边缘地带，其自然景观与暗棕壤亚区相似。该亚区气候温暖，适于各种农作物生长，与暗棕壤亚区相比，无霜期长 5 ~ 20 天，活动积温多 50 ~ 100℃。土壤以白浆化暗棕壤为生，其次为草甸暗棕壤。土壤养分平均含量：有机质为 44.6g/kg，全氮为 2.73g/kg，碱解氮为 260.13 mg/kg，速效磷 23.82mg/kg；总体来看，土壤养分属于中等水平，耕地质量为 3 级或 4 级水平。耕地存在的主要问题：土壤侵蚀严重，肥力下降，农业生产能力低，单产不高，农业结构不完善等。在耕地利用改良方面，今后应抓好以下措施。

（1）防止水土流失。要严禁毁林开荒，保护自然植被，对坡度大的耕地要退耕还林，修筑环山截水沟等水土保持工程。

（2）增施有机肥，合理深松深耕。该亚区黑土层薄，一般只有 15 ~ 18cm，其下便是结构紧实的白浆层，土壤肥力不高，水流失严重。因此，要增施有机肥，提高土壤肥力，改善土壤物理性质；增加化肥用量，合理搭配氮磷钾比例；推广秸秆还田。要积极地推广深松耕法，加厚活土层，改善白浆层，增强土壤的通透性能，增加土壤的蓄水能力。但深松要因地制宜，注意防旱保墒，深松与施肥等措施相结合，效果尤为显著。该亚区耕作制度不尽合理，致使有些地块形成坚实致密的犁底层和有些地块的白浆层被翻入耕层，恶化了土壤物理性质，降低了土壤供肥能力。今后应建立合理的耕作制度，减少平翻，增加深松面积，杜绝春翻，搞好蓄水型农业，以利于抗旱保墒和防止水土流失。

二、丘陵漫岗农林区

该区属于平原与山地的过渡地带。主要分布在宝福公路两侧及夹信子、朝阳、尖山子乡和万金山乡。该区耕地利用方向应以农为主，农林结合。按其土壤特点，可将其分为白浆土亚区、黑土亚区和草甸土亚区。

（一）丘陇漫岗白浆土亚区

该亚区位于低山丘陵林农区边缘的小城子、朝阳、万金山和尖山子乡等地，包括26个自然村。该亚区地形比较复杂，以漫岗为主，岗、坡、洼交错。地下水比山区丰富，成土条件较好，气候适于各种农作物生长。无霜期120～130天，历年≥10℃活动积温平均在2 400～2 600℃，土壤以岗地白浆土为多，其次为白浆化暗棕壤、白浆化黑土和黑土。岗地白浆土耕层养分平均含量：有机质37.8g/kg，全氮2.3g/kg，碱解氮251mg/kg，速效磷22.74mg/kg，速效钾196.4mg/kg；水平较高，但由于黑土层薄，养分总储量较低。该亚区耕地利用方向应以种植业为主，农林结合。耕地存在的主要问题：土壤侵蚀严重，黑土层较薄，土壤质地黏重，保水能力差，因而易旱，单产不高。今后耕地利用改良应抓好以下措施：加强水土保持工作，要以治坡为主，沟坡兼治。措施应以营造水土保持林、田间水土保持工程、调整坡耕地垄向为主，结合农业耕作及其他措施，千方百计地减少地面径流，保护土壤资源。合理耕作，推广深松翻法，加深土壤熟化层，提高土壤的蓄水能力。其他改良利用措施同白浆化暗棕壤亚区。

（二）丘陵漫岗黑土亚区

该区是宝清县开发最早的主要农业生产区。主要分布在宝福公路两侧及夹信子、万金山、尖山子等乡的43个村。该亚区为波状起伏的漫岗地形，岗、平、洼交错。气候条件好，无霜期130～140天。土壤类型以黑土为主，草甸黑土次之，在平川地形部位上也分布着少量草甸土。该区土壤养分平均含量：有机质33g/kg，全氮2.49g/kg，全磷1.43g/kg，全钾18.3g/kg，碱解氮194.1mg/kg，速效磷28.85mg/kg，速效钾255.4mg/kg。该亚区是宝清县农业开发较早的地区，相比之下人多地少。土壤的生产性能较好。耕地存在的主要问题：由于地形具有一定坡度，土壤侵蚀现象普遍存在；用地与养地脱节，土壤肥力明显下降，耕作制度不尽合理，形成厚度不一、坚实程度各异的犁底层，成为该亚区土壤中的一个次生障碍层。今后耕地改良利用应抓好以下措施。

（1）加强水土保持工作。要因害设防，加强农田基本建设，大力营造农田防护林，提高地面覆盖率，采取综合措施，防止土壤侵蚀。

（2）增施有机肥，恢复提高土壤肥力。改变种地不上粪和单靠化肥增产的办法，要千方百计地提高和保持土壤有机质含量，充分挖掘有机肥源，改造有机肥的积造方法，提高其质量和增加数量，创造条件扩大秸秆还田面积，合理施用化肥，不断提高单产水平。

（3）合理耕作，减少耕翻次数，扩大深松面积，打破犁底层，改善土壤的物理性状，建立合理的耕作与轮作制度，提高耕地质量等级。

（三）丘陵漫岗草甸土亚区

该区主要分布在宝清镇、万金山乡及夹信子镇、龙头镇沿挠力河和宝石河两岸各村。该亚区以平川地形为主。气候温和，有效积温和无霜期与黑土亚区相近，适于各种农作物生长。土壤类型以草甸土为主，其次是草甸黑土和草甸白浆土。土壤养分平均含量：有机质

33.6g/kg，全氮 2.35g/kg，全磷 1.62g/kg，全钾 16.6g/kg，碱解氮 206.7mg/kg，速效磷 24.4mg/kg，速效钾 161mg/kg。地下水埋藏深度一般在 1.5～2.5m。成土母质比较复杂，有沉积物、冲积物及淤积物，因而土壤质地差异较大，有的通体为亚黏土，有的则在 30cm 左右便是冲积沙。在农业生产中，土壤存在的主要问题：土壤过湿易涝。由于地势低，地下水位高，土壤经常处于过湿状态。该区内河流弯曲系数大，河槽浅，排泄不畅，在集中降雨期易泛滥成灾而导致大幅度减产。黏底草甸土由于质地黏稠、冷浆、耕性不良，因而春季养分释放缓慢，发老苗，不发小苗；沙底草甸土漏水漏肥，土壤潜在肥力低，不抗旱，农业生产能力低。由于近几年连续干旱、有些单位及个人在防洪堤内及河套中盲目开垦荒地，破坏了自然植被，加剧了水土流失。今后耕地改良利用应抓好以下措施。

（1）修筑防洪水利工程，防止洪水泛滥；保护好现有的防洪堤坝，堵塞缺口，修补断堤，修筑完善的排水系统，降低地下水位，提高地温，协调土壤四性。在易旱的沙底草甸土上，要利用好丰富的地表水和地下水资源，扩大灌溉面积。

（2）调整水田与旱田的面积。调整规划好二道、方胜、万北 3 个灌区，搞好灌、排水利工程，平整土地，改变粗放的种植方式，实行科学种稻，建设稳定的、高水平的水田。

（3）禁止在河套地内开荒，保护自然植被，控制水土流失，扶育改造荒地草原，积极发展畜牧业生产，利用自然水面，发展养鱼事业，扩大经济来源。

三、北部平原农牧区

该区位于宝清镇十八里村、青原镇及万金山乡、尖山子乡北部、七星泡镇凉水村、七星泡镇东部，七星河乡的西南部。该区土壤利用方向应以农为主，农牧结合。按其土壤特点，可将其分为北部平原草甸土亚区和北部平原碳酸盐草甸土亚区。

（一）北部平原草甸土亚区

该亚区位于宝清镇十八里村公路以东，万金山乡新兴村和朝阳乡东旺村以北地区，包括 29 个村。该亚区从宏观上看，地势平坦，但微地形变化复杂，有古河道和泡沼，平、洼交错、地下水位一般在 1～3m，储量丰富，成土条件好。垦前自然植被以小叶樟为主，气候温和，热量丰富。土壤以草甸土为主，其次是草甸黑土。土壤养分平均含量：有机质 35.6g/kg，全氮 3.15g/kg，全磷 1.32g/kg，全钾 19.2mg/kg，碱解氮 169.2mg/kg，速效磷 19.3mg/kg，速效钾 157.8mg/kg。土壤肥沃，是宝清县粮食主产区。在农业生产中土壤存在的主要问题：黏稠、冷浆、耕性不良，潜在肥力虽然较高，但春季速效养分释放能力低，具有不得伏雨不发苗的特点。在集中降雨期，易形成短期内涝，耕作制度不合理，形成坚硬的犁底层，阻碍了土壤水分循环和作物生长。为了合理利用土地资源，充分发挥耕地资源的经济效益，今后应抓好以下措施。

（1）加强农田基本建设，修建田间水利工程，排出地表水，降低地下水位，提高地温，促进土壤熟化。建立适应当地土壤条件的耕作制度，实行松、翻、耙相给合，用地与养地相结合。建立以大豆、玉米为主的轮作体系，科学种田，努力提高粮食单产。

（2）深松改土。深松对改良黏质草甸土具有工省效宏的作用，深松可以促进土壤熟化，提高土壤有效肥力，改善土壤的通透性能，降低潜水水位，增加土壤的蓄水能力，具有明显的抗旱除涝作用。深松处理后，大豆平均增产 12.3%，玉米增产 11.6%。

（3）增肥改土，调整氮磷钾比例；增施有机肥不但可以提高土壤肥力，还能改善土壤的物理性质；要积极创造条件，扩大秸秆还田面积；要充分利用就近取材的便利条件，利用河沙、炉灰改土。增加化肥用量，根据测土施肥，调节氮磷钾比例。

（4）调整种植结构。要创造条件，充分利用地表水和地下水资源，发展水稻生产。搞好水田基本建设，整顿排灌系统，平整土地，建设高标准的水田；扩大水田机械作业，科学种稻，提高单位面积产量。

（二）北部碳酸盐草甸土亚区

该亚区位于宝清镇高家村、双泉村以北，七星泡乡德兴村以东、七星河乡、尖山子乡东红村以北的平原地区。该亚区成土母质为沉积物，垦前生长着以小叶樟、芦苇等为主的草甸植被。地下水位较高，热量丰富，雨量充沛。土壤以碳酸盐草甸土为主，其次为草甸土。碳酸盐草甸土耕层养分平均含量：有机质31.5mg/kg，全氮2.36g/kg，全磷1.13g/kg，全钾16.2g/kg，碱解氮213mg/kg，速效磷12.1mg/kg，速效钾105mg/kg，pH为8左右，呈碱性。该亚区主要为旱作农业，产量中等。在农业生产中，土壤存在的主要问题：土体构造不良，在过渡层或表层即有碳酸钙积聚层，土质黏稠，透水性极弱，抗旱涝能力低，在多雨季节或年份出现土层滞水及潜水型涝害。碳酸盐草甸土适耕期短，因而常在土壤过湿状态下进行田间机械作业，耕层土壤结构遭到破坏，使之演变成稠土，呈现湿时泥泞、干时坚硬，土壤水、肥、气、热失调而减产。今后耕地利用改良应抓好以下措施。

（1）超深松改土排涝。超深松具有明显的治涝效果，据观测，在降水量达208mm的条件下，在超深松地块土壤水分下渗深度达50cm，比平翻地块深20cm，田间持水量比平翻地块提高了约16.8mm。

（2）以肥改土。增施有机肥不但能提高土壤肥力，而且还能改善土壤结构、提高地温、促进作物生长。增施磷钾肥，氮磷钾配合，改进施肥方法，减少磷素固定，提高经济效益。

（3）因土种植，适时播种，及时铲趟。碳酸钙积聚层出现在35cm以上的地块，不适于种植大豆，应改种甜菜、向日葵等耐盐碱作物，要适时播种，以免延误农时。由于该土湿时黏稠，干时坚硬，所以，整地质量往往欠佳，影响播种质量，不易抓苗。要适当增加播种量，加强田间管理，防止后期草、苗齐长。

四、东北部低平原农、牧、副、渔区

该区位于宝清县东北部，包括尖山子乡、青原镇的前进、庆东、卫东村以东，北至县界。该区利用方向应为农、牧、副业全面发展。根据该区的土壤特点和耕地组合情况，可分为草甸土亚区和沼泽土亚区

（一）东北低平原草甸土亚区

该亚区位于东发村以东，小挠力河以西，尖山子乡头道林子村以南地区。地势低平，海拔在63~67m，地形复杂，有碟形洼地、古河道、平地等。热量丰富，光照充足，雨量充沛，在自然状况下生长着繁茂的草甸植物。成土母质多为沉积物。土壤类型以草甸土为主，其次是草甸沼泽土。该亚区开发年限较短，土壤养分含量丰富。耕层养分平均含量：有机质45.6g/kg，全氮3.24g/kg，全磷1.38g/kg，全钾19.5g/kg，碱解氮323mg/kg，速效磷19.13mg/kg，速效钾222mg/kg。该亚区人少，地多，机械化程度较高，但耕作比较粗放，农业生产常受涝灾危害而产量不稳。在生产中，耕地存在的问题：耕地过湿、冷浆、易受洪水和内涝威胁，今后耕地改良利用应抓好以下措施。

（1）解除内涝。建立"调、蓄、用"治水模式、排灌结合的农田水利工程，防止客水侵入，排除地表积水，降低地下水位，提高地温。合理耕作，提高耕地的调解能力。

（2）该亚区天然草场面积大，产草量多，质量好，为发展畜牧业生产提供了条件，利用天然草场放牧，并且要逐步改良草场，建立人工草场，把该亚区建成牧业生产基地。充分利用泡沼水面，发展淡水养鱼。

（二）东北部低平原沼泽土亚区

该亚区位于头道林子东北。地貌为低洼平原，最低海拔仅为54m，平均为60m左右。成土母质多为沉积物。该亚区水资源除接受自然降水外，还有由高处与河水流入的客水。因此，开垦前，地表经常处于常年或季节性积水，土体下部处于水浸状态，潜育化过程明显。地表生长着繁茂的沼泽草甸植物，促进了泥炭过程而形成沼泽土。该亚区黑土层厚度一般在20～25cm，该层养分含量丰富，养分平均含量：有机质45.3g/kg，全氮3.56g/kg，全磷2.16g/kg，碱解氮300mg/kg，速效磷33.6mg/kg，速效钾234mg/kg。

该亚区是宝清县的开垦年限最短的区域，地形平坦，面积大，自然条件优越，有利于大面积机械化作业，生产潜力大。在农业生产中，土壤存在的主要问题：土壤熟化程度低，冷浆过湿。今后的发展方向应以农为主，农、牧、副业结合。在改良利用方面，今后应抓好以下措施：加速完成大小挠力河防洪堤坝工程，防止洪水流入垦区；同时加强垦区内的农田基本建设，田间水利工程要以排水为重点，排灌结合，旱涝共防，消除洪水之灾，控制内涝之害，建设高产稳产农田；其他措施同上述亚区。

第八章 耕地地力建设与土壤改良利用对策建议

耕地质量是指耕地在农业生态系统界面内维持生产，保障农业环境质量，促进动物与人类健康行为的能力。耕地质量主要是依据耕地功能进行定义的，即目前和未来耕地功能正常运行的能力：耕地上作物持续生产能力；耕地质量概念的内涵包括作物生产力、耕地生态环境。

第一节 耕地地力建设与土壤改良培肥

从1989年开始，黑龙江省政府在全省范围内组织开展了"耕地培肥计划"活动，并结合贯彻实施了农业部提出的"沃土工程"。为了加强耕地资源的管理，1996年黑龙江省人大在全国率先颁布了《黑龙江省耕地保养条例》，在全省贯彻实施。2001年以来，由省人大、省政府法制主管部门牵头，农业部门主持起草了《肥料管理条例（草稿）》，正准备提交省人大会议讨论。在实施"沃土工程"和"耕地培肥计划"活动中，县财政每年拿出20万元作为耕地培肥计划专项资金，用于鼓励耕地养护工作开展好的乡镇，1989—2001年由此吸引和带动全县各级投资累计达36.57万元，其中：县财政投资22.8万元；乡（镇）、村集体投资13.77万元。这些投资大部分用在了积肥基础设施建设和有机肥源开发上，新建、维修厕所535个；新建、维修圈舍837个；新建储灰仓356个；新建集体积肥场20个；新建沤肥坑331个。实现了人有厕所、畜禽有圈舍、户有储灰仓和沤肥坑、村有积肥场。粪肥回收率由1988年的30%逐步提高到50%以上。2005年宝清县有机肥施用总量为245万t，比2001年的166万t增加了32%。粪肥有机质含量平均达到8%左右，比1988年的5%提高了3个百分点。

宝清县把秸秆还田作为有机肥源开发的突破性措施，纳入"耕地培肥计划"中实行目标管理，围绕畜牧大省建设，大力提倡秸秆过腹还田，积极探索秸秆直接还田和生物造肥技术，不断提高秸秆综合利用率。建立了玉米、小麦、大豆、水稻四大作物秸秆还田示范区，在全县不同地区形成了不同的秸秆还田模式。推广了麦秸、豆秸粉碎还田和小麦高茬收割还田技术；玉米秸秆、根茬粉碎还田和玉米秸秆造肥还田技术；充分利用稻草资源，进行过腹、高茬收割、稻草造肥等形式还田。2008年宝清县农作物秸秆、根茬还田面积4 000hm²，还田的秸秆量139.4万t，占秸秆总量的44.9%，其中：秸秆过腹还田60.97万t，占秸秆还田总量的43.7%，比10年前增长50%；秸秆直接还田数量为37.81万t，占27.12%；秸秆堆沤还田40.62万t，占29.14%。玉米秸秆还田量最大，数量为48万t，占秸秆还田总量的34.43%。通过直接或间接还田归还的氮素为42万kg，比1983年的6万kg增加了6倍；归还的磷素为 13 万 kg，比 1983 年的 2 万 kg 增加了 5.5 倍；归还的钾素为 33 万 kg，比 1983 年的 4 万 kg 增加了 7.3 倍。3 种养分归还率由 1983 年的 18% 提高到 30%。

针对宝清县施肥结构不合理、化肥利用率低的问题，从 20 世纪 70 年代后期就开始抓平衡施肥工作。近 20 年来，我们在全县不同类型土壤多点试验示范，不断探索经验，完善技术措施，逐步提高平衡施肥效果。现在推广平衡施肥技术，一般可以提高化肥利用率 5% ~ 10%；实现增产率 10% ~ 15%，高的可达 20%。实践证明，推广应用平衡施肥技术，不但能促进作物增产、品质提高，而且能达到节肥、节支、增收的效果。平衡施肥技术已成为宝清县农业五大重点技术之一，在调整农业结构、建设节本增效农业中发挥了积极作用。

由于宝清县上下采取了可行的用地养地措施，有效地扼制了耕地土壤有机质下降的速度，耕地养护搞得好的地方保持了土壤有机质的平衡。为提高耕地质量，宝清县十几年来坚持实施"耕地培肥计划""铁牛杯"和"黑龙杯"，大搞土壤深松，推行"三·三"轮耕轮作制，加强农田水利建设，开展水土保持，建设生态农业，提高了土地产出能力，促进了农业生态向着良性循坏的方向发展。多点试验证明，在通常产量水平情况下，在作物根茬全部还田的基础上，每公顷施厩肥 37 500kg 或每公顷施秸秆肥 7 500kg 以上，耕地土壤有机质保持平衡。

第二节　宝清县耕地质量变化特征

一、区域气候和水资源变化

（一）气候趋于干旱、雨量减少

宝清县年平均降水量为 500 ~ 650mm，最大年降水量可达 800mm。近十几年来，一方面在大气环流的影响下，另一方面在人为活动的作用下，特别是由于湿地的大面积开垦、水面减少，气候发生了显著变化。从实验中可以得出：10 年为一代的前 5 年与后 5 年中，自然降水的增减呈明显的周期性（阶段性）。20 世纪 50 年代呈"前少后多"的增减方式，前 5 年降水少，全区为 551mm，其中发生 2 个多雨年；后 5 年降水增多，全区为 643mm，其中发生 4 个多雨年。20 世纪 60 年代转换为"前多后少"的增减方式后，前 5 年全区平均降水增至 598mm，平均发生 3.5 个多雨年；后 5 年全区平均降水减至 502mm，其中平均发生 1.3 个多雨年。由此看出，以 10 年为一代、5 年为一阶段的自然降水周期性增减明显。气象资料表明，三江平原的年降水量比过去减少了 180mm 左右，比其他可比地区减少了 100mm，在同一纬度带内黑龙江省的松嫩平原降水量每年递减 4mm，而三江平原每年递减 9mm 左右。1990 年以来，黑龙江春夏持续高温，燥热无雨，干旱更加严重。三江平原连续 7 年干旱，1993 年、1998 年、2000 年春季发生大旱。2000 年春夏遇到百年未遇大旱，降水量比历史同期减少 70% ~ 80%，农业损失惨重。分析三江平原每 10 年的平均气温变化，20 世纪 50 年代至今每 10 年以 0.4℃ 的平均速度增长，42 年增长 1.6℃，特别是 20 世纪 70 年代后期变为正距平增温，与全球气候变暖趋势一致。

（二）水资源和地下水位持续下降

由于湿地的退化，气候变干，地表水减少，人们为了高产增效，大量开采浅层地下水，从而引起地下水位持续下降。据资料分析，该区地下水平均降速为 0.5～1m，局部地区 2.2～2.8m。水位同 20 世纪 80 年代中期相比，该地区下降了 10～12m，二级阶地地区降了 4～9m，一级阶地区降了 2m。局部地段由于超采还出现了降落漏斗，面积达 680km²。

二、人为影响因素

农业是唯一的、不可代替的把人们不能贮存、不能利用的太阳能转化为能贮存、能利用的化学能的产业。土壤是农业生产最基本的生产资料，人们为了生存和生活而不断地对土壤进行干预和改造。在人为影响下，土壤的变化要比自然情况下迅速得多，而变化的方向有积极地向着更有利的方向发展的，也有消极地使土壤受到破坏的。"治之得宜，肥力常新"的农业思想就是从我国几千年农业发展历史中总结出来的。但是，粮田变沙漠、沃土变荒田的例子在人类历史上也不少见。据记载，宝清县自 1234 年就有人集居开荒，但大面积开垦荒地却在新中国成立之后。

新中国成立初期的 1949 年宝清县仅有耕地 3.3 万 hm²，到 1983 年已达 12.9 万 hm²，增加了约 3 倍。粮豆薯总产量 1983 年比 1949 年增加了 2 倍，35 年间粮食总产平均递增 5.5%。人口增加 286%。随着开荒面积的扩大，人口的增加，居民点、道路及排灌工程相应的增加，改变了原来的生态平衡，明显地影响着土壤的发展变化，主要表现在以下几个方面。

（一）土壤肥力下降

开垦之前，在宝清县夏季温暖多雨的气候条件下，植物生长繁茂，每年遗留于土壤中的有机物质多。有关资料记载，"五花草塘"植被每年遗留于土壤干物质在 300kg 左右，每公顷 1m 土层内根量为 12 000kg；小叶樟—苔草—丛桦草落，地上部每年每公顷生长 3 000kg 干物质。由于荒地土壤在含林植被覆盖下，土壤含水量大，滞水性强，土壤通气不良，冻结时间长，做生物活动弱，这些有机物质得不到充分分解，而以腐殖质为形式贮存于土壤之中，从而形成深厚的腐殖质层。事物都具有两重性，并在一定条件下向对立面转化。开垦之后，由于消除和降低了滞水及地下水位，改善了土壤通气条件，提高了地温，土壤微生物的种类、数量增多和活动能力的增强，加速了腐殖质的分解，提高了土壤肥力，促进了作物生长。但耕种日久，取之于土壤的物质大于归还给土壤中的物质，土壤中的养分日益减少。据本次调查，黑土荒地有机质含量平均为 112g/kg，耕种 40 年下降到 39.9g/kg；草甸土荒地有机质含量平均为 165.9g/kg，耕种 50 年下降到 38.4g/kg；其他养分也有明显下降。

（二）土壤侵蚀加剧

在自然植被保护下的荒地土壤，土壤的受蚀程度极为微弱。随着土地的不断开垦，宝清县荒地面积已由 14 万 hm²（1949 年）下降到 5.1 万 hm²（1983 年）；森林连年采伐，有林地面积大幅度缩小，1962—1980 年 18 年间，林业用地减少 2.3%，平均每年减少 0.14 万 hm²，有林地减少 35.6%。坡耕地面积的增加，加重了土壤侵蚀，使之在坡度较大的地方，出现了一些"挂画地"、弃耕地以及生产能力极低的低产土壤。特别是地形起伏较大的白浆土、黑土地区，耕地土壤侵蚀更为严重，致使某些地块的黑土层变薄而演变成黄土，如万金山乡万隆村南侧，仅几年时间就冲刷出 2 条宽 2m、深 1.5m 的冲刷沟；红光村西的岗地白浆土腐殖质层已剥蚀殆尽，使土壤资源遭到严重破坏。宝清县水土流失面积达 16.7 万 hm²，占总土壤面积的 42.5%，其中耕地占 6.13 万 hm² 以上，占宝清县总耕地面积约 47%。风蚀的危害在宝清县也日趋加重，由于风害的影响，每年都有一定的毁种面积。

（三）灌溉与排涝

随着耕地面积的扩大和农业生产的发展，宝清县修筑了大量的农田水利工程，有 8 个自流灌区、264 眼机电井、水库塘坝 9 处，灌溉面积达 1.1 万 hm^2，占现有耕地的 9.7%。在灌溉条件的影响下，有些土壤脱离了原来成土过程，增加了新的内容。如方威、二道村的一些地块，经过多年种植水稻的过程，土壤就增加了一些水稻土的新内容，如草甸土型水稻土潜水位升高，腐殖质层上部便有锈纹锈斑，下部潜育斑块增多，白浆土型水稻土的黑土层由原来的灰黑色变为灰色，并有一定数量的锈斑，白浆层锈斑也明显增多。宝清县有 0.67 万 hm^2 以上的涝区两处，0.2 万 hm^2 以上的涝区 5 处，易涝面积达 8.67 万 hm^2。新中国成立后，宝清县防洪治涝工作得到党和人民政府的重视。宝清县自 1983 年以来，修筑防洪堤坝 331.34km，动用土方 389 万 m^3，保护了 8 个乡镇、71 个村屯，治涝面积 2.87 万 hm^2 以上，占易涝耕地面积的 33.2%。特别是三中全会以来，东升涝区修筑防洪堤坝 129km，使 2.53 万 hm^2 沼泽土改变了原来成土方向，而朝着有利于农业生产的方向发展。

（四）土壤耕作

耕作对表层土壤（0~20cm）的影响最急剧、深刻。合理耕作能调节土壤水、肥、气、热四性，加厚熟化层，创造较好的土体构造，从而有利于增强土壤上、下层有机质的腐殖化、矿化和土壤养分的有效化，加速土壤熟化，促进增产；反之，则会破坏土壤结构，加剧土壤侵蚀、黏稠化、沙化的发展，形成紧实致密的犁底层。宝清县土壤耕作随着农机具的改革，而相应发展。新中国成立初期使用畜力和木犁，以垄作为基础，实行以扣种为中心的"杯、扣、搅"轮作制。垄作虽有利于提高地温，排除多余的水分，但耕层浅，久之则形成三角形犁底层，土壤生产能力不高。20 世纪 60 年代实行了农具改革，在"机、马、牛"相结合、新农具和畜力农具并存的条件下，又采取了"翻、扣、耙"结合、垄作平作并存的轮作制，打破了三角形犁底层，加深了耕层，作物产量显著提高。但由于长期同一深度的机械耕翻，又形成了平面的犁底层。70 年代后期又发展了深松耕法，实行了"深、翻、耕、扣、耙"相给合的轮作制，加深了耕层，打破了犁底层，改善了土壤物理性质。但目前各乡、村之间发展不平衡，多数乡、村尚未建立合理的耕作制，在土壤耕作上仍存在平翻过多、翻耙脱节的问题。

（五）施肥

增施肥料，是调节和改善土壤养分状况，改良和培肥土壤，保证农作物丰收的基本措施。但有史以来宝清县施肥水平就很低，这可能与土壤基础肥力高、耕地面积多以及可以从开荒扩大耕地面积来增加粮食总产，而不注重提高单产的粗放经营思想有关。20 世纪 50 年代主要依靠土壤的自然肥力发展农业生产，对土壤完全是一种掠夺式的经营。60 年代农家肥的积造工作有了发展，生产先进的乡、村开始施用少量化肥，农业生产仍然是以消耗自然肥力为主。到了 70 年代，由于认识到土壤肥力的减退和受开荒面积的限制，有机肥积造数量才有明显的增加，化肥施用数量也有一定的发展。1957—1972 年 15 年间，平均每公顷施农家肥 60kg、化肥 30kg（指商品量）。但是，宝清县自 1983 年全面落实农业生产责任制以来，充分调动了农民的生产积极性，在广大农村出现了学科学、用科学的高潮，施肥数量和质量都有明显的提高。1983 年宝清县每公顷施化肥提高到 150kg。但与省内外其他地方相比，施肥量还是极低的，增施粪肥，提高产量的潜力很大。

总的说来，宝清县土壤在人为因素影响下，土壤肥力是在减退的，这是事实，但这并不是说土壤肥力减退是不可扭转的。它可以通过科学技术的发展和人们对土壤肥力演变认识的提高，对土壤进行定向的培肥，使之可持续利用。

三、宝清县耕地质量问题

如果说，在20世纪80年代之前，限制宝清县耕地土壤生产能力的问题是土壤氮磷养分不足，那么随着20多年来化肥投入量和作物产量的持续增长，耕地土壤氮磷养分供应状况的较大改进，"低、费"的问题已经逐步成为耕地土壤质量新一轮的核心问题。

这里"低"主要是指基础地力低。基础地力是指不施肥时农田靠本身肥力可获取的产量。由于耕地基础地力下降，保水保肥性能、耐水耐肥性能差、对干旱、养分不均衡更敏感，对农田管理技术水平更渴求，导致"费"，即土壤更加"吃肥、吃工"，增加产量或维持高产，主要靠化肥、农药、农膜的大量使用。

造成宝清县耕地质量下降技术层面最大的问题是缺少适合农村和农民使用的耕地质量管理技术。一方面，农民经营规模小，农村劳动力人均耕地仅为1.2hm²，并且文化水平和专业化程度低，许多在发达国家行之有效的农田施肥和耕作技术，在我国农村难以推广。另一方面，不同土壤、气候、农田轮作方式、农作技术等自然和生产条件相差很大，再好的技术也不可能适合所有地区，需要通过当地田间试验摸清其使用条件和应用效果，建立分区规范与技术标准。实际上，即使对于农业专业化、规模化程度很高的欧美发达国家，通过大田试验，了解各项措施在不同气候、土壤和栽培条件下的效率，明确告知农民，在当地条件下的各项技术规范也仍然是提高农民整体技术水平最重要的方式。

由于目前科研计划实施期限较短，缺乏系统性和延续性，片面追求高新技术，导致弄清各项技术使用条件和应用效果所必须的长期大田试验研究很难进行，农民主要靠自己摸索，造成施肥、耕作措施不合理的现象十分普遍，同一个村子，在作物、土壤肥力相差不大条件下，不同农户肥料用量相差可超过10倍。为此，在重视现代生物技术、信息技术等高新技术手段研究、应用的同时，重视并加强各地区的大田定位试验，弄清各主要农区各类作物在不同土壤、轮作条件下的需肥规律和适合的栽培技术措施，为农民提供科学而具体的技术规范，是从根本上改变农民施肥与农田管理技术水平落后，实现农民增收的前提。

四、耕地养分变化

与20世纪70年代开展的第二次土壤普查调查结果比较，土壤有机质含量呈下降趋势，有机质含量为一级的比例下降了13.94%，二级的下降了13.81%，三级的增加了29.69%，四级的增加了1.05%。

与第二次土壤普查的调查结果进行比较，宝清县全氮含量由第二次土壤普查含量为2.87g/kg降低到现在的1.93g/kg，变幅由1980年的0.071%~0.82%变化为现在的0.125%~0.442%。全氮含量为一级的比例下降了18.19%，二级的下降了16.26%，三级的增加了26.61%，四级的增加了7.88%。

与第二次土壤普查的调查结果进行比较，宝清县全磷素含量降低了0.067个百分点（第二次土壤普查含量为1.42g/kg，变幅为0.44~3.65g/kg）。调查结果还表明，宝清县全磷含量最高的土壤是黑土，平均达到2.03g/kg；最低是白浆土，平均含量为1.29g/kg；各土壤类型全磷含量差异也不太明显。

与第二次土壤普查的调查结果进行比较，宝清县缓效钾含量增加了 0.719 个百分点（第二次土壤普含量为 23.1g/kg，变幅为 0.5% ~ 4.37%）。调查结果还表明，宝清县全钾含量最高的土壤是草甸白浆土，平均达到 20.2g/kg；最低为沼泽土，平均含量为 14.2g/kg；但各土壤类型之间变化的差异不明显。

与第二次土壤普查结果对比，速效氮含量总体变化不大，大于 200mg/kg 占耕地面积的 84.5%，这次汇总统计的结果为大于 200mg/kg 耕地占 97.01%，提高了 12.51 个百分点，这说明，多年大量施用氮肥和土壤根茬还田及施用化学除草剂等（主要是三氮苯类）对土壤中的速效氮的增加起了作用。

与第二次土壤普查的调查结果进行比较，宝清县有效磷含量由第二次土壤普查含量为 31.36mg/kg 增加到现在的 35.08mg/kg。有效磷含量为一级的比例下降了 3.81%，二级的增加了 11.71%，三级的增加了 34.11%，四级的下降了 39.03%。

与第二次土壤普查的调查结果进行比较，宝清县速效钾含量由第二次土壤普查含量为 222.58mg/kg 下降到现在的 204.32mg/kg。速效钾含量为一级的比例下降了 4.07%，二级的下降了 5.49%，三级的增加了 10.71%，四级的下降了 1.19%。

按照水平分布和土壤类型分析，土壤 pH 由东南向西北逐渐增加，但变化幅度不大。由于土地利用方式不同，也会引起耕地土壤的 pH 变化。统计结果表明，旱地的 pH 平均为 6.3，变化幅度为 5.0 ~ 7.7；水田 pH 平均为 6.0，变化幅度为 5.5 ~ 6.8。从化验结果来看，各乡镇 pH 分布不均，但有下降的趋势，这主要与多年来施用肥料和不同的利用方式有关。

第三节　耕地合理利用与保护的建议

土壤是天、地、生物链环中的重要一环，是最大的生态系统之一，其生成和发育受自然因素和人类活动的综合影响。它的变化会涉及人类的生存、生活和生产各个领域。耕地资源是我国乃至世界的宝贵耕地资源，加强对宝清县耕地资源的养护意义十分重大。今后宝清县耕地质量建设要继续抓好以下几个方面。

第一，以"藏粮于地"的理念，替代"藏粮于库"的做法。我国粮食问题，虽然出现地区性、结构性的供大于求，储备比较充裕。但随着耕地面积的减少调整农业结构、经济特产和养殖面积的扩大，粮食总产量也已经降到近十年的最低水平，供给缺口将日渐扩大。我国加入世界贸易组织后，虽然可以通过国际市场利用国外粮食资源，但市场风云变幻莫测，我们是个拥有 13 亿人口的泱泱大国，不可以有一日短缺问题，引导"藏粮于库"向"藏粮于地"转变，在耕地上建设永不衰竭的"粮仓"，才能使粮食供给立于不败之地。这样，加强耕地质量建设就显得越来越重要了。

第二，加强耕地质量保护，加快实施"沃土工程"。由于过量施用化肥、农药等环境污染，耕地质量遭受严重破坏，变得越来越贫瘠而耕作困难，甚至出现土壤板结硬化、耕作层变浅、保水保肥功能下降等现象，直接影响农作物的生长。因此，必须大力提高耕地的地力水平，加强防治土壤的环境污染。农作物生长以土壤为基础。优质土壤才能生长出"优质、高产、高效、安全"的农产品。这就要求实施"沃土工程"。对土壤增补有机质，培肥地力，加强土壤保肥保水功能，改变土壤理化性状，增强农业发展后劲，坚持走有机农业的发展道路。实现这个要求，就要保护基本农田，制止占用基本农田植树、挖塘养鱼和毁田卖沙等现象。要改善农业生产条件，加强农田基本建设，大力兴修农田水利，增强防洪抗旱功能，提倡节约用水，实现旱涝保收。要推广先进适用的耕作技术，增加科技在农作物中的含量，加强农业机械装备，发展设施农业，逐步改变"亚细亚"小农手工操作的生产方式。要加强农田生态环境的治理，加大绿化造林力度，特别是加强水源林、防护林等建设，涵养水源，护土防风，净化空气，制止水土流失，确保耕地可持续利用。

第三，改造中产田，搞好土地整理。宝清县中产田占耕地面积绝大多数，又地处粮食主产区，对提高粮食综合生产能力关系很大。但长期以来，中产田由于农田投入不足，有机肥施用面积大减，用水管理不善，土层日渐变薄，有机质含量衰减，土壤污染盐化酸化加重，很有必要通过工程、生物、农艺等措施加以改造。这是保护和建设耕地质量的重点，是提高粮食综合生产能力的关键所在，必须通过全面规划，分期分批进行改造，努力建设高标准农田，扩大高产稳产耕地面积。通过土地整理，重新规划田间道路，通水沟渠和防护林建设，实行山、水、田、林、路综合治理。不仅扩大了一定比例的耕地面积，而且改善了农业生产环境，提高了耕地质量，有利于发展规模经营。抓好了这项工程，就为提高农业综合生产能力，特别是粮食综合生产能力，打下了坚实基础。

第四，切实遏制弃耕撂荒，实行耕地有占有补。由于农业特别是粮食效益比较低下，粮价低，成本高，农民负担重，加之城市化发展过程中，有的耕地征而不用，是一些地方出现弃耕撂荒现象的主要原因。今年以来，各地运用各种经济手段，采取优惠政策，提高农民种粮效益，并且开展查荒灭荒活动，对圈地不用者由征用单位承担复耕费用，提倡按照"依法、自愿、有偿"原则流转土地。采取这一系列措施后，弃耕撂荒现象开始得到遏制，粮食种植面积已经出现恢复性增加。这项工作要坚持不懈地抓下去。近几年来，对耕地有占有补，力争占补平衡，虽然做了大量工作，但由于我国人多地少，土地后备资源有限。占用的耕地大都是旱涝保收的农田，而补充的耕地多数是土壤瘠薄的山地丘陵。因此，实现占补平衡仅仅体现在数量上。今后除了继续通过农业综合开发，造田造地，扩大耕地面积外，还需把耕地质量保护的各项措施跟上去，才能改变占优补劣的状况，实现真正意义的占补平衡。

第五，建立耕地质量保护机制，实施耕地质量保护工程。要开展耕地质量的全面调查，摸清不同地区耕地污染和地力衰减状况，为全面治理耕地防止污染提供科学依据。要推进沃土工程、中低产田改造工程、土地整理工程，改造土壤，培肥地力，平衡生态，全面提高耕地质量。要实行最严格的耕地保护制度，严格审批、严格监督、严格执法，对违反《中华人民共和国土地管理法》《中华人民共和国农业法基本农田保护条例》《中华人民共和国农村土地承包法》等法律法规的，要坚决予以制止和纠正，情节严重，构成犯罪的要追究刑事责任。要建立耕地质量鉴测网络，建立定期报告制度，提出针对性的防治措施，把耕地质量建设的各项措施真正落到实处。

第三部分

宝清县耕地地力调查与质量评价
专题报告

第一章　耕地地力评价与种植业生产合理布局

对于世界上人口最多而人均耕地面积相对较少的中国，稳定和增加粮食生产必须作为一项基础性、长期性和战略性目标。近年来，国内外粮食供应和价格的不稳定形势，增加了提高粮食生产的紧迫性和保障粮食安全的重要性。值得注意的是，粮食生产所依赖的耕地资源逐年减少明显，并且绝大多数减少的是粮食播种面积。随着工业化和城市化发展，非农建设占用农业耕地现象突出。另外，由于农业生物技术的发展，种植业单产、总产稳步提高，粮食需求出现了相对过剩的局面，导致大部分农产品价格下跌。即使某种农产品的市场供给稍微紧俏些，也会立即诱发众多地区一哄而上，很快出现滞销积压的局面。面临市场经济的汪洋大海，特别是我国加入 WTO 后，农民们很难把握应该种什么？种多少？在这种情况下，农业产业结构调整不能简单地理解为多种点什么、少种点什么，必须从实际出发，严格按照市场经济规律进行科学决策，寻找新的突破口，从优质、高产、高效品种上寻求新的发展，就成为农业产业结构调整的重要内容。然而，如何科学合理的进行农业结构调整，是当前各级政府和农业科研工作者面临的主要问题。在现有耕地资源逐年减少及后备耕地资源有限的情况下，进行科学的粮食作物生产布局，明确各区域粮食生产发展取向是解决上述问题的关键。利用先进的科学技术对作物种植适宜性进行评价并合理安排农业生产意义非常重大。

随着信息技术在国民经济和社会发展中的广泛应用，信息技术对生产力乃至人类文明发展的巨大作用越来越明显，信息化水平已成为衡量一个国家和地区现代化水平的重要标志。农业信息化的服务对象首先是农业行政管理人员和技术干部，他们主导着农业信息化建设进程，掌握着农业方面的政策和经费资源，必须让他们能够使用并使之离不开农业信息技术。建立面向区域的农业资源管理与决策指挥系统，为他们提供农业宏观信息、产业结构布局、资源优化调配、疫病应急方案等，使农业信息技术成为各级领导日常工作和生活的一部分。本评价工作将利用高科技的手段，结合数学、地理信息系统、土壤学和农学等多学科的知识，对宝清县大田主要作物进行种植适宜性评价，划分作物适宜性等级，并形成宝清县主要作物的适宜性等级图，为农业行政管理人员和技术干部提供信息，为农业生产合理布局提供科学的数据依据。

第一节　水稻生产合理布局

一、水稻种植背景调查

民以食为天，食以粮为源。历代政府和商贸部门都十分重视水稻的生产。我国是世界上主要的水稻生产国，水稻种植面积很广，北至黑龙江，西达新疆，稻米也是我国人民主要粮食之一。东北地区是我国水稻主产区，更是优质粳稻的最主要产区。20世纪80年代以来，东北水稻生产得到了快速发展，稻谷产量占全国稻谷总产量的比重不断提高。1980年东北水稻种植面积为84.9万hm²，仅占全国水稻总面积的2.5%；2007年达到358.4万hm²，占全国水稻总面积的12.4%。从产量来看，1980年东北水稻产量占全国水稻总产量的3.0%；2007年产量已达到2 422.9万t，较1980年增长了3.89倍，占全国水稻总产量的比重也达到了13.0%。东北水稻在我国粳稻生产的地位尤为明显，水稻优质化率在70%以上。东北地区土壤肥沃、昼夜温差大、雨热同季、无污染，是优质绿色粳稻理想的种植区域，多年来已逐渐形成了优质与高产并重、质量与效益并举、生产与加工结合的良好局面。

位于黑龙江省三江平原的宝清县是全世界仅有的几块净土之一，自然状态好、生态优势强，农业发展历史短，环境污染程度低，地势平坦、土质肥沃、河流纵横、水质优良、蓝天碧水、绿洲净土，水资源丰富，地表水和地下水总贮量约有73.8亿m³，可利用量为35.31亿m³，占水资源总量的47.8%。农作物生育季节雨量适中，适于发展水稻生产。全县耕地按14.7万hm²计算，平均每公顷土地占有2.4万m³的水资源，约为三江平原平均水平的3倍。土质肥沃，水质优良，灌溉用水基本无污染，又属于冻土带的一年一季稻作制，土壤休闲时间长，病虫害发生种类少、频率低、程度轻，有机肥源相对较充足，水稻灌浆期温度适宜，这一切条件都非常有利于生产绿色优质粳米。

根据统计数据，宝清县水稻种植面积从1980年到2004年增加了8.5倍，单产增加了98%，化肥的施用量增加了6.8倍。这个数据说明随着化肥投入量的增加，单产水平也在增加，但提高不多。而总产水平的增加主要是由于宝清县水稻种植面积的加大。发展水稻生产是宝清县农业发展计划之一，因此，合理规划和科学地布局水稻生产并配合先进的科学技术是当务之急。

此次耕地地力调查和评价工作为宝清县作物适宜性布局提供一个非常好的条件，我们在黑龙江省土肥站和技术依托单位中国科学院东北地理所的支持下，将2008年宝清县采集的2 690个土壤样点、农田调查和考察数据、统计数据综合使用，对宝清县水稻种植的适宜性和合理布局进行了分析和评价。为宝清县的水稻生产科学化和现代化打下了坚实的基础。

二、水稻适宜性评价结果分析

水稻适宜性评价方法采用了田间采样调查分析、地理信息系统空间分析和模糊数学等方法的结合完成。具体请见耕地地力调查和质量评价报告。在此基础上对水稻生产合理布局撰写分析报告。

水稻适宜性评价结果，将宝清县水稻适宜性评价划分为4个等级：属于高度适宜种植的水稻生产面积为10 561.63hm²，占宝清县总耕地面积的7.16%；属于适宜水稻种植面积为38 984.45hm²，占宝清县总耕地面积的26.42%，说明宝清可种植水稻的面积应该在33.5%左右；勉强适宜的种植面积为39 365.16hm²，占宝清县总耕地面积的26.68%。这些耕地在生产布局上可以根据未来宝清县水资源状况和其他实际情况发展水稻或种植其他作物。水稻适宜性评价结果总体描述见表3-1-1。

表 3 - 1 - 1　水稻的适宜性评价结果

适宜性等级	面积（hm²）	占全县耕地面积的比例（%）
高度适宜	10 561.63	7.16
适宜	38 984.45	26.42
勉强适宜	39 365.16	26.68
不适宜	58 638.76	39.74

　　水稻高度适宜耕地面积 10 561.63hm²，占全县总面积 7.16%，主要分布在宝清镇、朝阳乡、夹信子镇、尖山子乡、龙头镇、七星河乡、青原镇、万金山乡、小城子镇。超过万公顷以上的有 7 个乡镇，除七星泡镇外均有分布。其中，万金山乡适宜耕地面积最大。万金山乡是宝清县水稻种植的重点乡镇，水稻种植面积目前已达 4 533.3hm²，90% 以上的农户都采取大棚育秧、机械插秧的种植方式。其他高度适宜种植水稻的乡镇也可以向万金山乡学习，提高水稻产量。

　　水稻适宜耕地面积 38 984.45hm²，占全县总面积 26% 左右，各乡都有分布。按面积大小排序为尖山子乡 > 青原镇 > 宝清镇 > 七星河乡 > 朝阳乡 > 七星泡镇 > 万金山乡 > 夹信子镇 > 龙头镇 > 小城子镇。

　　水稻勉强适宜耕地面积 39 365.16hm²，占全县总面积 26.68%，各县均有分布，主要分布在尖山子乡、宝清镇等地。

　　水稻不适宜耕地面积 58 638.76hm²，约占全县总面积的 39.7%，各乡均有分布，面积最大区域在七星泡镇。各乡（镇）水稻种植程度在乡镇所占的面积比例情况见图 3 - 1 - 1。

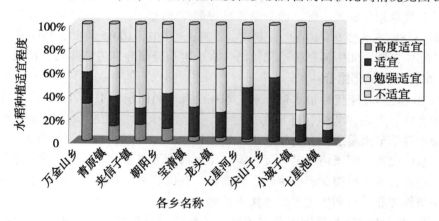

图 3 - 1 - 1　各乡（镇）水稻种植不同适宜性分布情况

　　按照适宜性评价，万金山乡、青原镇、夹信子镇、宝清镇、龙头镇七星河乡和尖山子乡水源充足，土壤养分好，地势平坦应首选考虑多发展水稻生产。而七星泡镇、小城子镇和部分乡镇的部分区域不适宜种植水稻，而适合种植其他作物。

三、水稻合理种植的对策与建议

　　我国是发展中的农业大国，改革开放以来，农业和农村经济快速发展，基本上解决了农民的温饱问题，目前正处于消除贫困、提高农民收入水平和实现"小康"的发展阶段，但同时在农业发展中存在着人口众多、农产品供给不足、资源相对紧缺、经济欠发达、生产力水平不高和日益严重的环境污染等新旧问题，这些问题制约着我国农业的可持续发展。立足国情，在未来相当长时间内，我国依然要把农业发展放在首位，探索出一条既高产优质高效又有良好资源环境的集约持续发展模式，重点提高农业生产的科技进步水平，达到生产、经济、生态的同步协调持续发展。

在水稻生产布局时可以综合运用经济学、耕作学、作物栽培学、农业生态学、农业气候学与农业系统工程等相关学科的基本理论，采用宏观与微观研究相结合、定量研究与定性分析相结合、统计分析与数学模型相结合的研究方法，探索宝清县水稻生产潜力，在评价水稻适宜性种植的基础上，深入调研，提出未来宝清县水稻可持续发展的、可行的技术途径及产业开发的战略对策，并应按照水稻种植适宜性评价结果中高度适宜和适宜的耕地，安排水稻种植计划。

从宝清县地区经济发展、资源条件、技术进步等各方面来看，发展水稻生产具有很大潜力。温光水资源丰富，扩大面积潜力较大；采取综合有效措施，单产提高潜力较大。主要措施如下。

（一）提高耕地质量

通过合理施肥、加强大型水利工程、小型农田水利基础设施建设、土地整理等建设，扩大有效灌溉面积，提高耕地防灾减灾能力，建设高产稳产稻田，可有效提高单产水平。研究表明，若将 10% 低产田改造为中产田，将中产田改造为高产田，则可增产稻谷 3.7%。

宝清县根据测土配方施肥地力等级及适宜性，因地制宜制定宝清县水稻施肥技术。做到有机肥深施，亩施 1.2 ~ 1.5t，施化肥等各种用量，根据不同的耕地地力水平和适宜性种植程度，有针对性地指导农民施肥，而不是像过去那样笼统地定一个施肥量。参考范围可以在施纯磷 3.4 ~ 3.8kg，纯氮 9 ~ 10kg，纯钾 2 ~ 2.5kg。其中，100% 磷肥、35% 氮肥、50% 钾肥做底肥，65% 氮肥、50% 钾肥做追肥，结合水稻生长分蘖分别追施蘖肥、穗肥。

（二）水稻品种优化组合

宝清自 20 世纪 80 年代种植水稻以来，现在已有水稻面积约 1.7 万 hm^2。宝清水资源充沛、自然状态好、生态优势强，环境污染度低，地势平坦、土质肥沃、河流纵横、水质优良，农作物生育季节雨量适中，比较适于发展水稻生产。而且，地处高纬度的寒地稻作区，土质肥沃，水质优良，灌溉用水基本无污染；又大都属于冻土带的一年一季稻作制，土壤休闲时间长，病虫害发生种类少、频率低、程度轻，有机肥源相对较充足；水稻灌浆期温度适宜；这一切条件都非常有利于生产绿色优质粳米。

2008 年宝清县为进一步挖掘粮食增产潜力、全面提升粮食生产水平，在粮食高产创建活动中充分发挥良种增产增收的作用，本着主栽品种突出、搭配品种合理的原则，在多方调研和广泛征求专家、生产者、经营者、使用者意见的基础上，制订了《宝清县 2008 年主要粮食作物高产优质品种区域布局规划》。该区域水稻种植布局规划确定了宝清县的第二积温带、第三积温带、第四积温带的主栽、搭配和苗头品种（表 3 - 1 - 2）。

表 3-1-2　宝清县 2008 年水稻高产优质品种区域布局规划

品种	第二积温带	第三积温带	第四积温带
主栽品种	龙粳 12、垦稻 10、垦稻 12	空育 131、龙粳 14、龙粳 16、龙粳 12	三江 1 号、垦稻 9 号
搭配品种	富士光、龙盾 101	垦稻 11	龙稻 2 号
苗头品种	龙粳 19、龙粳 18、绥粳 8	龙粳 20、龙粳 15	黑粳 8

优化水稻品种和季节结构。随着轻简栽培技术，特别是机械化技术的发展，已使水稻收获的季节压力大大减轻，特别是受暖冬气候影响，适宜播种插秧的季节也开始提早，因此，在生产中适当采用生育期较长的水稻品种，充分利用光温资源，提高水稻生物量，可提高早稻单产水平。以目前早晚稻单产差距的一半计算，则早稻亩产可提高 20kg。

根据对比调查，超级稻新品种大面积亩产一般比普通种增产 50kg。从 2005 年起，农业部已全面启动超级稻育种和推广的"6326 工程"，力争利用 6 年的时间，新培育并形成超级稻主导品种 20 个，推广面积达到全国水稻种植面积的 30%（约 800 万 hm²），超级稻每亩平均增产 60kg 左右。

大力推广现代适用技术。生产实践已经证明，由于栽培管理技术的不同，同一个品种在同一个地点的同一季节种植，产量差异可达到每公顷 1 500kg，幅度达到 20% ~ 30%。在实际生产中，只要找准限制单产提高的技术性障碍因子，提高现代适用技术的到位率，就可以实现技术的增产潜力。

（三）充分利用现代育种技术和现代经营方式

充分利用现代育种技术和现代经营方式，提高品质的潜力较大。受短缺经济影响，我国水稻育种目标、生产目标等长期以提高产量为主。随着我国稻米消费水平的稳定和居民消费水平的提高，以及稻谷产需形势的好转，客观上为优质稻发展带来较大的发展空间。从国内外品质差距看，目前我国稻米的外观品质与国外的差距较大，在蒸煮食味品质和营养品质方面差异不明显。因此，进一步改善我国稻米品种的外观品质，可大大提高整体品质水平。从育种科技看，近几年来，不育系的稻米品质已得到较大的提高，而不育系品质的改善，对占我国水稻面积 60% 以上杂交稻品质的提高具有重要意义；特别是生物技术的发展，如分子标记辅助育种技术的发展，将有利于选择性改良稻米品质。从产业经营水平看，近几年我国优质稻的发展，特别是高档优质稻的发展，主要得益于订单农业的发展。因为订单粮食在优质稻品种选择、大田生产以及晾晒和收购环节均有较为严格的标准，有利于大米品质的保障，特别是随着稻米加工龙头企业的发展，大米加工机械和加工工艺更为优良，更有利于高品质大米的加工。

（四）大力推广全程机械化生产

宝清县与几个大型农场毗邻，为机械化生产带来了有利的条件。大力推广全程机械化生产，节本增收的潜力较大。实践表明，水稻种植、收获两个环节实现机械化作业可分别减少劳动用工量 40% 和 76%，大幅度提高工效；机械栽插比人工手插平均节约成本 450 元/hm² 左右，提高单产 375kg/hm²；机械收获较人工收获节省成本 300 元/hm²。另外，水稻生产全程机械化不仅减轻了农民的劳动强度，有效争抢农时，提高了水稻产量，而且机械化收获可减少损失 3%～5%，低温干燥可减少霉烂损失 4% 以上，机插育秧秧田利用率比常规育秧提高 8～10 倍，可大幅度提高劳动生产率。另外，通过大力发展稻谷精深加工和综合利用，不断完善和延长产业链，将稻谷"吃干榨尽"，充分释放产业链各环节的增效潜力，可最大限度地提高水稻效益。

（五）坚持因地制宜、规模发展的原则

坚持因地制宜、规模发展的原则。以保护资源、环境为前提，以完善的栽培技术和产品加工技术为保证，以生产力的持续提高为基础，实现产业化开发，重点突出其经济效益，促进其种植规模的扩大，并从发挥其生态改善作用和控制生产的环境负效应两方面，提高其生态效能，从而实现高产、优质、高效，确保水稻生产、经济、生态持续性的统一，保证持续发展的集约型发展模式。

宝清县水资源丰富，现建成宝石河、幸福、七星河三处万亩以上自流灌区及零星灌区，2.87 万 hm^2 的龙头桥水库灌区正在建设中（已完成灌区农业综合开发面积 0.95 万 hm^2）。因此，宝清县根据水源和水稻种植适宜性，至 2010 年宝清县水稻将发展至 3 万 hm^2。

（六）改进农田管理配套技术

水稻生产技术主要是围绕水稻生产的产前、产中、产后相结合的成套技术系统。产前涉及种植制度的安排，品种的选育，地力的培育；产中包括水稻的育苗、密植、施肥、灌溉等方面的技术和理论体系；产后包括水稻（粮食）的脱粒、干燥、精选、加工、储藏等各个环节，以及全程的病虫防治。

水稻产中配套技术包括耕作栽培技术、化肥施用技术、植保技术等。人们往往注重通过品种的更新来提高单产，从而忽视了栽培技术的改进。在某种程度上说，改进栽培技术在增产中的作用可能更大。如水稻旱育秧技术，巧妙地解决了北方地区有效积温不足的问题，从而为播种面积扩大奠定了技术基础。有关专家研究认为，在稻米增产过程中，品种更新的作用占 35%～40%，栽培技术改进占 60%～65%。因此，采用合理的施肥技术，科学的田间管理技术是非常重要的。

而目前的状况是病虫预测预报系统不健全，植保信息服务跟不上，不能够对病虫害进行防治，只能依靠大量施用农药，病虫抗药性增强，既加大了防治成本，也降低了防治效果，同时使稻米产品质量安全受到威胁。施肥上没有按照配方施肥，不能做到按照土壤的丰缺程度进行合理施肥，因此，必须利用此次农业部的测土配方施肥项目，为农民提供配方肥，保证耕地质量，提高水稻产量和质量。

在水稻的后期加工上，要形成产业化，实现脱粒、干燥、精选、加工、储藏等规模运行模式。稻谷除了加工成大米主产品，将碎米、米糠、稻壳等副产品加工转化为多种功能性淀粉、脂肪替代物、功能性蛋白、米糠营养素、膳食纤维、功能性多肽及活性炭等多种食品、医药、化工等原料，使稻谷资源增值 3～5 倍。

形成稻米生产产业化。目前，世界上美国、日本、西欧等发达国家许多粮油加工企业已实现产业化。向发达国家学习，向国内先进地区学习，拓宽水稻产品的销售模式。宝清县多方面综合改进提高水稻产量和质量是有很大潜力的。

第二节 大豆生产合理布局

一、大豆种植背景调查

宝清县地域广阔，全境总面积 10 001.27km²，是物产富饶的"天府之县"，全县地貌结构复杂，各种地形俱备，大体上是四山、一岗、三平、二低，称为"四山一水四分田，半分芦苇半草原"的自然景貌。境内有山地、丘陵、平原、沼泽、河川 5 种地形。宝清县也是粮食生产大县，总耕地面积 15.89 万 hm²，其中大豆历年播种面积 7.33 万 hm² 以上，占全县总耕地面积的 46.2%，是黑龙江省主要的大豆生产基地县之一。

宝清县种植大豆具有悠久的历史，全县现播种面积已达 7.33 万 hm² 以上，是全县面积最大的作物种类。根据统计数据，宝清县大豆种植面积由 1980 年到 2004 年增加了 3.5 倍，化肥投入的总量增加了 6.8 倍，而单产仅增加了 35%。

宝清县地形地貌复杂，气候条件也不尽相同，所以，在大豆生产布局时要综合运用经济学、耕作学、作物栽培学、农业生态学、农业气象学、农业系统工程等相关学科的基本理论，采用宏观与微观研究相结合、定量研究与定性分析相结合、统计分析与数学模型相结合的研究方法，探索宝清县大豆生产潜力，在评价大豆适宜性种植的基础上，深入调研，提出未来宝清县大豆可持续发展的可行的技术途径及产业开发的战略对策。并应按照大豆种植适宜性评价结果中高度适宜和适宜的耕地，安排大豆种植计划。宝清县如果要提高大豆产量保护生态平衡还有很多艰巨的工作要做。

二、大豆适宜性种植结果分析

通过适宜性评价可知，大豆高度适宜和适宜性耕地占全县耕地面积的 68.57% 左右，不适宜种植大豆的耕地仅占 8.1% 左右（表 3－1－3，图 3－1－2）。这也说明宝清县自然环境好、生态环境优越、环境污染程度低、土质肥沃、地势平坦，且农作物生育期间雨量充沛，很适合于大豆种植，是生产绿色大豆的理想之处。

表 3－1－3 大豆种植不同适宜程度面积

适宜性	面积（hm²）	占全县耕地面积比例（%）
高度适宜	16 348.24	13.15
适宜	80 718.72	55.42
勉强适宜	37 653.28	23.31
不适宜	12 829.76	8.13

从图 3－1－2 中可见，宝清县尖山子乡、朝阳乡、龙头镇等有部分地区高度适合种植大豆，全县大部分乡镇除七星泡镇不太适合种植大豆外，其他地区均适合种植大豆。

从大豆种植适宜性评价结果中，可得出结论，宝清县中南部、东部大部分地区（宝清

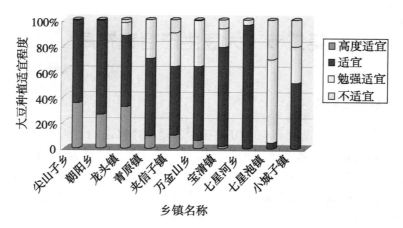

图 3 - 1 - 2 大豆种植不同适宜程度各乡（镇）分布情况

镇、夹信子、朝阳、龙头、尖山子、万金山等乡镇）为大豆适宜种植区域；北部适宜大豆种植地区主要分布在七星河乡、青原镇；西部适宜种植大豆的地区主要分布在小城子镇。全县大豆种植适宜地块面积共 97 066.96hm²，占全县总耕地面积 68.57%。

所以，在大豆布局上，应本着因地制宜的总原则进行合理规划。宝清县中南部、西部地区山区较为集中，小气候明显，昼夜温差大，非常适合种植高油、高蛋白特色大豆品种，所以应将这部分地区作为高油、高蛋白特色大豆的主要区划地区；东部、北部地区以平原为主，可将其作为以普通大豆种植为主，兼或特色大豆种植区域。

三、大豆种植合理布局的对策与建议

宝清县种植大豆有得天独厚的自然条件，第一，从气温条件上说，宝清县≥10℃活动积温历年平均为 2 570.1℃，无霜期为 143.3 天，很适合种植大豆，且昼夜温差大，既有利于光合产物的积累，使得大豆具有很丰富的增产潜力，也非常有利于大豆油脂含量的增加，提高产品品质。第二，从日照条件上说，宝清县处于高纬度带，属于长日照地区。日照充足，太阳幅射量与长江中下游地区相同。但利用率很低，一般不超过 0.4%。为提高光能利用率，近年来宝清县在大豆生产上开始推广应用"小垄密"栽培技术，增加群体密度以提高光合作用效率。第三，从降水条件上说，宝清县年平均降水量 548.6mm，雨热同期，植物生长繁茂，年生长量大，每年留在土壤中的有机质较多，冬季寒冷干燥，有机残体分解矿化较缓慢。因此，在雨热同期的条件下，有利于土壤有机质的积累，这就是宝清县土壤腐殖质深厚、有机质含量高的气候条件，土壤有机质中含有丰富的养分，且营养全面，这为大豆更好的生长发育，充分发挥其产量及品质潜力，创造了极好的土壤条件。

（一）大豆品种合理搭配

2008 年宝清县为进一步挖掘粮食增产潜力，全面提升粮食生产水平，在粮食高产创建活动中充分发挥良种增产增收的作用，本着"主栽品种突出，搭配品种合理"的原则，在多方调研和广泛征求专家、生产者、经营者、使用者意见的基础上，制订了《宝清县 2008 年主要粮食作物高产优质品种区域布局规划》。该区域大豆种植布局规划确定了宝清县的第二积温带、第三积温带的主栽、搭配和苗头品种（表 3 - 1 - 4）。

表 3 - 1 - 4　宝清县 2008 年主要大豆作物高产优质品种区域布局规划

项目	第二积温带	第三积温带
主栽品种	合丰 50、黑农 44、合丰 45、垦丰 16、黑农 48	合丰 47、绥农 24、垦农 18、和丰 25
搭配品种	黑农 45、黑农 46、黑农 43	绥农 14、合丰 40
苗头品种	黑农 58、合丰 55	合丰 51、垦农 30

宝清县的气候、地理及资源优势，决定选择高油、高蛋白等特色大豆品种，提高产品的产量和质量，给农民带来更好的经济效益，是大豆增产增收的一条较好的捷径。从大豆种植适宜性评价结果中可得出结论：宝清县中南部、东部大部分地区（宝清、夹信子、朝阳、龙头、尖山子、万金山等乡镇）为大豆适宜种植区域；北部适宜大豆种植地区主要分布在七星河乡、青原镇；西部适宜种植大豆的地区主要分布在小城子镇。全县大豆种植适宜地块共 97 066.96hm²，占全县总耕地面积 68.57%。

所以，在大豆布局上，应本着因地制宜的总原则进行合理规划。宝清县中南部、西部地区山区较为集中，小气候明显，昼夜温差大，非常适合种植高油、高蛋白特色大豆品种，如高油品种合丰 47 号、高蛋白品种黑农 48 号等，所以，应将这部分地区作为高油、高蛋白特色大豆的主要区划地区，兼或普通大豆品种，如合丰 25 号等；东部、北部地区以平原为主，可将其作为以普通大豆种植为主，如合丰 50 号、合丰 45 号、垦丰 16 号、绥农 24 号等，兼或特色大豆，如高油品种黑农 44 号、高蛋白品种黑农 48 号等的种植区域。

（二）提高耕地质量，促进大豆高产

1. 整地质量

宝清县农村目前整地质量差是一大通病，大部分耕地均不进行翻耕、耙、耢作业，致使耕地春季防涝抗旱性能差，不能保证一次全苗。所以，保证整地质量，是发挥大豆增产潜力的一项重要的技术措施。今后在全县逐步全面推广应用秋、春翻、耙、耢的耕作措施，改善土壤物理结构，为大豆一次播种保全苗及大豆正常的生长发育，创造宽松的条件。在全县逐步全面推广应用秋翻、耙、耢的耕作措施，改善土壤物理结构，为大豆一次播种保全苗及大豆正常的生长发育，创造宽松的条件。

2. 规范大豆施肥和农药施用

测土配方施肥是彻底改变宝清县过去农村大豆施肥杂、滥的状况，规范全县大豆科学用肥，进一步挖掘大豆增产潜力的一项重要技术措施。

全面推广应用耕地地力评价成果和测土配方施肥技术，彻底改变宝清县过去大豆施肥的杂、滥问题，规范全县大豆科学施肥水平，是提高全县大豆单产水平的重要途径；推广平衡施肥技术，关键在技术和物资的配套服务，解决有方无肥、有肥不专的问题，因此，要把平衡施肥技术落到实处，必须实行"测、配、产、供、施"一条龙服务，通过配肥站的建立，生产出各施肥区域所需的专用型肥料，农民依据配肥站贮存的技术档案购买到自己所需的高产肥，确保技术实施到位。

无机化肥的大量使用，破坏了土壤物理、化学结构，造成土壤板结的后果，已为人们所共识。推广应用生物菌肥，可以活化土壤微生物，激活土壤生物酶，将土壤孔隙中极难溶于水的无机化合物（如磷酸盐、硫酸盐等）释放出来，其中的营养成分供植物利用，长年坚持，可使土壤孔隙度得到极大的改观，土壤结构得到改善。从长远角度看，发展畜牧业，增加有机肥料来源，大力推广应用秸秆还田，从根本上改良土壤结构，增加土壤有机质含量，这对于大豆种植面积偏大的宝清县具有非常重要的意义。

高残留、高毒农药的大量使用，造成严重的环境污染，也危害着人类的身体健康，早已成为人们的共识。而高残留除草剂的大量使用，不但污染了土壤环境，甚至作物合理的调茬、换茬，都成了大问题。如豆田高残留除草剂豆磺隆、咪草烟的大面积使用，会在两年，甚至数年不能种植其他作物，只能种植大豆，而玉米田如施用了阿特拉津，会至少一年时间不能种植大豆，造成人为的茬口不可调换而连年重茬的结果。所以，目前在全县范围内全面推广应用低残留除草剂，清除人为不可调换茬口的情况，也是一项重要的推广工作内容。

3. 采用先进技术，提高大豆品质和产量

宝清县大豆面积偏大，是历史问题，是本地农民早已熟悉掌握了的作物种植品种，习惯成自然的结果。所以，欲实现合理轮作、科学换茬，必须适当地压缩大豆种植面积，而实现这一目标，除市场经济杠杆的因素外，增加经济作物及禾谷类作物种植面积，向农民广泛宣传大豆连年种植的危害、种植经济作物（如白瓜）及禾谷类作物的经济效益的可观性，给广大农民算足算细经济效益账，是压缩大豆种植面积的一条重要途径。

近年来，宝清县大豆生产中也存在着许多问题，最突出的就是由于宝清县大豆播种面积过大，禾谷类作物面积锐减，打破了20世纪80年代中后期以前的禾—禾—豆、禾—杂—豆、禾—豆—禾等轮作制，重茬现象十分严重，根腐病、孢囊线虫等病虫害发生比较普遍，大豆的产量和质量受到了很大影响。而全县农民多年来就有种植大豆的习惯，且种植大豆的实践经验最为丰富，要通过合理轮作来消灭大豆重（迎）茬是相对困难的。因此，为解决这个问题，自20世纪90年代初以后，全县采用种衣剂拌种，或克百威、甲拌磷处理等办法进行防治，收到过良好的效果，但这些高毒农药却污染了土壤环境，不利于农业可持续性发展。近年来，宝清县开始尝试推广使用无毒无公害的生物种衣剂，效果显著。采用这种生物农药防治大豆重迎茬带来的病虫害，是有效提高大豆产品产量和质量，净化土壤环境，保证全县农业可持续性发展的重要技术措施；自此，宝清县开始了以生物防治法解决大豆重（迎）茬带来的负面影响的新路子。

宝清县这些年虽然大面积推广应用大豆"三垄"栽培技术，目前推广应用面积已达4.67万 hm^2，占大豆总面积的63.6%，但到位率很低，在技术实施过程中不规范、跑粗走样情况十分严重，不能很好地充分发挥大豆"三垄"栽培技术的增产作用。而其他先进的农业栽培技术就更少有人采用了。进入21世纪以来，宝清县又开始推广应用大豆"小垄密"栽培技术，增产效果虽然比较显著，但技术也未能够全部到位。因此，宝清县目前大豆生产再登新台阶，并不在于继续推广应用新的栽培技术问题，而是如何将近年来推广应用的大豆生产技术规范化、标准化，充分发挥这些新技术的增产潜力问题。在向农民宣传普及这些新技术时，应将其增产原理讲透，宣传到位，提高广大农民主动标准化种植意识。通过规范化、标准化推广应用大豆"小垄密"提高大豆光能利用率和耕地利用率，通过规范化、标准化推广应用大豆"三垄"栽培技术，充分有效发挥、提高各农业自然资源综合利用率，实现大豆增产增收的目的。

4. 提倡大豆连片种植，提高中、大型农业机械应用水平

从长远计划来看，宝清县将来实现大豆连片种植，大、中型农业机械大有用武之地，降低大豆生产成本，提高大豆经济效益，是相对挖掘大豆生产潜力的一项重要措施。

第三节　玉米种植适宜性和农业生产合理布局

一、玉米种植背景调查

宝清县玉米近年播种面积 4.67 万 hm^2 以上，占全县总耕地面积的 12.6%，是宝清县第二大粮食作物。统计数据表明：宝清县玉米种植面积由 1980 年到 2004 年增加了 28%，单产增加了 2.9 倍，化肥的总施用量增加了 6.8 倍。

宝清县种植玉米有得天独厚的自然条件，第一，从气温条件上说，宝清县 ≥10℃ 活动积温历年平均为 2 570.1℃，无霜期为 143.3 天，很适合种植早熟至中熟玉米，且昼夜温差大，非常有利于淀粉的积累，使得玉米具有很丰富的增产潜力，且也非常有利于提高产品品质。第二，从日照条件上说，宝清县处于高纬度带，属于长日照地区。日照充足，太阳辐射量与长江中下游地区相同。但利用率很低，一般不超过 0.4%。为提高光能利用率，近年来宝清县在玉米生产上开始推广应用玉米通透栽培技术，采用植株效应型玉米品种，通过高矮间作或增加植株密度，最大限度地充分利用光能，增加边际效应，以提高光合作用效率，最后实现增产增收的目的。第三，从降水条件上说，宝清县年平均降水量 548.6mm，雨热同期，植物生长繁茂，年生长量大，每年留于土壤中的有机质较多，冬季寒冷干燥，有机残体分解矿化较缓慢。因此，在雨热同期的条件下，有利于土壤有机质的积累，这就是宝清县土壤腐殖质深厚、有机质含量高的气候条件，土壤有机质中含有丰富的养分，且营养全面，这为玉米更好的生长发育，充分发挥其产量及品质潜力，创造了极好的土壤条件。

二、玉米适宜性种植结果分析

此次利用田间采样的 2 690 个样点和实地调查数据，结合数学和空间分析的方法，对宝清县玉米种植的适宜性进行了评价，评价结果如表 3 - 1 - 5 所示。

表 3 - 1 - 5　玉米种植适宜性面积分布情况

适宜性	面积（hm^2）	占全县耕地面积比例（%）
高度适宜	11 794.86	7.99
适宜	103 247.98	69.97
勉强适宜	22 918.19	15.53
不适宜	9 588.97	6.50

从表 3 - 1 - 5 中看出，高度适宜种植玉米的区域占 7.99%，适宜种植的区域约占 70%，两项加起来大约占宝清耕地面积的 78%。这个比例是相当大的。宝清县玉米种植适宜区的

分布见图 3 - 1 - 3。

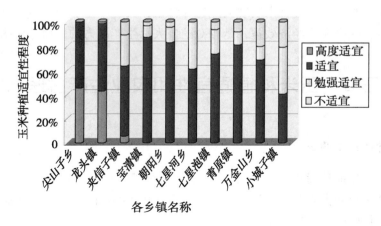

图 3 - 1 - 3　各乡（镇）玉米种植适宜程度分布

从图 3 - 1 - 3 可以看出，尖山子乡、龙头镇基本上所有的耕地都适宜种植玉米，而其他各乡镇虽然没有种植玉米的高度适宜区域，但是适宜种植玉米的区域都非常大。

三、玉米种植合理布局的对策与建议

（一）品种合理应用

宝清县种植玉米具有悠久的历史，全县现播种面积已达 4.67 万 hm² 以上，是全县仅次于大豆的第二大粮食作物品类。但是，宝清县地域广阔，地形地貌复杂，气候条件也不尽相同，所以，要在评价玉米适宜性种植的基础上，深入调研，提出未来宝清县玉米可持续发展的可行的技术途径及产业开发的战略对策。并应按照玉米种植适宜性评价结果中高度适宜和适宜的耕地，安排玉米种植计划。

这些年来，宝清县的玉米种植一直以普通商品型为主，玉米种类比较单一。虽然早已摒弃了尽管产量高但品质差的马齿型玉米，而改为了硬质优质型玉米品种，但经济型玉米（如爆花玉米、甜玉米、黏玉米、水果玉米等）的种植发展缓慢，形不成规模，当然这与宝清县经济型玉米加工企业严重短缺有直接关系，但也与本地农民的思想观念有关，如果将种植的经济型玉米申请注册商标，并进行无菌包装，即使宝清县没有经济型玉米加工企业，也是很有市场潜力的，这无疑是使当地农民种田致富的新路子。因此，要在玉米品种合理搭配方面积极地指导农户，促进品种的改良，提高作物的品质和产量。

2008 年宝清县为进一步挖掘粮食增产潜力，全面提升粮食生产水平，在粮食高产创建活动中充分发挥良种增产增收的作用，本着"主栽品种突出，搭配品种合理"的原则，在多方调研和广泛征求专家、生产者、经营者、使用者意见的基础上，制订了《宝清县 2008年主要粮食作物高产优质品种区域布局规划》。该区域玉米种植布局规划确定了宝清县的第二、第三积温带的主栽、搭配和苗头品种（表 3 - 1 - 6）。

表 3 - 1 - 6　宝清县 2008 年玉米高产优质品种区域布局规划

积温带作物	第二积温带	第三积温带
主栽品种	绥玉 7 号、绿单 1 号	克单 8 号
搭配品种	龙单 30、北单 2 号	海玉 5 号、克单 9 号
苗头品种	克单 10、垦单 9 号	德美亚 2 号

宝清县的气候、地理及资源优势，决定了玉米优良品种的选择是很优越的，品种有效积温可在 2 300 ~ 2 500℃中选择，使得县内不同的地域都有不同的优良品种与之相对应，最大限度地挖掘不同地域玉米的增产潜力。从玉米种植适宜性评价结果中可得出结论：高度适宜耕地主要集中在尖山子乡、龙头镇，面积总计 11 103.71hm²；玉米适宜耕地面积 103 247.98hm²，占全县总面积的 69.97% 左右，各乡都有分布，但主要分布在七星泡镇、宝清镇、青原镇、朝阳乡、尖山子乡、万金山乡、夹信子镇、七星河乡等乡镇，地势比较平缓。对七星泡镇、宝清镇、青原镇、尖山子乡、万金山乡等第二积温带下限地区，宜选用绥玉 7 号、绿单 1 号作为主栽品种，搭配龙单 30 号、北单 2 号；七星河乡、朝阳乡部分地区、夹信子镇南部的第三积温带区域，宜选择克单 8 号作为主栽品种，搭配海玉 5 号、克单 9 号。

（二）合理施肥提高地力

但是，这些年来，宝清县玉米生产中也存在着许多问题，突出的问题有两方面。第一，就是由于宝清县玉米施肥水平较低，不能将玉米需要的中、微量元素与氮磷钾肥料科学地结合起来使用，使得玉米秃尖较多、穗较小、产量低。第二，玉米施肥氮磷钾比例失调，氮肥施用量偏高，致使玉米抗逆性下降。

本次耕地地力评价和作物适宜性评价，为测土配方施肥提供了一个非常精确的、到农户地块的耕地肥力和地力质量，可以根据本次研究成果结合测土配方施肥为农户提供更加科学的施肥指导，彻底改变宝清县过去农村玉米施肥杂、滥的状况，规范全县玉米科学用肥，是进一步挖掘玉米增产潜力的重要技术措施。

我们将大力推广应用耕地地力评价结果，结合计算机施肥指导的方法针对每个地块制订科学施肥计划，为农民提供科学的配方肥。

（三）提高农田管理水平

1. 提高整地质量，增加粮食生产潜力

在玉米合理布局种植的前提下，提高农田管理水平。在整地方面，改变宝清县整地质量差的通病。目前大部分耕地均不进行翻耕、耙、耢作业，致使耕地春季防涝抗旱性能差，不能保证一次全苗。所以，要在全县逐步全面推广应用秋、春翻、耙、耢的耕作措施，改善土壤物理结构，为玉米一次播种保全苗及玉米正常的生长发育，创造宽松的条件。保证整地质量，是挖掘玉米增产潜力的一项重要的技术措施之一。

2. 大力推广应用玉米优良品种，培植苗头品种

从气温条件上说，宝清县≥10℃活动积温历年平均为 2 570.1℃，无霜期为 143.3 天，很适合种植早熟至中熟玉米，且昼夜温差大，非常有利于淀粉的积累，使得玉米具有很丰富的增产潜力，且也非常有利于提高产品品质；第二，从日照条件上说，宝清县处于高纬度带，属于长日照地区。日照充足，太阳辐射量与长江中下游地区相同。但利用率很低，一般不超过 0.4%。如何发挥宝清县光照资源丰富和土质肥沃，有机质含量较高的优势，可以采用先进的生产技术。比如通过大力推广应用玉米"通透"栽培技术，高矮作物间作，通过大力推广应用植株收敛型玉米品种，合理增加栽培密度，最大限度地开发宝清县光能资源，挖掘玉米生产潜力。开发经济型玉米，将来形成规模，形成产业，是带动一方农民走向富裕的一条新路子。宝清县具有生产经济型玉米（如爆裂型玉米、甜玉米、黏玉米等）得天独厚的自然条件，一旦形成地方品牌，即可打开县域外的市场，同时通过招商引资，在宝清县投产经济型玉米加工企业，则前景更为广阔。

3. 大力推广应用先进的玉米生产技术

宝清县光照资源丰富、且土质肥沃，有机质含量较高，所以利用这些优势，通过大力推广应用玉米"通透"栽培技术，高矮作物间作，通过大力推广应用植株收敛型玉米品种，合理增加栽培密度，最大限度地开发宝清县光能资源，挖掘玉米生产潜力。近年来宝清县为提高光能利用率，在玉米生产上开始推广应用玉米通透栽培技术，和采用植株效应型玉米品种，通过高矮间作或增加植株密度，最大限度地充分利用光能，增加边际效应，以提高光合作用效率，最后实现增产增收的目的。

4. 规范玉米施肥

测土配方施肥是彻底改变宝清县过去农村玉米施肥杂、滥的状况，规范全县玉米科学用肥，进一步挖掘玉米增产潜力的又一项重要技术措施。全面推广应用测土配方施肥技术，彻底改变宝清县过去玉米施肥的杂、滥问题，规范全县玉米科学施肥水平，是提高全县玉米单产水平的重要途径。

测土配方施肥，关键在采样的准确性、高度的代表性和肥料配方的科学性。采样的准确性要求采样技术人员本着实事求是，对农民高度负责的精神，严格按照标准操作；高度的代表性要求采样技术人员所选择的地块能够比较正确地反映出该区域的土质情况、养分均衡情况等；肥料配方的科学性要求技术人员在配方时，不但要根据测出的土壤速效养分含量，而且要根据作物需肥规律、肥料利用率、结合本地实际，做出科学合理的肥料配方来。

无机化肥的大量使用，破坏了土壤物理、化学结构，造成土壤板结的后果，已为人们所共识。推广应用生物菌肥，可以活化土壤微生物，激活土壤生物酶，将土壤孔隙中极难溶于水的无机化合物（如磷酸盐、硫酸盐等）释放出来，其中的营养成分供植物利用，长年坚持，可使土壤孔隙度得到极大的改观，土壤结构得到改善。

大面积推广应用玉米秸秆还田技术，对改善土壤结构，保护生态环境具有非常重要的意义。长期以来，宝清县凡生产玉米的地块，在玉米收获后，只有少部分作为燃料，大部分就地焚毁，既污染了土壤环境和大气环境，又浪费了有机肥料资源。所以，玉米秸秆还田技术的推广应用，是宝清县保护耕地资源，走农业可持续性发展战略的一个重要组成部分。

从长远角度看，宝清县应继续大力发展畜牧业，增加有机肥料来源，从根本上改良土壤结构，增加土壤有机质含量。

5. 全面推广应用低残留农药，创造作物合理轮作的条件

高残留、高毒农药的大量使用，造成严重的环境污染，也危害着人类的身体健康，早已成为人们的共识。而高残留除草剂的大量使用，不但污染了土壤环境，甚至作物合理的调茬、换茬，都成了大问题。如玉米田高残留除草剂阿特拉津的大面积使用，土壤残留期可达一年，对一些敏感性作物如瓜类、马铃薯等作物，甚至可达两年之久不能种植，只能种植玉

米，造成人为的茬口不可调换的结果。所以，目前，在全县范围内全面推广应用低残留除草剂，清除人为不可调换茬口的情况，也是一项重要的推广工作内容。

6. 将推广应用玉米连片种植，纳入宝清县玉米种植长远规划

玉米连片种植，有利于宝清县大、中型农业机械的引进和大面积推广应用，可相对降低玉米生产成本，提高玉米生产的经济效益。

第四节　种植业生产合理布局

一、粮豆作物

根据耕地土壤及生态条件的要求进行作物面积的调整。对于单季稻区，提倡实行粮经作物合理轮作间作套种，提高复种指数。

（一）水稻

水稻是宝清县的主要粮食作物，20 年来已走出一条"稳定面积，优化结构，提高单产，稳定总产，改善品质，提高效益"的路子。通过改进耕作制度，依靠科技进步，使单产总产有了大幅度提高。宝清县水稻适宜的种植面积为 4.954 万 hm^2，占耕地总面积的 33.58%；近几年宝清县水稻种植面积大致在 1.1 万 hm^2，根据水稻适宜性评价和水资源特点，宝清县水稻种植面积应在 1.5 万 hm^2 以下。

（二）玉米

玉米面积占粮食作物面积 16.5%，产量占 40%。自 1987 年实施省"丰收计划"，面积稳定在 2.2 万 hm^2 左右。通过定面积、定单位、定技术方案，推广良种密植，垵种坐水，推广紧凑型玉米及配套增产技术，玉米产量有所提高。宝清县玉米适宜种植面积为 11.504 万 hm^2，占耕地总面积的 77.97%；近几年宝清县玉米种植面积大致在 2.5 万 hm^2，根据玉米适宜性评价、粮食生产总体要求、轮作的需要和市场价格，宝清县玉米种植面积应在 5 万 ~ 6 万 hm^2。

（三）大豆

大豆面积一般占粮豆面积 60% 左右，产量占粮豆总产量 41%。自 1990 年参加省"丰收计划"竞赛，普及"良种匀植，双肥深施，防治病虫，不重不迎"的大豆综合栽培模式以来，使大豆亩单产突破了 150kg。推行大豆密植技术全部采用精量播种深松，分层施肥，窄行等技术，大豆行间覆膜技术，大豆重迎茬防治技术，使大豆产量有较大提高。宝清县大豆适宜种植面积为 9.707 万 hm^2，占耕地总面积的 65.79%；近几年宝清县大豆种植面积大致在 8.5 万 hm^2，根据大豆适宜性评价、避免大豆重迎茬和市场价格，宝清县大豆种植面积应在 5.5 万 hm^2。

二、经济作物

（一）白瓜籽

宝清县白瓜籽生产历史较早，但因品种质差，产量低，发展缓慢。引进优质大板少权白瓜籽，使白瓜籽生产迅速发展。到 2005 年，白瓜籽种植面积已达 1.16 万 hm^2，产值大幅度

提高。在形成万亩白瓜籽乡镇的基础上，稳定白瓜籽种植面积，实施订单农业，产销一条龙。

（二）蔬菜作物

实现陆地蔬菜、地膜覆盖、棚室蔬菜相结合的蔬菜生产。宝清县在建设菜园子，丰富菜篮子工程中，通过建立基地、引进新品种、加强技术指导等措施，改变了品种单一，上市时间晚，价格高的问题，不但满足了城镇居民的需求，而且蔬菜生产成为农民致富的一门产业。

在宝清镇建起日光节能温室 20 栋 5 000 m^2，引进国内外 30 多个特色品种，每平方米比普通棚室效益提高 1 倍。使蔬菜保护地形成了日光节能温室、普通温室、塑料大、中、小棚的格局。保证全县蔬菜生产面积在 5 000 hm^2 以上。

（三）其他生产

1. 菌类生产

宝清县菌类生产以黑木耳、菇类著称。木耳段已发展 3 000 万段。发展生态农业，采取保护和利用并举方针，天然木耳段稳定在 3 000 万段，不再增加。引进地摆木耳生产技术，利用锯末、农作物秸秆生产木耳途径增加农民收入。到 2005 年，全县地摆木耳已发展到 300 万袋，产值 300 万元；各种菇类面积已达 1.3 万 m^2。近几年，菌类生产已向多品种发展，有黑木耳、平菇、滑菇、金针菇等 10 多个品种，滑菇已达 30 万 m^2，金针菇 1.2 万 m^2。同时引进加工厂，进行产、加、销一条龙服务。

2. 药材生产

宝清县除利用低山区自然资源采集大量野生药材外，引进龙胆草、黄芪、甘草、黄芩、林下参、平贝母等药材品种 11 个，不断扩大种植面积。最终实现粮经饲种植结构为 82.1 ：16.9 ：1.0 的优化结构。

第二章 宝清县耕地地力评价与土壤改良措施

随着社会经济的发展、农业生产水平的不断提高及自然因素的改变，耕地地力与质量也随之发生变化。不仅耕作管理水平和耕作制度发生了变化，耕地土壤的理化性状、立地条件、剖面结构也发生了变化，尤其在农田水利基本建设过程中，在种植结构调整中和不同的开发利用中对耕地地力和质量的影响极为重要，如旱田改水田、荒地垦殖、低洼地种稻修渠、植树造林、退耕还草还湿等系列措施都影响着耕地地力和质量水平。当今处于人口众多、耕地较少这一现状，这就要求将现有的耕地地力和质量进行较为客观的综合评价，对耕地地力和质量较差的田块进行调整和改良，这是农业生产发展中亟待解决的课题。

第一节 开展专题调查的背景

一、区域气候和水资源变化

（一）气候干旱、降水量减少

宝清平均年降水量在 500～650mm，最大年降水量可达 800mm，近十几年来，一方面在大气环流的影响下，另一方面在人为活动的作用下，特别是由于湿地的大面积开垦、水面积减少，气候发生了显著变化。从实验中可以得出：10 年为一代的前 5 年与后 5 年中，自然降水的增减呈明显的周期性（阶段性）。20 世纪 50 年代呈"前少后多"的增减方式：前 5 年降水少，全区平均为 551mm，其中发生 2 个多雨年；后 5 年降水增多，全区平均为 643mm，其中发生 4 个多雨年。20 世纪 60 年代转换为"前多后少"的增减方式：前 5 年全区平均降水增至 598mm，平均发生 3.5 个多雨年；后 5 年全区平均降水减至 502mm，其中平均发生 1.3 个多雨年。由此看出，以 10 年为一代、5 年为一阶段的自然降水周期性增减明显。据气象资料，三江平原的年降水量比过去减少了 180mm 左右，比其他可比地区减少了 100mm；在同一纬度带内黑龙江省的松嫩平原降水量每年递减 4mm，而三江平原每年递减 9mm 左右。1990 年以来，黑龙江春夏持续高温，燥热无雨，干旱更加严重。三江平原连续 7 年干旱，1993 年、1998 年、2000 年春季发生大旱。2000 年春夏遇到百年未遇大旱，降水量比历史同期减少了 70%～80%，农业损失惨重。分析三江平原每 10 年平均气温的变化，20 世纪 50 年代至今每 10 年以 0.4℃ 的平均速度增长，42 年增长 1.6℃，特别是 20 世纪 70 年代后期增长较为明显，与全球气候变暖有趋势一致的表现。

（二）水资源减少，地下水位持续下降

由于湿地的退化，引起气候变干、地表水减少，人们为了高产增效，大量开采浅层地下

水，从而引起地下水位持续下降。据资料分析，该区地下水平均降速为 0.5~1m，局部地区 2.2~2.8m。水位同 20 世纪 80 年代中期相比，本地区下降了 10~12m，二级阶地地区下降了 4~9m，一级阶地地区下降了 2m。局部地段由于超采，还出现了降落漏斗，面积达 680km²。

二、人为影响因素

农业是唯一的、不可代替的把人们不能贮存、不能利用的太阳能转化为能贮存、能利用的化学能的产业。土壤是农业生产最基本的生产资料，人们为了生存和生活而不断地对土壤进行干预和改造。在人为影响下，土壤的变化要比自然情况下迅速得多，而变化的方向有积极地向着更有利的方向发展的，也有消极地使土壤受到破坏的。"治之得宜，肥力常新"的农业思想就是从我国几千年农业发展历史中总结出来的。但是，粮田变沙漠、沃土变荒田的例子在人类历史上也不少见。据记载，宝清县自 1234 年就有人集居开荒，但大面积开垦荒地却是在新中国成立之后。

新中国成立初期的宝清县仅有耕地 3.3 万 hm²，到 1983 年已达 12.9 万 hm²，增加了约 3 倍。粮豆薯总产量 1983 年比 1949 年增加了 2 倍，35 年间粮食总产平均年递增 5.5%，人口却增加了 286%。随着开荒面积的扩大、人口的增加，居民点、道路及排灌工程相应地增加，改变了原来的生态平衡，明显地影响了土壤的发展变化，主要表现在以下几个方面。

（一）土壤肥力下降

开垦之前，在宝清县夏季温暖多雨的气候条件下，植物生长繁茂，每年遗留于土壤中的有机物质多。据有关资料记载，"五花草塘"植被，每年遗留于土壤中的干物质在 300kg 左右，每亩 1m 土层内根量为 800kg；小叶樟—苔草—丛桦草落，地上部每年每亩生长 200kg 干物质。由于荒地土壤在含林植被覆盖下，土壤含水量大，滞水性强，土壤通气不良，冻结时间长，作物生物活动弱，这些有机物质得不到充分分解，而以腐殖质的形式贮存于土壤之中，从而形成深厚的腐殖质层。事物都具有两重性，并在一定条件下向对立面转化。开垦之后，由于消除和降低了滞水及地下水位，改善了土壤通气条件，提高了地温，土壤微生物的种类、数量增多和活动能力的增强，加速了腐殖质的分解，提高了土壤肥力，促进了作物生长。但耕种日久，取之于土壤的物质大于归还给土壤中的物质，土壤中的养分日益减少。据本次调查，黑土荒地有机质含量平均为 112g/kg，耕种 40 年后平均含量下降到 39.9g/kg，草甸土荒地有机质含量平均为 165.9g/kg，耕种 50 年后平均含量下降到 38.4g/kg。其他养分含量也有明显下降。

（二）土壤侵蚀加剧

在自然植被保护下的荒地土壤，土壤的受蚀程度极为微弱。随着土地的不断开垦，宝清县荒地面积已由 1949 年的 14 万 hm² 下降到 5.1 万 hm²（1983 年）；森林连年采伐，有林地面积大幅度缩小，1962 年至 1980 年 18 年间，林业用地减少 2.3%，平均每年减少 0.14 万 hm²，有林地减少 35.6%。自然植被的破坏，生态失去平衡，坡耕地面积的增加，加重了土壤侵蚀，使之在坡度较大的地方，出现了一些"挂画地"、弃耕地以及生产能力极低的低产土壤。特别是地形起伏较大的白浆土、黑土地区，耕地土壤侵蚀更为严重，致使某些地块的黑土层变薄而演变成黄土，如万金山乡万隆村南侧，仅几年时间就冲刷出两条宽 2m、深 1.5m 的冲刷沟；红光村西的岗地白浆土腐殖质层已剥蚀殆尽，使土壤资源遭到严重破坏。

宝清县水土流失面积达 16.7 万 hm^2 以上，占总土壤面积的 42.5%；其中，耕地占 6.13 万 hm^2 以上，约占宝清县总耕地面积的 47%。风蚀的危害在宝清县也日趋加重，由于风害的影响，每年都有一定的毁种面积。

（三）灌溉与排涝

随着耕地面积的扩大和农业生产的发展，宝清县修筑了大量的农田水利工程。其中，有 8 个自流灌区、264 眼机电井、水库塘坝 9 处，灌溉面积达 1.1 万 hm^2，占现有耕地的 9.7%。在灌溉条件的影响下，有些土壤脱离了原来成土过程，增加了新的内容。如方胜、二道村的一些地块，经过多年种植水稻的过程，土壤就增加了一些水稻土的新内容，如草甸土型水稻土潜水位升高，腐殖质层上部便有锈纹锈斑，下部潜育斑块增多，白浆土型水稻土的黑土层由原来的灰黑色变为灰色，并有一定数量的锈斑，白浆层锈斑也明显增多。宝清县有 0.67 万 hm^2 以上的涝区两处，0.2 万 hm^2 以上涝区 5 处，易涝面积达 8.67 万 hm^2。新中国成立后，宝清县防洪治涝工作得到党和人民政府的重视。新中国成立 35 年来，修筑防洪堤坝 331.34km，动用土方 389 万 m^3，保护了 8 个乡镇、71 个村屯，治涝面积 2.87 万 hm^2 以上，占易涝耕地面积的 33.2%。特别是党的十一届三中全会以来，东升涝区修筑防洪堤坝 129km，使 2.53 万 hm^2 沼泽土改变了原来成土方向，而朝着有利于农业生产的方向发展。

（四）土壤耕作

耕作对表层土壤（0~20cm）的影响最急剧、深刻。合理耕作能调节土壤水、肥、气、热四性，加厚熟化层，创造较好的土体构造，从而有利于增强土壤上、下层有机质的腐殖化、矿化和土壤养分的有效化，加速土壤熟化，促进增产；反之，则会破坏土壤结构，加剧土壤侵蚀、黏稠化、沙化的发展，形成紧实、致密的犁底层。宝清县土壤耕作随着农机具的改革，而相应发展。新中国成立初期使用畜力和木犁，以垄作为基础，以扣种为中心的"杯、扣、搅"轮作制。垄作虽有利于提高地温，排除多余的水分，但耕层浅，久之则形成三角形犁底层，土壤生产能力不高。20 世纪 60 年代实行了农具改革，在"机、马、牛"相结合、新农具和畜力农具并存的条件下，又采取了"翻、扣、穰"结合、垄作平作并存的轮作制，打破了三角形犁底层，加深了耕层，作物产量显著提高。但由于长期同一深度的机械耕翻，又形成了平面的犁底层。70 年代后期又发展了深松耕法，实行了"深、翻、耕、扣、耙"相结合的轮作制，加深了耕层，打破了犁底层，改善了土壤物理性质。但目前各乡、村之间发展不平衡，多数乡、村尚未建立起合理的耕作制，在土壤耕作上仍处于平翻过多、翻耙脱节的问题。

（五）施肥

增施肥料，是调节和改善土壤养分状况，改良和培肥土壤，保证农作物丰收的基本措施。但宝清县历史以来施肥水平就很低，这可能与土壤基础肥力高、耕地面积多以及可以从开荒扩大耕地面积来增加粮食总产，而不注重提高单产的粗放经营思想有关。20 世纪 50 年代主要依靠土壤的自然肥力发展农业生产，对土壤完全是一种掠夺式的经营。60 年代农家肥的积造工作有了发展，生产先进的乡、村开始施用少量化肥，农业生产仍然是以消耗自然肥力为主。到了 70 年代，由于认识到土壤肥力的减退和受开荒面积的限制，有机肥积造数量才有了明显的增加，化肥施用数量也有一定的发展。1957—1972 年 15 年间，平均每亩施农家肥 4kg、化肥 2kg（指商品量）。但是，宝清县自 1983 年全面落实农业生产责任制以来，充分地调动了农民的生产积极性，在广大农村出现了学科学、用科学的高潮，施肥数量和质量都有明显的提高。1983 年宝清县每亩施化肥量提高到 10kg。但与省内外其他地方相比，施肥量也是极低的，增施粪肥，提高产量的潜力很大。

总的来说，宝清县土壤在人为因素影响下，土壤肥力是在减退的，这是事实，但这并不是说土壤肥力减退是不可抗拒的。它可以通过科学技术的发展和人们对土壤肥力演变认识的提高，对土壤进行定向的培肥，使之持续利用。

三、耕地质量问题显现

如果说，在 20 世纪 80 年代之前，限制宝清县耕地土壤生产能力的问题是土壤氮磷养分不足，那么随着 20 多年来化肥投入量和作物产量的持续增长，耕地土壤氮磷养分供应状况的较大改进，"低、费"的问题已经逐步成为耕地土壤质量新一轮的核心问题。

这里"低"主要是指基础地力低。基础地力是指不施肥时农田靠本身肥力可获取的产量。由于耕地基础地力下降，保水保肥性能、耐水耐肥性能差、对干旱、养分不均衡更敏感，对农田管理技术水平更渴求，导致"费"，即土壤更加"吃肥、吃工"，增加产量或维持高产，主要靠化肥、农药、农膜的大量使用。

造成宝清县耕地质量下降技术层面最大的问题是缺少适合农村和农民使用的耕地质量管理技术。一方面，农民经营规模小，农村劳动力人均耕地平均仅 1.2hm² 耕地，并且文化水平和专业化程度低，许多在发达国家行之有效的农田施肥和耕作技术，在我国农村难以推广。另一方面，不同土壤、气候、农田轮作方式、农作技术等自然和生产条件相差很大，再好的技术也不可能适合所有地区，需要通过当地田间试验摸清其使用条件和应用效果，建立分区规范与技术标准。实际上，即使对农业专业化、规模化程度很高的欧美发达国家而言，通过大田试验，了解各项措施在不同气候、土壤和栽培条件下的效率，明确地告知农民，在当地条件下的各项技术规范也仍然是提高农民整体技术水平最重要的方式。

由于目前科研计划实施期限较短，缺乏系统性和延续性，片面追求高新技术，导致弄清各项技术使用条件和应用效果所必须的长期大田试验研究很难进行，农民主要靠自己摸索，造成施肥、耕作措施不合理的现象十分普遍，同一个村子，在作物、土壤肥力相差不大条件下，不同农户肥料用量相差可超过 10 倍。为此，在重视现代生物技术、信息技术等高新技术手段研究、应用的同时，重视并加强各地区的大田定位试验，弄清各主要农区各类作物在不同土壤、轮作条件下的需肥规律和适合的栽培技术措施，为农民提供科学而具体的技术规范，是从根本上改变农民施肥与农田管理技术水平落后，实现农民增收的前提。

四、耕地养分变化

与 20 世纪 70 年代开展的第二次土壤普查结果比较，土壤有机质含量呈下降趋势，有机质含量为一级的比例下降了 13.94%，二级的下降 13.81%，三级的增加了 29.69%，四级的增加了 1.05%。

与第二次土壤普查的调查结果进行比较，宝清县全氮含量由第二次土壤普查含量为 2.87g/kg 降低到现在的 1.93g/kg，变幅由 1980 年的 0.071% ~ 0.82% 变化为现在的 0.125% ~ 0.442%。全氮含量为一级的比例下降了 18.19%，二级的下降了 16.26%，三级的增加了 26.61%，四级的增加了 7.88%。

与第二次土壤普查的调查结果进行比较，宝清县全磷素含量降低了 0.067 个百分点（第二次土壤普查含量为 1.42g/kg，变幅为 0.44~3.65g/kg）。调查结果还表明，宝清县全磷含量最高的土壤是黑土，平均达到 2.03g/kg，最低的是白浆土，平均含量为 1.29g/kg，各土壤类型全磷含量差异也不太明显。

与第二次土壤普查的调查结果进行比较，宝清县全钾含量增加了 0.719 个百分点（第二次土壤普含量为 23.1g/kg，变幅为 0.5%~4.37%）。调查结果还表明，宝清县全钾含量最高的土壤是草甸白浆土，平均达到 20.2g/kg，最低的为沼泽土，平均含量为 14.2g/kg。但各土壤类型之间变化的差异不明显。

与第二次土壤普查的调查结果对比，总体变化不大，大于 200mg/kg 占耕地面积的 84.5%，这次汇总统计的结果为大于 200mg/kg 的耕地占 97.01%，提高了 12.51 个百分点，这说明多年大量施用氮肥和土壤根茬还田及施用化学除草剂等（主要是三氮苯类）对土壤中的速效氮素增加起到了作用。

与第二次土壤普查的调查结果进行比较，宝清县有效磷含量由第二次土壤普查含量为 31.36mg/kg 增加到现在的 35.08mg/kg。有效磷含量为一级的比例下降 3.81%，二级的增加了 11.71%，三级的增加了 34.11%，四级的下降了 39.03%。

与第二次土壤普查的调查结果进行比较，宝清县速效钾含量由第二次土壤普查含量为 222.58mg/kg 下降到现在的 204.32mg/kg。速效钾含量为一级的比例下降了 4.07%，二级的下降了 5.49%，三级的增加了 10.71%，四级的下降了 1.19%。

按照水平分布和土壤类型的分析结果，土壤 pH 值由东南向西北逐渐增加，但变化幅度不大。土地利用方式的不同也会引起耕地土壤的 pH 值变化。统计结果表明，旱地的 pH 值平均为 6.3，变化幅度在 5.0~7.7；水田 pH 值平均为 6.0，变化幅度在 5.5~6.8。从化验结果来看，各乡（镇）pH 值分布不均，但有下降的趋势，这主要与多年来施用肥料和不同的利用方式有关。

第二节　土壤改良措施

宝清县根据地力评价把土壤改良分区进行。耕地利用改良是在充分分析耕地质量评价各项成果的基础上，根据耕地组合、肥力属性及其自然条件、农业经济条件的内在联系进行的。根据宝清县耕地与自然状况，把宝清县耕地改良分为 4 个区，9 个亚区。

一、西部、南部低山丘陵林农副区

该区位于宝清县西部和南部，包括 14 个村。该区的利用方向应以林为主，林、农和多种经营相结合。

（一）低山丘陵暗棕壤亚区

该亚区是宝清县西部和南部的边缘地区，包括 10 个村、3 个县属林场。该亚区地形复杂，山谷纵横。地下水较深，成土条件较差。自然植被以天然次生杂木林为主。该亚区土层薄，土性热潮，易旱，而谷地则易涝。有些地方由于自然植被破坏、水土流失严重，农业生产能力低。为了合理地利用土地资源，在耕地利用改良方面，今后应抓好以下措施。

（1）该亚区是宝清县唯一的木材产区，要实行封山育林，严禁毁林开荒、乱砍滥伐；

加强林木扶育，合理采伐，促进生态平衡。

（2）加强农田基本建设，防止水土流失，对坡度较大的瘠薄地块要退耕还林。修筑环山截水沟等水土保持工程，防止山水急泄。沟谷地要修整河道，健全排水设施。排除地表水，降低地下水位。耕地要合理耕作，保持土壤肥力。

（3）要发挥该亚区土地面积大和资源丰富之优势，充分利用山区资原，发展林、牧、副业生产。在农业生产方面，要选用早熟高产品种，积极发展大豆及薯类作物，建立健全耕作与轮作制。

（二）低山丘陵白浆化暗棕壤亚区

该亚区主要分布于宝清县西南部的小城子镇、龙头镇、朝阳乡及东方红林场等地，在暗棕壤亚区北部边缘地带，其自然景观与暗棕壤亚区相似。该亚区气候温暖，适于各种农作物生长，与暗棕壤亚区相比，无霜期长 5～20 天，活动积温多 50～100℃。土壤以白浆化暗棕壤为主，其次为草甸暗棕壤。耕地存在的主要问题：土壤侵蚀严重，肥力下降，农业生产能力低，单产不高，农业结构不完善等。在耕地利用改良方面今后应抓好以下措施。

（1）防止水土流失。要严禁毁林开荒，保护自然植被，对于坡度大的耕地要退耕还林，修筑环山截水沟等水土保待工程。

（2）增施有机肥，合理深松深耕。该亚区黑土层薄，一般只有 15～18cm，其下便是结构紧实的白浆层，土壤肥力不高，水流失严重。因此，要增施有机肥，提高土壤肥力，改善土壤物理性质；增加化肥用量，合理搭配氮磷钾比例；推广秸秆还田。要积极地推广深松耕法，加厚活土层，改善白浆层，增强土壤的通透性能，增加土壤的蓄水能力。但深松要因地制宜，注意防旱保墒、深松与施肥等措施相结合，效果尤为显著。该亚区耕作制度不尽合理，致使有些地块形成坚实致密的犁底层和有些地块的白浆层被翻入耕层，恶化了土壤物理性质，降低了土壤供肥能力。今后应建立合理的耕作制度，减少平翻，增加深松面积，杜绝春翻，搞好蓄水型农业，以利抗旱保墒和防止水土流失。

二、丘陵漫岗农林区

该区属于平原与山地的过渡地带。主要分布在宝福公路两侧及夹信子乡、朝阳乡、尖山子乡和万金山乡。该区耕地利用方向应以农为主，农林结合。按其土壤特点可分为白浆土亚区、黑土亚区和草甸土亚区。

（一）丘陵漫岗白浆土亚区

该亚区位于低山丘陵林农区边缘的小城子镇、朝阳乡、万金山乡、尖山子乡等地，包括26 个自然村。该亚区地形比较复杂，以漫岗为主，岗、坡、洼交错。由于黑土层薄，养分总储量较低。该亚区耕地利用方向应以种植业为主，农林结合。耕地存在的主要问题：土壤侵蚀严重，黑土层较薄，土壤质地黏重，保水能力差，因而易旱，单产不高。

今后耕地利用改良应抓以下措施：加强水土保持工作，要以治坡为主，沟坡兼治。措施应以营造水土保持林、田间水土保持工程、调整坡耕地垄向，结合农业耕作及其他措施，千方百计地减少地面径流，保护土壤资源。合理耕作，推广深松翻法，加深土壤熟化层，提高土壤的蓄水能力。其他改良利用措施同白浆化暗棕壤亚区。

（二）丘陵漫岗黑土亚区

该区是宝清县开发最早的主要农业生产区。主要分布在宝福公路两侧及夹信子、万金山、尖山子等乡镇的 43 个村。该亚区为波状起伏的漫岗地形，岗、平、洼交错。气候条件好，无霜期 130 ~ 140 天。土壤类型以黑土为主，草甸黑土次之，在平川地形部位上也分布着少量草甸土。该亚区是宝清县农业开发较早的地区，相比之下人多地少。土壤的生产性能较好。耕地存在的主要问题：由于地形具有一定坡度，土壤侵蚀现象普遍存在；用地与养地脱节，土壤肥力明显下降，耕作制度不尽合理，形成厚度不一、坚实程度各异的犁底层，成为该亚区土壤中的一个次生障碍层次。今后耕地改良利用应抓以下措施。

（1）加强水土保持工作。要因害设防，加强农田基本建设，大力营造农田防护林，提高地面覆盖率，采取综合措施，防止土壤侵蚀。

（2）增施有机肥，恢复提高土壤肥力。改变种地不上粪和单靠化肥增产的办法，要千方百计地提高和保持土壤有机质含量，充分挖掘有机肥源，改造有机肥的积造方法，提高其质量和增加数量，创造条件扩大秸秆还田面积，合理施用化肥，不断提高单产水平。

（3）合理耕作，减少耕翻次数，扩大深松面积，打破犁底层，改善土壤的物理性质，建立合理的耕作与轮作制度，提高耕地质量等级。

（三）丘陵漫岗草甸土亚区

该区主要分布在宝清镇、万金山乡及夹信子镇、龙头镇沿挠力河和宝石河两岸各村。该亚区以平川地形为主。气候温和，有效积温和无霜期与黑土亚区相近，适于各种农作物生长。土壤类型以草甸土为主，其次是草甸黑土和草甸白浆土。在农业生产中，土壤存在的主要问题：土壤过湿易涝。由于地势低，地下水位高，土壤经常处于过湿状态。该区内河流弯曲系数大，河槽浅，排泄不畅，在集中降雨期易泛滥成灾而导致大幅度减产。黏底草甸土由于质地黏稠、冷浆、耕性不良，因而春季养分释放缓，发老苗，不发小苗；沙底草甸土漏水漏肥，土壤潜在肥力低，不抗旱，农业生产能力低。由于近几年连续干旱、有些单位及个人在防洪堤内及河套中盲目开垦荒地，破坏了自然植被，加剧了水土流失。今后的主要利用改良措施如下。

（1）修筑防洪水利工程，防止洪水泛滥；保护好现有的防洪堤坝，堵塞缺口，修补断堤，修筑完善排水系统，降低地下水位，提高地温，协调土壤四性。在易旱的沙底草甸土上，要利用好丰富的地表水和地下水资源，扩大灌溉面积。

（2）调整水田与旱田的面积。调整规划好二道、方胜、万北 3 个灌区，搞好灌、排水利工程，平整土地，改变粗放的种植方式，实行科学种稻，建设稳定的、高水平的水田。

（3）禁止在河套地内开荒，保护自然植被，控制水土流失，扶育改造荒地草原，积极发展畜牧业生产，利用自然水面，发展养鱼事业，扩大经济来源。

三、北部平原农牧区

该区位于宝清镇十八里村、青原镇及万金山乡、尖山子乡北部，七星泡镇（凉水），七星泡镇乡东部，七星河乡的西南部。该区土壤利用方向应以农为主，农牧结合。按其土壤特点可分为北部平原草甸土亚区和北部平原碳酸盐草甸土亚区。

（一）北部平原草甸土亚区

该亚区位于宝清镇至十八里村公路以东，万金山乡新兴村和朝阳乡东旺村以北地区，包括 29 个村。该亚区从宏观上看，地势平坦，但此地形变化复杂，有古河道和泡沼、平、洼交错、地下水位一般在 1 ~ 3m，贮量丰富，成土条件好。垦前自然植被以小叶樟为主，气候温和，热量丰富。土壤以草甸土为主，其次是草甸黑土。土壤肥沃，是宝清县粮食主产区。在农业生产中，土壤存在的主要问题：黏稠、冷浆，耕性不良，潜在肥力虽然较高，但春季速效养分释放能力低，具有不得伏雨不发苗的特点。在集中降雨期，易形成短期内涝，耕作制度不合理，形成坚硬的犁底层，阻碍了土壤水分循环和作物生长。为了合理地利用土地资源，充分发挥耕地资源的经济效益，今后主要利用改良措施如下。

（1）加强农田基本建设，修建田间水利工程，排除地表水，降低地下水位，提高地温，促进土壤熟化。建立适应当地土壤条件的耕作制度，实行松、翻、耙相给合，用地与养地相结合。建立以小麦、大豆、玉米为主的轮作体系，科学种田，努力提高粮食单产。

（2）深松改土。深松对改良黏质草甸土具有工省效宏的作用，深松可以促进土壤熟化，提高土壤有效肥力，改善土壤的通透性能，降低潜水水位，增加土壤的蓄水能力，具有明显的抗旱除涝作用。深松处理后，大豆平均增产12.3%，玉米增产11.6%。

（3）增肥改土，调整氮磷钾比例；增施有机肥不但可以提高土壤肥力，而且能改善土壤的物理性质；要积极创造条件，扩大秸秆还田面积，要充分利用就近取材的便利条件，利用河沙、炉灰改土。增加化肥用量，根据测土施肥，调节氮磷钾比例。

（4）调整种植结构。要创造条件，充分利用地表水和地下水资源，发展水稻生产。搞好水田基本建设，整顿排灌系统，平整土地，建设高标准的水田；扩大水田机械作业，科学种稻，提高单位面积产量。

（二）北部碳酸盐草甸土亚区

该亚区位于宝清镇高家村、双泉村以北，七星泡镇德兴村以东，七星河乡，尖山子乡东红村以北的平原地区。该亚区成土母质为沉积物，垦前生长着以小叶樟、芦苇等为生的草甸植被。地下水位较高，热量丰富，雨量充沛。土壤以碳酸盐草甸土为主，其次为草甸土。该亚区主要为旱作农业，产量中等。在农业生产中，土壤存在的主要问题：土体构造不良，在过渡层或表层即有碳酸钙积聚层，土质黏稠，透水性极弱，抗旱涝能力低，在多雨季节或年份出现土层滞水及潜水型涝害。碳酸盐草甸土适耕期短，因此，常在土壤过湿状态下进行田间机械作业，耕层土壤结构遭到破坏，使之演变成黏土，呈现湿时泥泞、干时坚硬，土壤水、肥、气、热失调而减产。今后耕地利用改良应抓好以下措施。

（1）超深松改土排涝。超深松具有明显的治涝效果，据观测，在降水量达208mm的条件下，超深松地块土壤水分下渗深度达50cm，比平翻地块深20cm，田间持水量比平翻地块提高比16.8mm。

（2）以肥改土。增施有机肥不但能提高土壤肥力，而且还能改善土壤结构，提高地温，促进作物生长。增施磷钾肥，氮磷钾配合，改进施肥方法，减少磷素固定，提高经济效益。

（3）因土种植，适时播种，及对铲蹚。碳酸钙积聚层出现在35cm以上的地块，不适于种植大豆，应改种甜菜、向日葵等耐盐碱作物，要适时播种，以免延误农时。由于该土湿时黏稠，干时坚硬，所以整地质量往往欠佳，影响播种质量，不易抓苗。要适当增加播种量，加强田间管理，防止后期草、苗齐长。

四、东北部低平原农、牧、副、渔区

该区位于宝清县东北部，包括尖山子乡、青原镇的前进、庆东、卫东村以东，北至县界。该区利用方向应为农、牧、副业全面发展。根据该区的土壤特点和耕地组合情况，可分

为草甸土亚区和沼泽土亚区

（一）东北低平原草甸土亚区

该亚区位于东发村以东，小挠力河以西，尖山子乡头道林子村以南地区。地势低平，海拔在 63~67m，此地形复杂，有碟形洼地、古河道、平地等。热量丰富，光照充足，雨量充沛，在自然状况下生长着繁茂的草甸植物。成土母质多为沉积物。土壤类型以草甸土为主，其次是草甸沼泽土。该亚区开发年限较短，土壤养分含量丰富。该亚区人少，地多，机械化程度较高，但耕作比较粗放，农业生产常受涝灾危害而产量不稳。在生产中耕地存在的问题：耕地过湿、冷浆，易受洪水和内涝威胁。今后改良利用应抓好以下措施。

（1）解除内涝。建立"调、蓄、用"治水模式、排灌结合的农田水利工程，防止客水侵入，排除地表积水，降低地下水位，提高地温。合理耕作，提高耕地的调解能力。

（2）该亚区天然草场面积大，产草量多，质量好，为发展畜牧业生产提供了条件，利用天然草场进行放牧，并且要逐步改良草场，建立人工草场，把该亚区建成牧业生产基地。充分利用泡沼水面，发展淡水养鱼。

（二）东北部低平原沼泽土亚区

该亚区位于尖山子乡头道林子东北。地貌为低洼平原，最低海拔仅 54m，平均为 60m 左右。成土母质多为沉积物。该亚区水资源除接受自然降雨外，还承受着由高处与河水侵入的客水。因此，在开垦前，地表经常处于常年或季节性积水，土体下部处于水浸状态，潜育化过程明显。地表生长着繁茂的沼泽草甸植物，促进了泥炭过程的发展而形成沼泽土。该亚区是宝清县的开垦年限最短的区域，地形平坦，面积大，自然条件优越，有利于大面积机械化作业，生产潜力大。在农业生产中，土壤存在的主要问题：土壤熟化程度低，冷浆过湿。今后的发展方向应以农为主，农、牧、副业结合。

在改良利用方面，今后应抓好以下措施：加速完成大小挠力河防洪堤坝工程，防止洪水流入垦区，同时加强垦区内的农田基本建设，田间水利工程要以排水为重点，排灌结合，旱涝共防，消除洪水之灾，控制内涝之害，建设高产稳产农田。

第三节　耕地合理利用与保护的建议

土壤是天、地、生物链环中的重要一环，是最大的生态系统之一，其生成和发育受自然因素和人类活动的综合影响。它的变化会涉及人类的生存、生活和生产各个领域。耕地资源是我国乃至世界的宝贵耕地资源，加强对宝清县耕地资源的养护意义十分重大。今后宝清县耕地质量建设要继续抓好以下几个方面。

（一）以"藏粮于地"的理念替代"藏粮于库"的做法

我国粮食问题，虽然出现地区性、结构性的供大于求，储备比较充裕。但随着耕地面积的减少，调整农业结构、经济特产和养殖面积的扩大，粮食总产量也已经降到近十年的最低水平，供给缺口将日渐扩大。我国加入世界贸易组织后，虽然可以通过国际市场利用国外粮食资源，但市场风云变幻莫测，我们是个拥有 13 亿人口的泱泱大国，不可以有一日短缺问题，引导"藏粮于库"向"藏粮于地"转变，在耕地上建设永不衰竭的"粮仓"，才能使粮食供给立于不败之地。这样，加强耕地质量建设就显得越来越重要了。

（二）加强领导，提高认识，科学制订土壤改良规划

进一步加强领导，研究和解决改良过程中重大问题和困难，切实制定出有利于粮食安全，农业可持续发展的改良规划和具体实施措施。财政、金融、土地、水利、计划等部门要协同作战，全力支持这项工作。鼓励和扶持农民积极进行土壤改良，兼顾经济、社会、生态效益，促使土壤良性循环，为今后农业生产奠定坚实基础。

（三）加强耕地质量保护，加快实施"沃土工程"

由于过量施用化肥、农药等环境污染，使得耕地质量遭受严重破坏，越来越变得贫瘠而耕作困难，甚至出现土壤板结硬化，耕作层变浅，保水保肥功能下降等现象，直接影响农作物的生长。因此，必须大力提高耕地的地力水平，加强防治土壤的环境污染。农作物生长以土壤为基础。优质土壤才能生长出"优质、高产、高效、安全"的农产品。这就要求实施"沃土工程"。对土壤增补有机质，培肥地力，加强土壤保肥保水功能，改变土壤理化性状，增强农业发展后劲，坚持走有机农业的发展道路。实现这个要求，就要保护基本农田，制止占用基本农田植树、挖塘养鱼和毁田卖沙等现象。要改善农业生产条件，加强农田基本建设，大力兴修农田水利，增强防洪抗旱功能，提倡节约用水，实现旱涝保收。要推广先进适用的耕作技术，增加科技在农作物中的含量，加强农业机械装备，发展设施农业，逐步改变"亚细亚"小农手工操作的生产方式。要加强农田生态环境的治理，加大绿化造林力度，特别是加强水源林、防护林等建设，涵养水源，护土防风，净化空气，制止水土流失，确保耕地永续利用。

（四）改造中产田，搞好土地整理

宝清县中产田占耕地面积绝大多数，又地处粮食主产区，对提高粮食综合生产能力关系很大。但长期以来，中产田由于农田投入不足，有机肥施用面积大减，用水管理不善，土层日渐变薄，有机质含量衰减，土壤污染盐化酸化加重，很有必要通过工程、生物、农艺等措施加以改造。这是保护和建设耕地质量的重点，是提高粮食综合生产能力的关键所在，必须通过全面规划，分期分批进行改造，努力建设高标准农田，扩大高产稳产耕地面积。通过土地整理，重新规划田间道路，通水沟渠和防护林建设，实行山、水、田、林、路综合治理。不仅扩大了一定比例的耕地面积，而且改善农业生产环境，提高耕地质量，有利发展规模经营。抓好了这项工程，就为提高农业综合生产能力，特别是粮食综合生产能力，打下了坚实基础。

（五）切实遏制弃耕抛荒，实行耕地有占有补

由于农业特别是粮食效益比较低下，粮价低，成本高，农民负担重，加之城市化发展过程中，有的耕地征而不用，是一些地方出现弃耕抛荒现象的主要原因。今年以来，各地运用各种经济手段，采取优惠政策，提高农民种粮效益，并且开展查荒灭荒，对圈地不用者由征用单位承担复耕费用，提倡按照"依法、自愿、有偿"原则流转土地。采取这一系列措施后，弃耕抛荒现象开始得到遏制，粮食种植面积已经出现恢复性增加。这项工作要坚持不懈地抓下去。近几年来，对耕地有占有补，力争占补平衡，虽然做了大量工作，但由于我国人多地少，土地后备资源有限。占用的耕地大部是旱涝保收的农田，而补充的耕地多数是土壤瘦薄的山地丘陵。因而，实现占补平衡仅仅体现在数量上。今后除了继续通过农业综合开发，造田造地，扩大耕地面积，还需把耕地质量保护的各项措施跟上去，才能改变占优补劣的状况，实现真正意义上的占补平衡。

（六）建立耕地质量保护机制，实施耕地质量保护工程

要开展耕地质量的全面调查，摸清不同地区耕地污染和地力衰减状况，为全面治理耕地防止污染提供科学依据。要推进沃土工程、中低产田改造工程、土地整理工程，改造土壤，培肥地力，平衡生态，全面提高耕地质量。要实行最严格的耕地保护制度，严格审批、严格监督、严格执法，对违反《中华人民共和国土地管理法》《中华人民共和国农业法基本农田保护条例》《中华人民共和国农村土地承包法》等法律法规的，要坚决予以制止和纠正，情节严重，构成犯罪的要追究刑事责任。要建立耕地质量鉴测网络，建立定期报告制度，提出针对性的防治措施，把耕地质量建设的各项措施真正落到实处。

第四节　预期达到的目标

通过此次调查和评价，我们要达到的目标如下。

一、总体目标

（一）粮食增产目标

宝清县是国家粮食生产先进县和重要的商品粮生产基地。这次耕地地力调查及质量评价结果显示，宝清县中低产田土壤还占有相当大的比例，另外，高产田土壤也有一定的潜力可挖，因此增产潜力十分巨大，若通过适当措施加以改良，消除或减轻土壤中障碍因素的影响，可使低产变中产、中产变高产、高产变稳产甚至更高产。

（二）生态环境建设目标

宝清县耕地土壤在开垦初期，农田生态系统基本上处于稳定状态，然而在以后的一段时间里，特别是联产责任制以来，化肥农药的大量使用，小型农机具的广泛应用，过度开垦等致使生态系统遭到了极大的破坏，导致风灾频繁、旱象严重、水土流失加剧。当前生态环境建设的目标是恢复建立稳定复合的农田生态系统，依据这次耕地地力调查和质量评价结果，下决心调整农、林、牧结构，对坡度大、侵蚀重、地力瘠薄的部分坡耕地黑土要坚决退耕还林还草，此外，要大力营造农田防护林，完善农田防护林体系，增加森林覆盖率，这样就使农田生态系统与草地生态系统以及森林生态系统达到合理有机的结合，进而实现农业生产的良性循环和可持续发展。

二、近期目标

本着先易后难、标本兼治、统一规划、综合治理的原则，确定宝清县耕地土壤改良利用近期目标：从现在到 2010 年，建成高产稳产标准良田 0.67 万 hm²，使单产达到 400kg/亩。

三、中期目标

目前，宝清县尚有 10 万 hm² 中低产田有待改造。2010—2015 年，计划年均改造 0.8 万 hm²，6 年改造 4.8 万 hm²（其中龙头桥灌区 2.4 万 hm²）。到 2015 年，全县粮食产量达到 9.1 亿 kg，亩产达 423kg，单产达到周边农场先进水平，为全省粮食产能提升和国家粮食安全生产多做贡献。

第三章 宝清县耕地地力调查与平衡施肥

宝清县是国家重要的商品粮生产基地县，是以大豆为主栽作物的粮食产区，现有耕地面积 14.7 万 hm^2，其中：大豆近年来播种面积约 7.33 万 hm^2，玉米面积约 4.67 万 hm^2，水稻面积约 1.67 万 hm^2，其余为白瓜、红小豆、蔬菜等作物。自黑龙江省 1983 年推行农村联产承包责任制以来，宝清县粮食产量一直处于比较高的水平，化肥施用量的逐年增加是促使粮食增产的重要因素之一。化肥的普遍使用已经成为促进粮食增产不可取代的一项重要措施。

第一节 概 况

一、开展专题调查的背景

（一）宝清县肥料使用基本情况

宝清县肥料应用大致可分为以下 3 个阶段。

1. 农村联产承包责任制以前

耕地主要依靠农家肥料来维持作物生产和保持土壤肥力，作物产量不高，施肥面积约占耕地的 15%，都是以硝铵为主的氮素肥料，主要用作追施。

2. 农村联产承包责任制以后至 20 世纪 90 年代初

以化肥为主、有机肥为辅，化肥主要靠国家计划拨付，应用作物主要是粮食作物和少量经济作物，除碳酸氢铵、硫酸铵、硝铵等氮肥外，磷肥得到了一定范围的推广应用，主要是过磷酸钙、三料（重过磷酸钙）等。

3. 2006 年配方施肥以后

随着农业部配方施肥技术的深化和推广，宝清县承担国家农业部测土配方施肥项目，广大农业科技工作者积极参与，针对当地农业生产实际进行了施肥技术的重大改革，2006 年开始对全县耕地土壤化验分析，根据测土结果及 3414 田间试验，形成相应配方，指导农民科学施用肥料，实现了氮、磷、钾和微量元素的配合使用。

（二）开展专题调查的必要性

耕地是作物生长的基础，了解耕地土壤的地力状况和供肥能力是实施平衡施肥最重要的技术环节，因此开展耕地地力调查，查清耕地的各种营养元素的状况，对提高科学施肥技术水平，提高化肥的利用率，改善作物品质，防止环境污染，维持农业可持续发展等都有着重要的意义。

1. 开展耕地地力调查，提高平衡施肥技术水平，是稳定粮食生产、保证粮食安全的需要

保证和提高粮食产量是人类生存的基本需要。粮食安全不仅关系到经济发展和社会稳定，还有深远的政治意义。近几年来，我国一直把粮食安全作为各项工作的重中之重，随着经济和社会的不断发展，耕地逐渐减少和人口不断增加的矛盾将更加激烈，21世纪人类将面临粮食等农产品不足的巨大压力，宝清县作为国家商品粮生产基地县之一，是维持国家粮食安全的坚强支柱，必须充分发挥科技保证粮食的持续稳产和高产。平衡施肥技术是节本增效、增加粮食产量的一项重要技术，随着作物品种的更新、布局的变化，土壤的基础肥力也发生了变化，在原有基础上建立起来的平衡施肥技术不能适应新形势下粮食生产的需要，必须结合本次耕地地力调查和评价结果对施肥技术进行重新研究，制定适合本地生产实际平衡施肥技术措施。

2. 开展耕地地力调查，提高平衡施肥技术水平，是增加农民收入的需要

宝清县是以农业为主的大县，粮食生产收入占农民收入的比重很大，是维持农民生产和生活所需的根本。在现有条件下，农民只有投入大量化肥，才能维持粮食的高产，化肥投入占整个生产投入的近50%，但化肥的实际增产效益却逐年下降。如何科学合理的搭配肥料品种和施用技术，以期达到提高化肥利用率，增加产量、提高经济效益的目的，是摆在基层农业技术人员们面前的一个艰巨的课题。所以，要实现这一目的，必须结合本次耕地地力调查与之进行平衡施肥技术的研究。

3. 开展耕地地力调查，提高平衡施肥技术水平，是实现绿色农业的需要

随着中国加入世界贸易组织，我国对农产品的品质提出了更高的要求，农产品流通不畅就是由于质量低、成本高造成的，农业生产必须从单纯的追求高产、高效向绿色（无公害）农产品方向发展，这对施肥技术提出了更高、更严的要求，这些问题的解决都必须要求了解和掌握耕地土壤肥力状况、掌握绿色（无公害）农产品对肥料施用的质化和量化的要求，对平衡施肥技术提出了更高、更严的要求，所以，必须进行平衡施肥的专题研究。

二、调查方法和内容

（一）样点分布设计采集

本次专题调查工作为了保证调查质量，由农业技术推广中心主任担任组长，由副主任作片长带领全体推广中心技术人员20余名，组成3个工作小组，分三片展开工作，每组负责3~4个乡（镇），由各镇政府部门配合深入各采样村，共同完成调查任务。

依据《全国耕地地力调查与质量评价技术规程》，利用宝清县归并土种后的土壤图、地形图和土地利用现状图叠加产生的图斑作为耕地地力调查的调查单元。宝清县基本农田面积15.89万 hm^2，样点布设基本覆盖了全县主要的土壤类型。土样采集是在作物成熟收获后进行的。在选定的地块上进行采样，大田采样深度为0~20cm，每块地平均选取15个点，用四分法留取土样 1kg 做化验分析，并用 GPS 进行定位，采集土壤样品 2 690个。

（二）调查内容

布点完成后，按照农业部测土配方施肥技术规范中的要求内容，对取样农户农业生产基本情况进行了详细调查（表3-3-1，表3-3-2）。

表 3 - 3 - 1　测土配方施肥采样地块基本情况调查

	统一编号	调查组号	采样序号
	采样目的	采样日期	上次采样日期
地理位置	省（县）名称	地（县）名称	县（旗）名称
	乡（镇）名称	村组名称	邮政编码
	农户名称	地块名称	—
	地块位置	距村距离（m）	—
	纬度（度：分：秒）	经度（度：分：秒）	海拔（m）
自然条件	地貌类型	地形部位	—
	地面坡度（度）	田面坡度（度）	坡向
	通常地下水位（m）	最高地下水位（m）	最深地下水位（m）
	常年降水量（mm）	常年有效积温（℃）	常年无霜期（天）
生产条件	农田基础设施	排水能力	灌溉能力
	水源条件	输水方式	灌溉方式
	熟制	典型种植制度	常年产量水平（kg/亩）
土壤情况	土类	亚类	土属
	土种	俗名	—
	成土母质	土体构型	土壤质地（手测）
	土壤结构	障碍因素	侵蚀程度
	耕层厚度（cm）	采样深度（cm）	—
	田块面积（亩）	代表面积（亩）	—
来年种植意向	茬口	第二季	第四季
	作物名称		
	作物品种		
	目标产量		
采样调查单位	单位名称		联系人
	地址		邮政编码
	电话	传真	采样调查人
	E - mail		

表 3 - 3 - 2　农户施肥情况调查

农户姓名＿＿＿＿＿＿　宝清县＿＿＿＿＿＿乡＿＿＿＿村　统一编号：

施肥相关情况	生长季节			作物名称			品种名称	
	播种季节			收获日期			产量水平	
	生长期内降水次数			生长期内降水总量			—	
	生长期内灌水次数			生长期内灌水总量			灾害情况	

	是否推荐施肥指导			推荐单位性质			推荐单位名称	

推荐施肥情况	配方内容	目标产量（kg/亩）	推荐肥料成本（元/亩）	化肥（kg/亩）				有机肥（kg/亩）	
				大量元素			其他元素		
				N	P₂O₅	K₂O	养分名称	养分用量	肥料名称　实物量

推荐施肥情况	配方内容	目标产量（kg/亩）	推荐肥料成本（元/亩）	化肥（kg/亩）			其他元素		有机肥（kg/亩）

（表格中化学式：N，P_2O_5，K_2O）

实际施肥总体情况	实际产量（kg/亩）	实际肥料成本（元/亩）	化肥（kg/亩）					有机肥（kg/亩）	
			大量元素			其他元素		肥料名称　实物量	
			N	P_2O_5	K_2O	养分名称	养分用量		

实际施肥明细	汇总									

施肥明细	施肥序次	施肥时期	项目		施肥情况					
					第一种	第二种	第三种	第四种	第五种	第六种
第一次	底肥或种肥		肥料种类							
			肥料名称							
			养分含量情况（%）	大量元素	N					
					P_2O_5					
					K_2O					
				其他元素	养分名称					
					养分含量					
			实物量（kg/亩）							
第二次	追肥		肥料种类							
			肥料名称							
			养分含量情况（%）	大量元素	N					
					P_2O_5					
					K_2O					
				其他元素	养分名称					
					养分含量					
			实物量（kg/亩）							

第二节　专题调查结果与分析

一、耕地肥力状况调查结果与分析

此次耕地地力调查与质量评价工作，共对 2 690 个土样的有机质、全氮、碱解氮、有效磷、速效钾、微量元素（铜、铁、锰、锌）、pH 等进行了分析，平均含量见表 3 – 3 – 3。

表 3 – 3 – 3　宝清县耕地养分含量平均值

项目	有机质（g/kg）	全氮（g/kg）	碱解氮（mg/kg）	有效磷（mg/kg）	速效钾（mg/kg）	pH
平均值	42.34	1.927	236.12	35.08	204.32	6.02
区间	15.1~86.4	1.25~4.42	164.3~421.2	9.18~132.1	87~425	5.0~7.7

土壤有机质调查结果表明：宝清县耕地土壤有机质平均含量为 42.34g/kg，变幅为 15.1~86.4g/kg；第二次土壤普查时为 59.60g/kg，有机质平均含量下降了 17.26g/kg。

土壤全氮宝清县耕地土壤中全氮平均含量为 1.927g/kg，变幅为 1.25~4.42g/kg；与第二次土壤普查的调查结果进行比较，宝清县全氮含量由第二次耕层土壤普查平均含量 4.1g/kg 降低到现在的 2.0g/kg，变幅由 1982 年的 0.6~7.5g/kg 变化为 2008 年的 0.9~4.42g/kg。

土壤碱解氮宝清县耕地土壤中碱解氮平均含量为 236.12mg/kg，变幅为 164.3~421.2mg/kg；第二次土壤普查时为 252mg/kg，平均含量下降了 15.88mg/kg。

土壤有效磷宝清县耕地土壤中有效磷平均含量为 35.08mg/kg，变幅为 9.18~132.1mg/kg；第二次土壤普查时为 31.36mg/kg，平均含量上升了 3.72mg/kg。

土壤速效钾宝清县耕地土壤中速效钾平均含量为 204.32mg/kg，变幅为 87~425mg/kg；第二次土壤普查时为 222.58mg/kg，平均含量下降了 18.26mg/kg。

土壤 pH 值宝清县耕地土壤 pH 值平均为 6.8，变幅为 5.4~7.6；第二次土壤普查时为 7.3，变幅在 6.7~8.0，平均值下降了 0.5。

二、全县施肥情况调查结果与分析

以下为这次受调查农户的肥料施用情况（表 3 – 3 – 4），共计调查 2 690 户农民。

表 3 – 3 – 4　宝清县各类作物施肥情况统计

作物	N（kg/亩）	P_2O_5（kg/亩）	K_2O（kg/亩）	N：P_2O_5：K_2O
玉米	12.2	4.6	3.0	1：0.38：0.26
水稻	12.8	4.9	3.0	1：0.38：0.23
大豆	6.5	4.2	3.3	1：0.65：0.51

在我们调查的 2 690 户农户中，只有 492 户施用有机肥，占总调查户数的 18.3%，农肥施用比例低、施用量少，平均施用量为 6 000kg/hm² 左右，主要是禽畜过圈粪和土杂肥等，处于较低水平。宝清县 2005 年每公顷平均施用化肥 500kg，氮、磷、钾肥的施用比例 1：1.25：0.33，与科学施肥比例相比还有一定的差距。从肥料品种看，宝清县的化肥品种已由过去的单质尿素、磷酸二铵、钾肥向高浓度复合化、长效化复合（混）肥方向发展，复合肥比例已上升到 40% 左右。在调查的 2 690 户农户中 51% 农户使用复合肥，49% 的农户使用磷酸二铵、尿素和钾肥，能够做到氮、磷、钾搭配施用，14.3% 农户施用硼钼微肥元素肥料，9.7% 的农户施用硫酸锌。近几年，叶面肥也有了一定范围的推广应用，15% 的农户进行施用，主要用于西、甜瓜、蔬菜，用于玉米苗期约占叶面肥总量的 19.5%，用于水稻约占 15%，大豆约占 12%，其余用于瓜菜种植。

三、耕地土壤养分与肥料施用存在的问题

（一）耕地土壤养分失衡

这次调查表明，宝清县耕地土壤中养分呈不平衡消涨，土壤有机质下降，土壤有效磷增加的幅度比较大，土壤速效钾下降幅度较大。

宝清县耕地土壤有机质不断下降，主要原因就是自 20 世纪 80 年代初以来，有机肥施用的数量越来越少，而耕地单一施用化肥的面积越来越大、土壤板结、通透性能差，致使耕地土壤越来越硬；农机田间作业质量下降耕层越来越浅，致使土壤失去了保肥、保水的性能。

土壤有效磷含量增加，原因是以前大面积施用磷酸二铵，并且磷的利用率较低（不足 20%），使磷素在土壤中富集。

土壤速效钾含量下降，原因是以前只注重氮磷肥的投入，忽视钾肥的投入，是钾素成为限制作物产量的主要限制因子。

（二）重化肥轻农肥的倾向严重，有机肥投入少、质量差

目前，农业生产中普遍存在着重化肥轻农肥的现象，过去传统的积肥方法已不复存在。

（三）化肥的使用比例不合理

不根据作物的需肥规律，土壤的供肥性能，科学合理施肥，大部分盲目施肥，造成施肥量偏高或不足，影响产量的发挥。并且有些农民为了省工省时，未从耕地土壤的实际情况出发，实行一次性施肥不追肥，这样在保水保肥条件不好的瘠薄性地块，容易造成养分流失、脱肥，限制作物产量。

（四）平衡施肥服务体系不配套

平衡施肥技术已经普及推广了多年，并已形成一套技术体系，但在实际应用过程中，技术推广与物资服务相脱节，农民购买不到所需肥料，造成平衡施肥难以发挥应有的科技优势。而我们在现有的条件下不能为农民提供测、配、产、供、施配套服务。今后，我们要探索一条方便快捷、科学有效的技物相结合服务体系。

第三节　平衡施肥规划和对策

一、平衡施肥规划

依据《耕地地力调查与质量评价规程》，宝清县基本农田保护区耕地分为 4 个等级（表 3 - 3 - 5）。

表 3 - 3 - 5　各利用类型基本农田统计

等级	1	2	3	4	合计
面积（万 hm²）	2.8	5.43	5.69	0.83	14.75

根据 4 个等级耕地土壤类型制订宝清县平衡施肥总体规划，为农民提供配方施肥方案。

（一）大豆平衡施肥技术

根据宝清县耕地地力等级、大豆生育特性和需肥规律、大豆种植方式、产量水平及有机肥料使用情况，确定宝清县大豆平衡施肥技术指导意见，见表 3 - 3 - 6。

表 3 - 3 - 6　宝清县大豆不同等级土壤施肥模式

地力等级	目标产量（kg/亩）	有机肥（kg/亩）	N（kg/亩）	P_2O_5（kg/亩）	K_2O（kg/亩）	N、P、K 比例
一级地	220	1 500	2.7	3.8	2.2	1:1.41:0.81
二级地	180	1 450	2.7	3.8	2.5	1:1.4:0.93
三级地	160	1 600	3.2	4.3	2.5	1:1.34:0.78
四级地	145	1 700	3.3	4.6	3.0	1:1.4:0.9

（二）玉米平衡施肥技术

根据宝清县耕地地力等级、玉米种植方式、产量水平及有机肥使用情况，确定宝清县玉米平衡施肥技术指导意见，见表 3 - 3 - 7。

表 3 - 3 - 7　宝清县玉米不同等级土壤施肥模式

地力等级	目标产量（kg/亩）	有机肥（kg/亩）	N（kg/亩）	P_2O_5（kg/亩）	K_2O（kg/亩）	N、P、K 比例
一级地	700	1 200	7.6	3.8	2.5	1:0.5:0.33
二级地	650	1 450	8.2	4.3	2.8	1:0.52:0.34
三级地	600	1 500	8.5	4.6	3.0	1:0.54:0.35
四级地	550	1 600	8.6	4.6	3.5	1:0.53:0.41

在肥料施用上，提倡底肥、种肥和追肥相结合。氮肥：全部氮肥的 1/3 做底肥，2/3 做

追肥。磷肥：全部磷肥的 60% 做底肥，40% 做种肥。钾肥：全部做底肥，随氮肥和磷肥深层施入。

（三）水稻平衡施肥技术

根据宝清县水稻土地力分级结果，作物生育特性和需肥规律，提出水稻土施肥技术模式。见表 3 - 3 - 8。

表 3 - 3 - 8　宝清县水稻不同等级土壤施肥模式

地力等级	目标产量 （kg/亩）	有机肥 （kg/亩）	N （kg/亩）	P_2O_5 （kg/亩）	K_2O （kg/亩）	N、P、K 比例
一级地	650	1 250	9.0	3.8	2.5	1：0.42：0.28
二级地	600	1 500	9.2	4.0	2.8	1：0.43：0.30
三级地	550	1 600	9.9	4.3	2.8	1：0.28
四级地	500	1 700	9.9	4.5	3.0	1：0.45：0.30

根据水稻氮素的 2 个高峰期（分蘖期和幼穗分化期），采用前重、中轻、后补的施肥原则。前期 40% 的氮肥做底肥，分蘖肥占 30%，粒肥占 30%。磷肥：做底肥一次施入。钾肥：底肥和拔节肥各占 50%。除氮、磷、钾肥外，水稻对硫、硅等中微量元素需要量也较大，因此，要适当施用含硫和含硅等肥料，每亩施用量 1kg 左右。

二、平衡施肥对策

宝清县通过开展耕地地力调查与评价、施肥情况调查和平衡施肥技术，总结宝清县总体施肥概况：总量偏高，比例失调，方法不尽合理。具体表现在氮肥普遍偏高，钾和微量元素肥料相对不足。根据宝清县农业生产情况，科学合理施用的总的原则：减氮、稳磷、加钾和补微。围绕种植业生产制定出平衡施肥的相应对策和措施。

（一）增施优质有机肥料，保持和提高土壤肥力

积极引导农民转变观念，从农业生产的长远利益和大局出发，加大有机肥积造数量，提高有机肥质量，扩大有机肥施用面积，制订出沃土工程的近期目标。一是在根茬还田的基础上，逐步实现高根茬还田，增加土壤有机质含量。二是大力发展畜牧业，通过过腹还田，补充、增加堆肥、沤肥数量，提高肥料质量。三是大力推广畜禽养殖场，将粪肥工厂化处理，发展有机复合肥生产，实现有机肥的产业化、商品化市场。四是针对不同类型土壤制定出不同的技术措施，并对这些土壤进行跟踪化验，建立技术档案，设点监测观察结果。

（二）加大平衡施肥的配套服务

推广平衡施肥技术，关键在于技术和物资的配套服务，解决有方无肥、有肥不专的问题，因此，要把平衡施肥技术落到实处，必须实行"测、配、产、供、施"一条龙服务，通过配肥站的建立，生产出各施肥区域所需的专用型肥料，农民依据配肥站贮存的技术档案购买到自己所需的配方肥，确保技术实施到位。

（三）制定和实施耕地保养的长效机制

尽快制定出适合宝清县农业生产实际，能有效保护耕地资源、提高耕地质量的地方性政策法规，建立科学的耕地养护机制，使耕地发展利用向良性方向发展，向着高产、高效、绿

色、环保的可持续农业方向发展。

三、平衡施肥的建议

（一）有机肥和无机肥配合施用，适宜增加化肥用量

农肥富含多种营养元素，能够有效地改善土壤结构性能及理化性状，使土壤肥效持久，有利培肥地力。目前宝清县大田农肥施用量相对较少，建议用生物有机肥代替。有机肥中除含有氮、磷、钾和各种中微量元素以外，还含有大量的有益微生物和有机胶体，具有改土保肥等重要作用，可弥补单施化肥所造成的养分单一、易被土壤固定和易淋失等缺点，同时减少污染。化肥肥效快，易控制，但易形成养分单一，易被土壤固定和易流失，同时既板结了土壤又污染了环境。因此，最好是有机肥、无机肥配合施用，这样既能科学供给作物各种营养，又能增强土壤供肥、保肥能力，同时降低成本，减少污染，增加作物产量。

（二）合理搭配氮、磷、钾比例，科学调整施肥结构

经调查大多数农户均有施肥比例不合理的状况，普遍存在着重氮肥、轻钾肥，尤其在玉米和水稻种植上表现突出，中微量元素施用量极少等现象。因此，建议根据作物需肥规律调整磷肥用量，稳定氮肥用量，全面增施钾肥，施中微量元素。由于氮磷资源特征显著不同，因此，应采取不同的管理策略。大豆施肥因氮磷钾等肥料特征显著不同，因此应采取不同的管理策略。大豆不但能吸收土壤和肥料中的氮，还能通过根瘤菌固定大气中的氮，固定的氮量可达到大豆所需氮量的 40% ~ 60%，甚至更多。所以，大豆的氮素管理比较复杂，应采取实地养分管理，同时磷钾采用恒量监控技术，中微量元素做到因缺补缺。

玉米施肥也由于氮磷钾等肥料特征显著不同，因此，在玉米上也要采取不同的管理策略。具体管理策略：氮素管理采用总量控制、分期实施、实地监控；磷钾采用恒量监控；中微量元素做到因缺补缺。

（三）要做到分层施肥，秋深施肥。

分层施肥最好能做到秋施底肥，春施种肥，深施底肥是不仅肥料要深度施入，而且施入后马上上冻，既减少肥料挥发，又提高肥效利用率。因此如果春施地温高，肥料易挥发。秋施底肥结合秋起垄，破垄夹肥，有机肥可一次性施入。可以把磷钾肥总量的 2/3 做底肥，1/3 做种肥，施底肥可以结合整地施入。大豆将肥施在垄沟里，然后破垄夹肥；玉米施底肥深度在种下 15cm 左右，可以用小铧子在沟底镩一下，然后再破垄夹肥，这样就能做到深施；玉米在分层施肥同时，也要注意追肥。

（四）大力推广配方施肥技术

结合测土配方施肥项目，利用各种宣传手段大力推广测土施肥技术，农技部门需与供肥企业联合起来，为农民提供测、配、产、供、施配套服务。让农民了解测土配方施肥技术的优点，转变传统施肥观念，自觉应用测土配方施肥技术。

参考文献

沈善敏.1998.中国土壤肥力 ［M］.北京：中国农业出版社.

田有国，辛景树，甲铁申.2006.耕地地力评价指南 ［M］.北京：中国农业科学技术
　出版社.

张炳宁，彭世琪，张月平.2008.县域耕地资源管理信息系统数据字典 ［M］.北京：
　中国农业出版社.

附　　　录

附表 1　各村耕地分级比例

乡镇名称	村名称	面积（hm²）	项目	一级地	二级地	三级地	四级地
宝清镇	报国村	1 240.16	面积（hm²）	0	460.50	779.67	0
			百分比（%）	0	37.13	62.87	0
	北关村	830.00	面积（hm²）	0	61.58	768.42	0
			百分比（%）	0	7.42	92.58	0
	东关村	210.13	面积（hm²）	2.78	202.99	3.80	0.57
			百分比（%）	1.32	96.60	1.81	0.27
	高家村	530.00	面积（hm²）	296.39	233.61	0	0
			百分比（%）	55.92	44.08	0	0
	郝家村	1 350.00	面积（hm²）	79.51	1262.89	7.61	0
			百分比（%）	5.89	93.55	0.56	0
	和平村	510.00	面积（hm²）	0	510.00	0	0
			百分比（%）	0	100.00	0	0
	亨利村	380.00	面积（hm²）	0	62.85	266.78	50.37
			百分比（%）	0	16.54	70.20	13.26
	红新村	1 530.00	面积（hm²）	0	1033.42	496.58	0
			百分比（%）	0	67.54	32.46	0
	建设村	850.00	面积（hm²）	811.35	38.65	0	0
			百分比（%）	95.45	4.55	0	0
	解放村	860.00	面积（hm²）	4.47	714.71	140.81	0
			百分比（%）	0.52	83.11	16.37	0
	靠山村	1 990.00	面积（hm²）	2.18	1960.52	27.30	0
			百分比（%）	0.11	98.52	1.37	0
	连丰村	1 190.00	面积（hm²）	892.82	297.18	0	0
			百分比（%）	75.03	24.97	0	0

乡镇名称	村名称	面积（hm²）	项目	一级地	二级地	三级地	四级地
宝清镇	南元村	480	面积（hm²）	0	0	443.60	36.40
			百分比（%）	0	0	92.42	7.58
	庆兰村	1 070	面积（hm²）	102.67	228.20	739.13	0
			百分比（%）	9.60	21.33	69.08	0
	十八里村	990	面积（hm²）	65.59	903.07	15.38	5.96
			百分比（%）	6.63	91.22	1.55	0.60
	十二里村	1 430	面积（hm²）	0	766.68	663.32	0
			百分比（%）	0	53.61	46.39	0
	双泉村	1 180	面积（hm²）	508.18	566.15	105.67	0
			百分比（%）	43.07	47.98	8.95	0
	双胜村	250	面积（hm²）	0.16	153.05	96.79	0
			百分比（%）	0.07	61.22	38.72	0
	四新村	929.94	面积（hm²）	0	266.71	657.30	5.93
			百分比（%）	0	28.68	70.68	0.64
	永宁村	480	面积（hm²）	0	0.77	445.24	33.99
			百分比（%）	0	0.16	92.76	7.08
	真理村	720	面积（hm²）	0	720.00	0	0
			百分比（%）	0	100.00	0	0
	庄园村	590	面积（hm²）	0	562.16	27.84	0
			百分比（%）	0	95.28	4.72	0
朝阳乡	朝阳村	1 540	面积（hm²）	0	0	0	0
			百分比（%）	0	2.26	96.53	1.21
	灯塔村	1 460	面积（hm²）	0	0	0	0
			百分比（%）	22.16	74.01	3.83	0
	东胜村	1 840	面积（hm²）	0	0	0	0
			百分比（%）	29.28	62.81	4.11	3.81
	东旺村	190	面积（hm²）	0	0	0	0
			百分比（%）	70.73	29.27	0	0
	东兴村	1 290	面积（hm²）	0	0	0	0
			百分比（%）	95.53	4.47	0	0

乡镇名称	村名称	面积 （hm²）	项目	一级地	二级地	三级地	四级地
朝阳乡	丰收村	1 070	面积（hm²）	0	0	0	0
			百分比（%）	0	53.72	46.28	0
	和兴村	1 540	面积（hm²）	0	0	0	0
			百分比（%）	0.02	23.26	76.71	0
	红旗村	1550	面积（hm²）	0	0	0	0
			百分比（%）	0	92.36	7.64	0
	红日村	690	面积（hm²）	0	0	0	0
			百分比（%）	0	99.66	0.34	0
	红升村	1050	面积（hm²）	0	0	0	0
			百分比（%）	18.29	81.71	0	0
	曙光村	1140	面积（hm²）	0	0	0	0
			百分比（%）	0	24.09	75.91	0
夹信子镇	二道村	1140	面积（hm²）	855.57	284.34	0	0.09
			百分比（%）	75.05	24.94	0	0.01
	奋斗村	450	面积（hm²）	0	450.00	0	0
			百分比（%）	0	100.00	0	0
	光辉村	340	面积（hm²）	0	340.00	0	0
			百分比（%）	0	100.00	0	0
	合作村	510	面积（hm²）	0	0	481.47	28.53
			百分比（%）	0	0	94.41	5.59
	河泉村	700	面积（hm²）	15.95	667.56	16.49	0
			百分比（%）	2.28	95.37	2.36	0
	宏泉村	360	面积（hm²）	0	359.14	0.86	0
			百分比（%）	0	99.76	0.24	0
	夹信子村	1250	面积（hm²）	0	432.97	804.60	12.43
			百分比（%）	0	34.64	64.37	0.99
	林泉村	480	面积（hm²）	0	279.43	200.57	0
			百分比（%）	0	58.22	41.78	0
	七一村	300	面积（hm²）	0	0.13	238.30	61.57
			百分比（%）	0	0.04	79.43	20.52

乡镇名称	村名称	面积（hm²）	项目	一级地	二级地	三级地	四级地
夹信子镇	三道村	490	面积（hm²）	164.26	291.91	33.83	0
			百分比（%）	33.52	59.57	6.90	0
	头道村	1310	面积（hm²）	534.82	756.06	19.12	0
			百分比（%）	40.83	57.71	1.46	0
	团结村	550	面积（hm²）	0	151.35	355.08	43.57
			百分比（%）	0	27.52	64.56	7.92
	西沟村	270	面积（hm²）	0	254.11	15.89	0
			百分比（%）	0	94.11	5.89	0
	向山村	890	面积（hm²）	0	887.53	2.47	0
			百分比（%）	0	99.72	0.28	0
	徐马村	1380	面积（hm²）	0	174.55	1 088.14	117.30
			百分比（%）	0	12.65	78.85	8.50
	勇进村	1780	面积（hm²）	8.23	2.79	1 050.10	718.87
			百分比（%）	0.46	0.16	58.99	40.39
尖山子乡	北岗村	2 560	面积（hm²）	1 725.92	834.08	0	0
			百分比（%）	67.42	32.58	0	0
	东方村	910	面积（hm²）	513.13	360.86	36.01	0
			百分比（%）	56.39	39.66	3.96	0
	东风村	1 130	面积（hm²）	881.27	248.74	0	0
			百分比（%）	77.99	22.01	0	0
	东红村	1 720	面积（hm²）	1 323.40	396.60	0	0
			百分比（%）	76.94	23.06	0	0
	东明村	1 320	面积（hm²）	597.07	722.93	0	0
			百分比（%）	45.23	54.77	0	0
	东青村	460	面积（hm²）	170.49	289.51	0	0
			百分比（%）	37.06	62.94	0	0
	东鑫村	1 370	面积（hm²）	76.54	1 288.53	4.93	0
			百分比（%）	5.59	94.05	0.36	0
	二道林村	1 940	面积（hm²）	1 802.92	137.08	0	0
			百分比（%）	92.93	7.07	0	0

乡镇名称	村名称	面积（hm²）	项目	一级地	二级地	三级地	四级地
尖山子乡	尖东村	970	面积（hm²）	0	954.10	0	15.91
			百分比（%）	0	98.36	0	1.64
	三道林子村	1 500	面积（hm²）	1 453.25	46.75	0	0
			百分比（%）	96.88	3.12	0	0
	索东村	780	面积（hm²）	0	780.00	0	0
			百分比（%）	0	100.00	0	0
	头道林村	1 350	面积（hm²）	36.00	1 278.33	35.67	0
			百分比（%）	2.67	94.69	2.64	0
	银龙村	1 380	面积（hm²）	0	1 373.01	7.00	0
			百分比（%）	0	99.49	0.51	0
	中岗村	820	面积（hm²）	0	820.00	0	0
			百分比（%）	0	100.00	0	0
龙头镇	北龙村	520	面积（hm²）	68.98	449.16	1.86	0
			百分比（%）	13.27	86.38	0.36	0
	大泉沟村	680	面积（hm²）	632.17	47.83	0	0
			百分比（%）	92.97	7.03	0	0
	东龙村	800	面积（hm²）	0.72	311.88	487.39	0
			百分比（%）	0.09	38.99	60.92	0
	红山村	450	面积（hm²）	112.70	337.02	0.28	0
			百分比（%）	25.04	74.89	0.06	0
	兰华村	640	面积（hm²）	505.81	134.19	0	0
			百分比（%）	79.03	20.97	0	0
	柳毛河村	660	面积（hm²）	218.35	441.65	0	0
			百分比（%）	33.08	66.92	0	0
	龙泉村	540	面积（hm²）	0	451.92	83.93	4.15
			百分比（%）	0	83.69	15.54	0.77
	龙头村	520	面积（hm²）	48.49	437.63	33.88	0
			百分比（%）	9.32	84.16	6.52	0
	农林村	540	面积（hm²）	425.33	114.67	0	0
			百分比（%）	78.76	21.24	0	0
	庆九村	1 230	面积（hm²）	1 230.00	0	0	0
			百分比（%）	100.00	0	0	0

（续表）

乡镇名称	村名称	面积（hm²）	项目	一级地	二级地	三级地	四级地
七星河乡	北宝村	1 310	面积（hm²）	1 255.95	54.05	0	0
			百分比（%）	95.87	4.13	0	0
	常张村	1 790	面积（hm²）	0	1 790.00	0	0
			百分比（%）	0	100.00	0	0
	东辉村	210	面积（hm²）	0	210.00	0	0
			百分比（%）	0	100.00	0	0
	东强村	320	面积（hm²）	0	320.00	0	0
			百分比（%）	0	100.00	0	0
	建平村	1 280	面积（hm²）	115.88	1 164.12	0	0
			百分比（%）	9.05	90.95	0	0
	七星河村	1 970	面积（hm²）	0	1 970.00	0	0
			百分比（%）	0	100.00	0	0
	新立村	770	面积（hm²）	0	770.00	0	0
			百分比（%）	0	100.00	0	0
	兴平村	1 120	面积（hm²）	134.26	985.74	0	0
			百分比（%）	11.99	88.01	0	0
	杨树村	730	面积（hm²）	513.35	216.65	0	0
			百分比（%）	70.32	29.68	0	0
	永新村	1 210	面积（hm²）	1 071.71	138.28	0	0
			百分比（%）	88.57	11.43	0	0
七星泡镇	德兴村	920	面积（hm²）	0	0	876.24	43.76
			百分比（%）	0	0	95.24	4.76
	东太村	870	面积（hm²）	0	171.90	596.77	101.33
			百分比（%）	0	19.76	68.59	11.65
	福兴村	450	面积（hm²）	0	0.14	445.67	4.19
			百分比（%）	0	0.03	99.04	0.93
	红峰村	1 000	面积（hm²）	0	0	975.26	24.74
			百分比（%）	0	0	97.53	2.47
	解放村	550	面积（hm²）	0	2.50	547.50	0
			百分比（%）	0	0.45	99.55	0

（续表）

乡镇名称	村名称	面积（hm²）	项目	一级地	二级地	三级地	四级地
七星泡镇	金沙岗村	510	面积（hm²）	0	8.65	464.11	37.24
			百分比（%）	0	1.70	91.00	7.30
	金沙河村	890	面积（hm²）	0	0	455.73	434.27
			百分比（%）	0	0	51.21	48.79
	巨宝村	2 240	面积（hm²）	0	274.78	1 835.72	129.50
			百分比（%）	0	12.27	81.95	5.78
	蓝凤村	1 080	面积（hm²）	0	29.06	1 050.94	0
			百分比（%）	0	2.69	97.31	0
	凉水村	2 130	面积（hm²）	0	1 550.71	537.56	41.73
			百分比（%）	0	72.80	25.24	1.96
	民主村	950	面积（hm²）	0	0	440.93	509.07
			百分比（%）	0	0	46.41	53.59
	平安村	960	面积（hm²）	0	0	893.95	66.05
			百分比（%）	0	0	93.12	6.88
	三合村	910	面积（hm²）	0	14.02	895.98	0
			百分比（%）	0	1.54	98.46	0
	胜利村	1 070	面积（hm²）	0	1 018.78	47.23	3.99
			百分比（%）	0	95.21	4.41	0.37
	双北村	1 310	面积（hm²）	0	0	1.03	1 308.97
			百分比（%）	0	0	0.08	99.92
	西太村	1 200	面积（hm²）	0	0	886.75	313.25
			百分比（%）	0	0	73.90	26.10
	向华村	810	面积（hm²）	0	0	177.27	632.73
			百分比（%）	0	0	21.88	78.12
	新发村	1 250	面积（hm²）	0	0.87	1 070.91	178.22
			百分比（%）	0	0.07	85.67	14.26
	新丰村	740	面积（hm²）	0	0	740.00	0
			百分比（%）	0	0	100.00	0
	新民村	750	面积（hm²）	0	0	750.00	0
			百分比（%）	0	0	100.00	0

（续表）

乡镇名称	村名称	面积（hm²）	项目	一级地	二级地	三级地	四级地
七星泡镇	兴华村	1 100	面积（hm²）	0	76.81	1 023.19	0
			百分比（%）	0	6.98	93.02	0
	义合村	1 380	面积（hm²）	0	418.86	914.38	46.76
			百分比（%）	0	30.35	66.26	3.39
	永安村	880	面积（hm²）	0	0	864.74	15.26
			百分比（%）	0	0	98.27	1.73
	永发村	440	面积（hm²）	0	0	440.00	0
			百分比（%）	0	0	100.00	0
	永泉村	1 330	面积（hm²）	0	0	1 150.92	179.08
			百分比（%）	0	0	86.54	13.46
	永胜村	950	面积（hm²）	0	0	902.52	47.48
			百分比（%）	0	0	95.00	5.00
	永兴村	840	面积（hm²）	0	63.90	495.35	280.74
			百分比（%）	0	7.61	58.97	33.42
	中红村	740	面积（hm²）	0	0	739.91	0.09
			百分比（%）	0	0	99.99	0.01
青原镇	本北村	1 720	面积（hm²）	0	70.07	1 649.93	0
			百分比（%）	0	4.07	95.93	0
	本德村	1 470	面积（hm²）	3.00	3.07	1 444.08	19.85
			百分比（%）	0.20	0.21	98.24	1.35
	东发村	1 120	面积（hm²）	0	15.92	1 104.08	0
			百分比（%）	0	1.42	98.58	0
	东富村	760	面积（hm²）	35.62	448.43	275.95	0
			百分比（%）	4.69	59.00	36.31	0
	复兴村	820	面积（hm²）	0	0	340.73	479.27
			百分比（%）	0	0	41.55	58.45
	青山村	1 650	面积（hm²）	764.95	106.78	778.27	0
			百分比（%）	46.36	6.47	47.17	0
	庆东村	930	面积（hm²）	709.88	220.12	0	0
			百分比（%）	76.33	23.67	0	0

乡镇名称	村名称	面积（hm²）	项目	一级地	二级地	三级地	四级地
青原镇	卫东村	2 750	面积（hm²）	0	1.31	2 451.01	297.68
			百分比（%）	0	0.05	89.13	10.82
	新城村	1 690	面积（hm²）	1 690.00	0	0	0
			百分比（%）	100.00	0	0	0
	兴东村	2 470	面积（hm²）	1 135.79	1 124.16	205.44	4.62
			百分比（%）	45.98	45.51	8.32	0.19
	兴旺村	620	面积（hm²）	0	130.20	479.28	10.52
			百分比（%）	0	21.00	77.30	1.70
	兴业村	1 830	面积（hm²）	0	20.09	1 795.11	14.80
			百分比（%）	0	1.10	98.09	0.81
	永红村	1 520	面积（hm²）	0.19	16.47	1 478.53	24.81
			百分比（%）	0.01	1.08	97.27	1.63
	永乐村	550	面积（hm²）	0	523.92	26.08	0
			百分比（%）	0	95.26	4.74	0
万金山乡	宝金村	1 700	面积（hm²）	1 301.10	330.54	68.35	0
			百分比（%）	76.54	19.44	4.02	0
	方盛村	1 320	面积（hm²）	108.30	264.93	918.50	28.26
			百分比（%）	8.20	20.07	69.58	2.14
	红光村	750	面积（hm²）	0	21.38	142.29	586.33
			百分比（%）	0	2.85	18.97	78.18
	金山村	1 140	面积（hm²）	403.02	736.98	0	0
			百分比（%）	35.35	64.65	0	0
	农业场村	790	面积（hm²）	0	750.89	39.11	0
			百分比（%）	0	95.05	4.95	0
	三星村	950	面积（hm²）	0	445.04	504.96	0
			百分比（%）	0	46.85	53.15	0
	万隆村	1 070	面积（hm²）	351.79	682.70	35.51	0
			百分比（%）	32.88	63.80	3.32	0
	万中村	1 790	面积（hm²）	1 132.38	657.62	0	0
			百分比（%）	63.26	36.74	0	0

乡镇名称	村名称	面积 （hm²）	项目	一级地	二级地	三级地	四级地
万金山乡	新兴村	450	面积（hm²）	0	446.46	3.54	0
			百分比（%）	0	99.21	0.79	0
	兴国村	1 840	面积（hm²）	0	497.43	1 293.20	49.37
			百分比（%）	0	27.03	70.28	2.68
	志强村	380	面积（hm²）	5.21	374.79	0	0
			百分比（%）	1.37	98.63	0	0
小城子镇	富山村	650	面积（hm²）	0	0	478.99	171.01
			百分比（%）	0	0	73.69	26.31
	梨北村	960	面积（hm²）	0	1.57	54.39	904.04
			百分比（%）	0	0.16	5.67	94.17
	梨南村	720	面积（hm²）	0	281.45	428.83	9.72
			百分比（%）	0	39.09	59.56	1.35
	梨中村	820	面积（hm²）	0	654.21	75.53	90.26
			百分比（%）	0	79.78	9.21	11.01
	千山村	230	面积（hm²）	0	0	230	0
			百分比（%）	0	0	100	0
	青龙山村	1 510	面积（hm²）	0	19.00	1 365.51	125.49
			百分比（%）	0	1.26	90.43	8.31
	太平村	770	面积（hm²）	0	43.63	710.44	15.93
			百分比（%）	0	5.67	92.26	2.07
	天山村	170	面积（hm²）	0	0	170	0
			百分比（%）	0	0	100	0
	小城子村	1 860	面积（hm²）	155.73	821.00	868.74	14.54
			百分比（%）	8.37	44.14	46.71	0.78

附表 2　各村一级耕地统计

乡镇名称	村名称	村面积 （hm²）	村一级地面积 （hm²）	占村面积百分比 （%）	占全县一级地总 面积百分比（%）
宝清镇	报国村	1 240	0	0	0
	北关村	830	0	0	0
	东关村	210	2.78	1.32	0.01
	高家村	530	296.39	55.92	1.01
	郝家村	1 350	79.51	5.89	0.27
	和平村	510	0	0	0
	亨利村	380	0	0	0
	红新村	1 530	0	0	0
	建设村	850	811.35	95.45	2.75
	解放村	860	4.47	0.52	0.02
	靠山村	1 990	2.18	0.11	0.01
	连丰村	1 190	892.82	75.03	3.03
	南元村	480	0	0	0
	庆兰村	1 070	102.67	9.60	0.35
	十八里村	990	65.59	6.63	0.22
	十二里村	1 430	0	0	0
	双泉村	1 180	508.18	43.07	1.72
	双胜村	250	0.16	0.07	0
	四新村	930	0	0	0
	永宁村	480	0	0	0
	真理村	720	0	0	0
	庄园村	590	0	0	0

乡镇名称	村名称	村面积（hm²）	村一级地面积（hm²）	占村面积百分比（%）	占全县一级地总面积百分比（%）
朝阳乡	朝阳村	1 540	0	0	0
	灯塔村	1 460	323.60	22.16	1.10
	东胜村	1 840	538.79	29.28	1.83
	东旺村	190	134.38	70.73	0.46
	东兴村	1 290	1 232.39	95.53	4.18
	丰收村	1 070	0	0	0
	和兴村	1 540	0.38	0.02	0
	红旗村	1 550	0	0	0
	红日村	690	0	0	0
	红升村	1 050	192.03	18.29	0.65
	曙光村	1 140	0	0	0
夹信子镇	二道村	1 140	855.57	75.05	2.90
	奋斗村	450	0	0	0
	光辉村	340	0	0	0
	合作村	510	0	0	0
	河泉村	700	15.95	2.28	0.05
	宏泉村	360	0	0	0
	夹信子村	1 250	0	0	0
	林泉村	480	0	0	0
	七一村	300	0	0	0
	三道村	490	164.26	33.52	0.56
	头道村	1 310	534.82	40.83	1.81
	团结村	550	0	0	0
	西沟村	270	0	0	0
	向山村	890	0	0	0
	徐马村	1 380	0	0	0
	勇进村	1 780	8.23	0.46	0.03

（续表）

乡镇名称	村名称	村面积（hm²）	村一级地面积（hm²）	占村面积百分比（%）	占全县一级地总面积百分比（%）
尖山子乡	北岗村	2 560	1 725.92	67.42	5.85
	东方村	910	513.13	56.39	1.74
	东风村	1 130	881.27	77.99	2.99
	东红村	1 720	1 323.40	76.94	4.49
	东明村	1 320	597.07	45.23	2.03
	东青村	460	170.49	37.06	0.58
	东鑫村	1 370	76.54	5.59	0.26
	二道林村	1 940	1 802.92	92.93	6.12
	尖东村	970	0	0	0
	三道林子村	1 500	1 453.25	96.88	4.93
	索东村	780	0	0	0
	头道林村	1 350	36.00	2.67	0.12
	银龙村	1 380	0	0	0
	中岗村	820	0	0	0
龙头镇	北龙村	520	68.98	13.27	0.23
	大泉沟村	680	632.17	92.97	2.14
	东龙村	800	0.72	0.09	0
	红山村	450	112.70	25.04	0.38
	兰华村	640	505.81	79.03	1.72
	柳毛河村	660	218.35	33.08	0.74
	龙泉村	540	0	0	0
	龙头村	520	48.49	9.32	0.16
	农林村	540	425.33	78.76	1.44
	庆九村	1 230	1 230.00	100.00	4.17
七星河乡	北宝村	1 310	1 255.95	95.87	4.26
	常张村	1 790	0	0	0
	东辉村	210	0	0	0
	东强村	320	0	0	0
	建平村	1 280	115.88	9.05	0.39
	七星河村	1 970	0	0	0

（续表）

乡镇名称	村名称	村面积（hm²）	村一级地面积（hm²）	占村面积百分比（%）	占全县一级地总面积百分比（%）
七星河乡	新立村	770	0	0	0
	兴平村	1 120	134.26	11.99	0.46
	杨树村	730	513.35	70.32	1.74
	永新村	1 210	1 071.71	88.57	3.64
七星泡镇	德兴村	920	0	0	0
	东太村	870	0	0	0
	福兴村	450	0	0	0
	红峰村	1 000	0	0	0
	解放村	550	0	0	0
	金沙岗村	510	0	0	0
	金沙河村	890	0	0	0
	巨宝村	2 240	0	0	0
	兰凤村	1 080	0	0	0
	凉水村	2 130	0	0	0
	民主村	950	0	0	0
	平安村	960	0	0	0
	三合村	910	0	0	0
	胜利村	1 070	0	0	0
	双北村	1 310	0	0	0
	西太村	1 200	0	0	0
	向华村	810	0	0	0
	新发村	1 250	0	0	0
	新丰村	740	0	0	0
	新民村	750	0	0	0
	兴华村	1 100	0	0	0
	义合村	1 380	0	0	0
	永安村	880	0	0	0
	永发村	440	0	0	0
	永泉村	1 330	0	0	0
	永胜村	950	0	0	0
	永兴村	840	0	0	0
	中红村	740	0	0	0

乡镇名称	村名称	村面积（hm²）	村一级地面积（hm²）	占村面积百分比（%）	占全县一级地总面积百分比（%）
青原镇	本北村	1 720	0	0	0
	本德村	1 470	3.00	0.20	0.01
	东发村	1 120	0	0	0
	东富村	760	35.62	4.69	0.12
	复兴村	820	0	0	0
	青山村	1 650	764.95	46.36	2.59
	庆东村	930	709.88	76.33	2.41
	卫东村	2 750	0	0	0
	新城村	1 690	1 690.00	100.00	5.73
	兴东村	2 470	1 135.79	45.98	3.85
	兴旺村	620	0	0	0
	兴业村	1 830	0	0	0
	永红村	1 520	0.19	0.01	0
	永乐村	550	0	0	0
万金山乡	宝金村	1 700	1 301.10	76.54	4.41
	方盛村	1 320	108.30	8.20	0.37
	红光村	750	0	0	0
	金山村	1 140	403.02	35.35	1.37
	农业场村	790	0	0	0
	三星村	950	0	0	0
	万隆村	1 070	351.79	32.88	1.19
	万中村	1 790	1 132.38	63.26	3.84
	新兴村	450	0	0	0
	兴国村	1 840	0	0	0
	志强村	380	5.21	1.37	0.02
小城子镇	富山村	650	0	0	0
	梨北村	960	0	0	0
	梨南村	720	0	0	0
	梨中村	820	0	0	0
	千山村	230	0	0	0
	青龙山村	1 510	0	0	0
	太平村	770	0	0	0
	天山村	170	0	0	0
	小城子村	1 860	155.73	8.37	0.53

附表3 各村二级耕地统计

乡镇名称	村名称	村面积（hm²）	二级地面积（hm²）	占村面积百分比（%）	占全县二级地总面积百分比（%）
宝清镇	报国村	1 240	460.50	37.13	0.82
	北关村	830	61.58	7.42	0.11
	东关村	210	202.99	96.60	0.36
	高家村	530	233.61	44.08	0.42
	郝家村	1 350	1 262.89	93.55	2.25
	和平村	510	510.00	100.00	0.91
	亨利村	380	62.85	16.54	0.11
	红新村	1 530	1 033.42	67.54	1.84
	建设村	850	38.65	4.55	0.07
	解放村	860	714.71	83.11	1.27
	靠山村	1 990	1 960.52	98.52	3.49
	连丰村	1 190	297.18	24.97	0.53
	南元村	480	0	0	0
	庆兰村	1 070	228.20	21.33	0.41
	十八里村	990	903.07	91.22	1.61
	十二里村	14 30	766.68	53.61	1.37
	双泉村	1 180	566.15	47.98	1.01
	双胜村	250	153.05	61.22	0.27
	四新村	930	266.71	28.68	0.48
	永宁村	480	0.77	0.16	0
	真理村	720	720.00	100.00	1.28
	庄园村	590	562.16	95.28	1.00

乡镇名称	村名称	村面积（hm²）	二级地面积（hm²）	占村面积百分比（%）	占全县二级地总面积百分比（%）
朝阳乡	朝阳村	1 540	34.80	2.26	0.06
	灯塔村	1 460	1 080.48	74.01	1.92
	东胜村	1 840	1 155.63	62.81	2.06
	东旺村	190	55.62	29.27	0.10
	东兴村	1 290	57.61	4.47	0.10
	丰收村	1 070	574.75	53.72	1.02
	和兴村	1 540	358.24	23.26	0.64
	红旗村	1 550	1 431.55	92.36	2.55
	红日村	690	687.64	99.66	1.23
	红升村	1 050	857.97	81.71	1.53
	曙光村	1 140	274.68	24.09	0.49
夹信子镇	二道村	1 140	284.34	24.94	0.51
	奋斗村	450	450.00	100.00	0.80
	光辉村	340	340.00	100.00	0.61
	合作村	510	0	0	0
	河泉村	700	667.56	95.37	1.19
	宏泉村	360	359.14	99.76	0.64
	夹信子村	1 250	432.97	34.64	0.77
	林泉村	480	279.43	58.22	0.50
	七一村	300	0.13	0.04	0
	三道村	490	291.91	59.57	0.52
	头道村	1 310	756.06	57.71	1.35
	团结村	550	151.35	27.52	0.27
	西沟村	270	254.11	94.11	0.45
	向山村	890	887.53	99.72	1.58
	徐马村	1 380	174.55	12.65	0.31
	勇进村	1 780	2.79	0.16	0

（续表）

乡镇名称	村名称	村面积（hm²）	二级地面积（hm²）	占村面积百分比（%）	占全县二级地总面积百分比（%）
尖山子乡	北岗村	2 560	834.08	32.58	1.49
	东方村	910	360.86	39.66	0.64
	东风村	1 130	248.74	22.01	0.44
	东红村	1 720	396.60	23.06	0.71
	东明村	1 320	722.93	54.77	1.29
	东青村	460	289.51	62.94	0.52
	东鑫村	1 370	1 288.53	94.05	2.30
	二道林村	1 940	137.08	7.07	0.24
	尖东村	970	954.10	98.36	1.70
	三道林子村	1 500	46.75	3.12	0.08
	索东村	780	780.00	100.00	1.39
	头道林村	1 350	1 278.33	94.69	2.28
	银龙村	1 380	1 373.01	99.49	2.45
	中岗村	820	820.00	100.00	1.46
龙头镇	北龙村	520	449.16	86.38	0.80
	大泉沟村	680	47.83	7.03	0.09
	东龙村	800	311.88	38.99	0.56
	红山村	450	337.02	74.89	0.60
	兰华村	640	134.19	20.97	0.24
	柳毛河村	660	441.65	66.92	0.79
	龙泉村	540	451.92	83.69	0.81
	龙头村	520	437.63	84.16	0.78
	农林村	540	114.67	21.24	0.20
	庆九村	1 230	0	0	0
七星河乡	北宝村	1 310	54.05	4.13	0.10
	常张村	1 790	1 790.00	100.00	3.19
	东辉村	210	210.00	100.00	0.37
	东强村	320	320.00	100.00	0.57
	建平村	1 280	1 164.12	90.95	2.07
	七星河村	1 970	1 970.00	100.00	3.51
	新立村	770	770.00	100.00	1.37
	兴平村	1 120	985.74	88.01	1.76
	杨树村	730	216.65	29.68	0.39
	永新村	1 210	138.28	11.43	0.25

乡镇名称	村名称	村面积（hm²）	二级地面积（hm²）	占村面积百分比（%）	占全县二级地总面积百分比（%）
七星泡镇	德兴村	920	0	0	0
	东太村	870	171.90	19.76	0.31
	福兴村	450	0.14	0.03	0
	红峰村	1 000	0	0	0
	解放村	550	2.50	0.45	0
	金沙岗村	510	8.65	1.70	0.02
	金沙河村	890	0	0	0
	巨宝村	2 240	274.78	12.27	0.49
	蓝凤村	1 080	29.06	2.69	0.05
	凉水村	2 130	1 550.71	72.80	2.76
	民主村	950	0	0	0
	平安村	960	0	0	0
	三合村	910	14.02	1.54	0.02
	胜利村	1 070	1 018.78	95.21	1.81
	双北村	1 310	0	0	0
	西太村	1 200	0	0	0
	向华村	810	0	0	0
	新发村	1 250	0.87	0.07	0
	新丰村	740	0	0	0
	新民村	750	0	0	0
	兴华村	1 100	76.81	6.98	0.14
	义合村	1 380	418.86	30.35	0.75
	永安村	880	0	0	0
	永发村	440	0	0	0
	永泉村	1 330	0	0	0
	永胜村	950	0	0	0
	永兴村	840	63.90	7.61	0.11
	中红村	740	0	0	0

乡镇名称	村名称	村面积（hm²）	二级地面积（hm²）	占村面积百分比（%）	占全县二级地总面积百分比（%）
青原镇	本北村	1 720	70.07	4.07	0.12
	本德村	1 470	3.07	0.21	0.01
	东发村	1 120	15.92	1.42	0.03
	东富村	760	448.43	59.00	0.80
	复兴村	820	0	0	0
	青山村	1 650	106.78	6.47	0.19
	庆东村	930	220.12	23.67	0.39
	卫东村	2 750	1.31	0.05	0
	新城村	1 690	0	0	0
	兴东村	2 470	1 124.16	45.51	2.00
	兴旺村	620	130.20	21.00	0.23
	兴业村	1 830	20.09	1.10	0.04
	永红村	1 520	16.47	1.08	0.03
	永乐村	550	523.92	95.26	0.93
万金山乡	宝金村	1 700	330.54	19.44	0.59
	方盛村	1 320	264.93	20.07	0.47
	红光村	750	21.38	2.85	0.04
	金山村	1 140	736.98	64.65	1.31
	农业场村	790	750.89	95.05	1.34
	三星村	950	445.04	46.85	0.79
	万隆村	1 070	682.70	63.80	1.22
	万中村	1 790	657.62	36.74	1.17
	新兴村	450	446.46	99.21	0.80
	兴国村	1 840	497.43	27.03	0.89
	志强村	380	374.79	98.63	0.67
小城子镇	富山村	650	0	0	0
	梨北村	960	1.57	0.16	0
	梨南村	720	281.45	39.09	0.50
	梨中村	820	654.21	79.78	1.17
	千山村	230	0	0	0
	青龙山村	1 510	19.00	1.26	0.03
	太平村	770	43.63	5.67	0.08
	天山村	170	0	0	0
	小城子村	1 860	821.00	44.14	1.46

附表 4　各村三级耕地统计

乡镇名称	村名称	村面积（hm²）	三级地面积（hm²）	占村面积百分比（%）	占全县三级地总面积百分比（%）
宝清镇	报国村	1 240	779.67	62.87	1.43
	北关村	830	768.42	92.58	1.41
	东关村	210	3.80	1.81	0.01
	高家村	530	0	0	0
	郝家村	1 350	7.61	0.56	0.01
	和平村	510	0	0	0
	亨利村	380	266.78	70.20	0.49
	红新村	1 530	496.58	32.46	0.91
	建设村	850	0	0	0
	解放村	860	140.81	16.37	0.26
	靠山村	1 990	27.30	1.37	0.05
	连丰村	1 190	0	0	0
	南元村	480	443.60	92.42	0.81
	庆兰村	1 070	739.13	69.08	1.35
	十八里村	990	15.38	1.55	0.03
	十二里村	1 430	663.32	46.39	1.21
	双泉村	1 180	105.67	8.95	0.19
	双胜村	250	96.79	38.72	0.18
	四新村	930	657.30	70.68	1.20
	永宁村	480	445.24	92.76	0.82
	真理村	720	0	0	0
	庄园村	590	27.84	4.72	0.05

（续表）

乡镇名称	村名称	村面积（hm²）	三级地面积（hm²）	占村面积百分比（%）	占全县三级地总面积百分比（%）
朝阳乡	朝阳村	1 540	1 486.64	96.53	2.72
	灯塔村	1 460	55.92	3.83	0.10
	东胜村	1 840	75.57	4.11	0.14
	东旺村	190	0	0	0
	东兴村	1 290	0	0	0
	丰收村	1 070	495.25	46.28	0.91
	和兴村	1 540	1 181.37	76.71	2.16
	红旗村	1 550	118.45	7.64	0.22
	红日村	690	2.36	0.34	0
	红升村	1 050	0	0	0
	曙光村	1 140	865.32	75.91	1.58
夹信子镇	二道村	1 140	0	0	0
	奋斗村	450	0	0	0
	光辉村	340	0	0	0
	合作村	510	481.47	94.41	0.88
	河泉村	700	16.49	2.36	0.03
	宏泉村	360	0.86	0.24	0
	夹信子村	1 250	804.60	64.37	1.47
	林泉村	480	200.57	41.78	0.37
	七一村	300	238.30	79.43	0.44
	三道村	490	33.83	6.90	0.06
	头道村	1 310	19.12	1.46	0.04
	团结村	550	355.08	64.56	0.65
	西沟村	270	15.89	5.89	0.03
	向山村	890	2.47	0.28	0
	徐马村	1 380	1 088.14	78.85	1.99
	勇进村	1 780	1 050.10	58.99	1.92

乡镇名称	村名称	村面积 （hm²）	三级地面积 （hm²）	占村面积百分比 （%）	占全县三级地总 面积百分比（%）
尖山子乡	北岗村	2 560	0	0	0
	东方村	910	36.01	3.96	0.07
	东风村	1 130	0	0	0
	东红村	1 720	0	0	0
	东明村	1 320	0	0	0
	东青村	460	0	0	0
	东鑫村	1 370	4.93	0.36	0.01
	二道林村	1 940	0	0	0
	尖东村	970	0	0	0
	三道林子村	1 500	0	0	0
	索东村	780	0	0	0
	头道林村	1 350	35.67	2.64	0.07
	银龙村	1 380	7.00	0.51	0.01
	中岗村	820	0	0	0
龙头镇	北龙村	520	1.86	0.36	0
	大泉沟村	680	0	0	0
	东龙村	800	487.39	60.92	0.89
	红山村	450	0.28	0.06	0
	兰华村	640	0	0	0
	柳毛河村	660	0	0	0
	龙泉村	540	83.93	15.54	0.15
	龙头村	520	33.88	6.52	0.06
	农林村	540	0	0	0
	庆九村	1 230	0	0	0
七星河乡	北宝村	1 310	0	0	0
	常张村	1 790	0	0	0
	东辉村	210	0	0	0
	东强村	320	0	0	0
	建平村	1 280	0	0	0
	七星河村	1 970	0	0	0
	新立村	770	0	0	0
	兴平村	1 120	0	0	0
	杨树村	730	0	0	0
	永新村	1 210	0	0	0

（续表）

乡镇名称	村名称	村面积 （hm²）	三级地面积 （hm²）	占村面积百分比 （%）	占全县三级地总 面积百分比（%）
七星泡镇	德兴村	920	876.24	95.24	1.60
	东太村	870	596.77	68.59	1.09
	福兴村	450	445.67	99.04	0.82
	红峰村	1 000	975.26	97.53	1.79
	解放村	550	547.50	99.55	1.00
	金沙岗村	510	464.11	91.00	0.85
	金沙河村	890	455.73	51.21	0.83
	巨宝村	2 240	1 835.72	81.95	3.36
	兰凤村	1 080	1 050.94	97.31	1.92
	凉水村	2 130	537.56	25.24	0.98
	民主村	950	440.93	46.41	0.81
	平安村	960	893.95	93.12	1.64
	三合村	910	895.98	98.46	1.64
	胜利村	1 070	47.23	4.41	0.09
	双北村	1 310	1.03	0.08	0
	西太村	1 200	886.75	73.90	1.62
	向华村	810	177.27	21.88	0.32
	新发村	1 250	1 070.91	85.67	1.96
	新丰村	740	740.00	100.00	1.36
	新民村	750	750.00	100.00	1.37
	兴华村	1 100	1 023.19	93.02	1.87
	义合村	1 380	914.38	66.26	1.67
	永安村	880	864.74	98.27	1.58
	永发村	440	440.00	100.00	0.81
	永泉村	1 330	1 150.92	86.54	2.11
	永胜村	950	902.52	95.00	1.65
	永兴村	840	495.35	58.97	0.91
	中红村	740	739.91	99.99	1.36

（续表）

乡镇名称	村名称	村面积（hm²）	三级地面积（hm²）	占村面积百分比（%）	占全县三级地总面积百分比（%）
青原镇	本北村	1 720	1 649.93	95.93	3.02
	本德村	1 470	1 444.08	98.24	2.64
	东发村	1 120	1 104.08	98.58	2.02
	东富村	760	275.95	36.31	0.51
	复兴村	820	340.73	41.55	0.62
	青山村	1 650	778.27	47.17	1.43
	庆东村	930	0	0	0
	卫东村	2 750	2 451.01	89.13	4.49
	新城村	1 690	0	0	0
	兴东村	2 470	205.44	8.32	0.38
	兴旺村	620	479.28	77.30	0.88
	兴业村	1 830	1 795.11	98.09	3.29
	永红村	1 520	1 478.53	97.27	2.71
	永乐村	550	26.08	4.74	0.05
万金山乡	宝金村	1 700	68.35	4.02	0.13
	方盛村	1 320	918.50	69.58	1.68
	红光村	750	142.29	18.97	0.26
	金山村	1 140	0	0	0
	农业场村	790	39.11	4.95	0.07
	三星村	950	504.96	53.15	0.92
	万隆村	1 070	35.51	3.32	0.07
	万中村	1 790	0	0	0
	新兴村	450	3.54	0.79	0.01
	兴国村	1 840	1 293.20	70.28	2.37
	志强村	380	0	0	0
小城子镇	富山村	650	478.99	73.69	0.88
	梨北村	960	54.39	5.67	0.10
	梨南村	720	428.83	59.56	0.79
	梨中村	820	75.53	9.21	0.14
	千山村	230	230.00	100.00	0.42
	青龙山村	1 510	1 365.51	90.43	2.50
	太平村	770	710.44	92.26	1.30
	天山村	170	170.00	100.00	0.31
	小城子村	1 860	868.74	46.71	1.59

附表5　各村四级耕地统计

乡镇名称	村名称	村面积（hm²）	四级地面积（hm²）	占村面积百分比（%）	占全县四级地总面积百分比（%）
宝清镇	报国村	1 240	0	0	0
	北关村	830	0	0	0
	东关村	210	0.57	0.27	0.01
	高家村	530	0	0	0
	郝家村	1 350	0	0	0
	和平村	510	0	0	0
	亨利村	380	50.37	13.26	0.59
	红新村	1 530	0	0	0
	建设村	850	0	0	0
	解放村	860	0	0	0
	靠山村	1 990	0	0	0
	连丰村	1 190	0	0	0
	南元村	480	36.40	7.58	0.43
	庆兰村	1 070	0	0	0
	十八里村	990	5.96	0.60	0.07
	十二里村	1 430	0	0	0
	双泉村	1 180	0	0	0
	双胜村	250	0	0	0
	四新村	930	5.93	0.64	0.07
	永宁村	480	33.99	7.08	0.40
	真理村	720	0	0	0
	庄园村	590	0	0	0

乡镇名称	村名称	村面积（hm²）	四级地面积（hm²）	占村面积百分比（%）	占全县四级地总面积百分比（%）
朝阳乡	朝阳村	1 540	18. 57	1. 21	0. 22
	灯塔村	1 460	0	0	0
	东胜村	1 840	70. 02	3. 81	0. 83
	东旺村	190	0	0	0
	东兴村	1 290	0	0	0
	丰收村	1 070	0	0	0
	和兴村	1 540	0	0	0
	红旗村	1 550	0	0	0
	红日村	690	0	0	0
	红升村	1 050	0	0	0
	曙光村	1 140	0	0	0
夹信子镇	二道村	1 140	0. 09	0. 01	0
	奋斗村	450	0	0	0
	光辉村	340	0	0	0
	合作村	510	28. 53	5. 59	0. 34
	河泉村	700	0	0	0
	宏泉村	360	0	0	0
	夹信子村	1 250	12. 43	0. 99	0. 15
	林泉村	480	0	0	0
	七一村	300	61. 57	20. 52	0. 73
	三道村	490	0	0	0
	头道村	1 310	0	0	0
	团结村	550	43. 57	7. 92	0. 51
	西沟村	270	0	0	0
	向山村	890	0	0	0
	徐马村	1 380	117. 30	8. 50	1. 39
	勇进村	1 780	718. 87	40. 39	8. 49

（续表）

乡镇名称	村名称	村面积（hm²）	四级地面积（hm²）	占村面积百分比（%）	占全县四级地总面积百分比（%）
尖山子乡	北岗村	2 560	0	0	0
	东方村	910	0	0	0
	东风村	1 130	0	0	0
	东红村	1 720	0	0	0
	东明村	1 320	0	0	0
	东青村	460	0	0	0
	东鑫村	1 370	0	0	0
	二道林村	1 940	0	0	0
	尖东村	970	15.91	1.64	0.19
	三道林子村	1 500	0	0	0
	索东村	780	0	0	0
	头道林村	1 350	0	0	0
	银龙村	1 380	0	0	0
	中岗村	820	0	0	0
龙头镇	北龙村	520	0	0	0
	大泉沟村	680	0	0	0
	东龙村	800	0	0	0
	红山村	450	0	0	0
	兰华村	640	0	0	0
	柳毛河村	660	0	0	0
	龙泉村	540	4.15	0.77	0.05
	龙头村	520	0	0	0
	农林村	540	0	0	0
	庆九村	1 230	0	0	0
七星河乡	北宝村	1 310	0	0	0
	常张村	1 790	0	0	0
	东辉村	210	0	0	0
	东强村	320	0	0	0
	建平村	1 280	0	0	0
	七星河村	1 970	0	0	0
	新立村	770	0	0	0
	兴平村	1 120	0	0	0
	杨树村	730	0	0	0
	永新村	1 210	0	0	0

（续表）

乡镇名称	村名称	村面积（hm²）	四级地面积（hm²）	占村面积百分比（%）	占全县四级地总面积百分比（%）
七星泡镇	德兴村	920	43.76	4.76	0.52
	东太村	870	101.33	11.65	1.20
	福兴村	450	4.19	0.93	0.05
	红峰村	1 000	24.74	2.47	0.29
	解放村	550	0	0	0
	金沙岗村	510	37.24	7.30	0.44
	金沙河村	890	434.27	48.79	5.13
	巨宝村	2 240	129.50	5.78	1.53
	蓝凤村	1 080	0	0	0
	凉水村	2 130	41.73	1.96	0.49
	民主村	950	509.07	53.59	6.01
	平安村	960	66.05	6.88	0.78
	三合村	910	0	0	0
	胜利村	1 070	3.99	0.37	0.05
	双北村	1 310	1 308.97	99.92	15.46
	西太村	1 200	313.25	26.10	3.70
	向华村	810	632.73	78.12	7.47
	新发村	1 250	178.22	14.26	2.10
	新丰村	740	0	0	0
	新民村	750	0	0	0
	兴华村	1 100	0	0	0
	义合村	1 380	46.76	3.39	0.55
	永安村	880	15.26	1.73	0.18
	永发村	440	0	0	0
	永泉村	1 330	179.08	13.46	2.11
	永胜村	950	47.48	5.00	0.56
	永兴村	840	280.74	33.42	3.31
	中红村	740	0.09	0.01	0

乡镇名称	村名称	村面积（hm²）	四级地面积（hm²）	占村面积百分比（%）	占全县四级地总面积百分比（%）
青原镇	本北村	1 720	0	0	0
	本德村	1 470	19.85	1.35	0.23
	东发村	1 120	0	0	0
	东富村	760	0	0	0
	复兴村	820	479.27	58.45	5.66
	青山村	1 650	0	0	0
	庆东村	930	0	0	0
	卫东村	2 750	297.68	10.82	3.51
	新城村	1 690	0	0	0
	兴东村	2 470	4.62	0.19	0.05
	兴旺村	620	10.52	1.70	0.12
	兴业村	1 830	14.80	0.81	0.17
	永红村	1 520	24.81	1.63	0.29
	永乐村	550	0	0	0
万金山乡	宝金村	1 700	0	0	0
	方盛村	1 320	28.26	2.14	0.33
	红光村	750	586.33	78.18	6.92
	金山村	1 140	0	0	0
	农业场村	790	0	0	0
	三星村	950	0	0	0
	万隆村	1 070	0	0	0
	万中村	1 790	0	0	0
	新兴村	450	0	0	0
	兴国村	1 840	49.37	2.68	0.58
	志强村	380	0	0	0
小城子镇	富山村	650	171.01	26.31	2.02
	梨北村	960	904.04	94.17	10.67
	梨南村	720	9.72	1.35	0.11
	梨中村	820	90.26	11.01	1.07
	千山村	230	0	0	0
	青龙山村	1 510	125.49	8.31	1.48
	太平村	770	15.93	2.07	0.19
	天山村	170	0	0	0
	小城子村	1 860	14.54	0.78	0.17

附表6　宝清县各村水田分级统计结果

乡镇名称	村名称	面积（hm²）	项目	一级	二级	三级	四级
宝清镇	北关村	157.27	面积（hm²）	0	14.03	143.24	0
			百分比（%）	0	8.92	91.08	0
	东关村	4.00	面积（hm²）	1.05	0	2.95	0
			百分比（%）	26.17	0	73.83	0
	和平村	126.19	面积（hm²）	0	126.19	0	0
			百分比（%）	0	100.00	0	0
	建设村	203.27	面积（hm²）	194.02	9.25	0	0
			百分比（%）	95.45	4.55	0	0
	解放村	3.73	面积（hm²）	0.02	3.10	0.61	0
			百分比（%）	0.52	83.11	16.37	0
	靠山村	36.70	面积（hm²）	0.04	36.16	0.50	0
			百分比（%）	0.11	98.52	1.37	0
	南元村	80.27	面积（hm²）	0	0	80.27	0
			百分比（%）	0	0	100.00	0
	十八里村	43.17	面积（hm²）	0	30.89	12.28	0
			百分比（%）	0	71.55	28.45	0
	十二里村	43.30	面积（hm²）	0	1.36	41.94	0
			百分比（%）	0	3.14	96.86	0
	双泉村	66.01	面积（hm²）	0	66.01	0	0
			百分比（%）	0	100.00	0	0
	双胜村	34.44	面积（hm²）	0	13.58	20.86	0
			百分比（%）	0	39.44	60.56	0

（续表）

乡镇名称	村名称	面积（hm²）	项目	一级	二级	三级	四级
宝清镇	四新村	43.76	面积（hm²）	0	12.55	30.93	0.28
			百分比（%）	0	28.68	70.68	0.64
	永宁村	218.53	面积（hm²）	0	0	217.40	1.13
			百分比（%）	0	0	99.48	0.52
	真理村	13.40	面积（hm²）	0	13.40	0	0
			百分比（%）	0	100.00	0	0
宝清镇汇总		1 074.03	百分比（%）	0.28	16.16	83.50	0.06
			面积（hm²）	3.00	173.56	896.85	0.62
朝阳乡	灯塔村	351.40	面积（hm²）	275.12	75.89	0.39	0
			百分比（%）	78.29	21.60	0.11	0
	东胜村	369.67	面积（hm²）	260.96	77.21	26.24	5.26
			百分比（%）	70.59	20.89	7.10	1.42
	东兴村	546.43	面积（hm²）	504.05	42.39	0	0
			百分比（%）	92.24	7.76	0	0
	丰收村	240.61	面积（hm²）	0	206.89	33.72	0
			百分比（%）	0	85.99	14.01	0
	和兴村	57.87	面积（hm²）	0	0	57.87	0
			百分比（%）	0	0	100.00	0
	曙光村	50.53	面积（hm²）	0	50.53	0	0
			百分比（%）	0	100.00	0	0
朝阳乡汇总		1 616.51	百分比（%）	70.33	25.51	4.05	0.11
			面积（hm²）	1136.83	412.43	65.40	1.85
夹信子镇	二道村	320.47	面积（hm²）	320.47	0	0	0
			百分比（%）	100.00	0	0	0
	合作村	41.05	面积（hm²）	0	0	38.75	2.30
			百分比（%）	0	0	94.41	5.59
	河泉村	108.73	面积（hm²）	3.38	105.35	0	0
			百分比（%）	3.11	96.89	0	0
	洪泉村	21.40	面积（hm²）	0	21.35	0.05	0
			百分比（%）	0	99.76	0.24	0

（续表）

乡镇名称	村名称	面积（hm²）	项目	一级	二级	三级	四级
夹信子镇	夹信子村	25.40	面积（hm²）	0	8.80	16.35	0.25
			百分比（%）	0	34.64	64.37	0.99
	林泉村	20.02	面积（hm²）	0	11.65	8.37	0
			百分比（%）	0	58.22	41.78	0
	七一村	59.15	面积（hm²）	0	0	59.15	0
			百分比（%）	0	0	100.00	0
	奋斗村	224.73	面积（hm²）	122.17	55.40	47.15	
			百分比（%）	54.36	24.65	20.98	0
	三道村	60.73	面积（hm²）	20.36	36.18	4.19	0
			百分比（%）	33.52	59.57	6.90	0
	头道村	189.20	面积（hm²）	142.70	40.09	6.41	
			百分比（%）	75.42	21.19	3.39	0
	团结村	47.00	面积（hm²）	0	0	47.00	0
			百分比（%）	0	0	100.00	0
	西沟村	21.33	面积（hm²）	0	20.08	1.26	0
			百分比（%）	0	94.11	5.89	0
	向山村	12.87	面积（hm²）	0	8.75	4.12	0
			百分比（%）	0	68.00	32.00	0
	徐马村	225.87	面积（hm²）	0	2.30	223.57	0
			百分比（%）	0	1.02	98.98	0
	勇进村	43.73	面积（hm²）	11.08	3.09	29.56	0
			百分比（%）	25.34	7.06	67.59	0
夹信子镇汇总		1 421.68	面积（hm²）	772.89	350.49	298.30	0
			百分比（%）	54.36	24.65	20.98	0
尖山子乡	三道林子村	84.73	面积（hm²）	82.09	2.64	0	0
			百分比（%）	96.88	3.12	0	0
	头道林村	10	面积（hm²）	2.67	94.69	2.64	0
			百分比（%）	26.66	946.91	26.43	0

乡镇名称	村名称	面积（hm²）	项目	一级	二级	三级	四级
尖山子乡汇总		94.73	面积（hm²）	34.20	60.53	0	0
			百分比（%）	36.11	63.89	0	0
龙头镇	大泉沟村	8.67	面积（hm²）	8.06	0.61	0	0
			百分比（%）	92.97	7.03	0	0
	东龙村	7.27	面积（hm²）	0.01	2.83	4.43	0
			百分比（%）	0.09	38.99	60.92	0
	红山村	146.60	面积（hm²）	132.19	14.41	0	0
			百分比（%）	90.17	9.83	0	0
	兰华村	8.90	面积（hm²）	7.03	1.87	0	0
			百分比（%）	79.03	20.97	0	0
	柳毛河村	1.50	面积（hm²）	0.50	1.00	0	0
			百分比（%）	33.08	66.92	0	0
	农林村	16.00	面积（hm²）	5.78	10.22	0	0
			百分比（%）	36.14	63.86	0	0
	庆九村	29.07	面积（hm²）	29.07	0	0	0
			百分比（%）	100.00	0	0	0
	龙头村	173.07	面积（hm²）	151.95	21.12	0	0
			百分比（%）	87.80	12.20	0	0
龙头镇汇总		391.07	面积（hm²）	343.35	47.72	0	0
			百分比（%）	87.80	12.20	0	0
七星河乡	北宝村	56.80	面积（hm²）	54.46	2.34	0	0
			百分比（%）	95.87	4.13	0	0
	常张村	51.50	面积（hm²）	0	51.50	0	0
			百分比（%）	0	99.99	0.01	0
	兴平村	143.33	面积（hm²）	17.18	126.15	0	0
			百分比（%）	0.12	0.88	0	0
	永新村	12.17	面积（hm²）	12.17	0	0	0
			百分比（%）	100.00	0	0	0
七星河乡汇总		263.80	面积（hm²）	146.49	65.14	0	0
			百分比（%）	55.53	44.47	0	0

（续表）

乡镇名称	村名称	面积（hm²）	项目	一级	二级	三级	四级
七星泡镇	德兴村	20	面积（hm²）	0	0	20	0
			百分比（%）	0	0	100.00	0
	福兴村	10	面积（hm²）	0	0	9.90	0.09
			百分比（%）	0	0	0.99	0.01
	红峰村	425.80	面积（hm²）	0	0	415.27	10.53
			百分比（%）	0	0	97.53	2.47
	巨宝村	27.00	面积（hm²）	0	27.00	0	0
			百分比（%）	0	100.00	0	0
	凉水村	4.40	面积（hm²）	0	4.40	0	0
			百分比（%）	0	100.00	0	0
	民主村	22.23	面积（hm²）	0	0	10.32	11.91
			百分比（%）	0	0	46.41	53.59
	胜利村	5.00	面积（hm²）	0	4.76	0.22	0.02
			百分比（%）	0	95.21	4.41	0.37
	兴华村	448.91	面积（hm²）	0	93.24	355.67	0
			百分比（%）	0	20.77	79.23	0
	义合村	272.59	面积（hm²）	0	82.74	180.61	9.24
			百分比（%）	0	30.35	66.26	3.39
	永安村	2.67	面积（hm²）	0	0	2.62	0.05
			百分比（%）	0	0	98.27	1.73
	永发村	34.69	面积（hm²）	0	0	34.69	0
			百分比（%）	0	0	100.00	0
	永胜村	35.53	面积（hm²）	0	0	33.76	1.78
			百分比（%）	0	0	95.00	5.00
	向华村	302.73	面积（hm²）	0	25.25	240.84	36.64
			百分比（%）	0	8.34	79.56	12.10
七星泡镇汇总		1 611.56	面积（hm²）	0	134.43	1 282.09	195.04
			百分比（%）	0	8.34	79.56	12.10

乡镇名称	村名称	面积 （hm²）	项目	一级	二级	三级	四级
青原镇	本北村	12.00	面积（hm²）	0	0.49	11.51	0
			百分比（%）	0	4.07	95.93	0
	东发村	86.87	面积（hm²）	0	39.57	47.29	0
			百分比（%）	0	45.56	54.44	0
	东富村	88.64	面积（hm²）	0	88.64	0	0
			百分比（%）	0	100.00	0	0
	复兴村	74.70	面积（hm²）	0	0	1.05	73.65
			百分比（%）	0	0	1.41	98.59
	青山村	305.85	面积（hm²）	278.75	3.62	23.48	0
			百分比（%）	91.14	1.18	7.68	0
	庆东村	724.40	面积（hm²）	724.40	0	0	0
			百分比（%）	100.00	0	0	0
	新城村	140.13	面积（hm²）	140.13	0	0	0
			百分比（%）	100.00	0	0	0
	兴东村	418.80	面积（hm²）	223.69	193.12	0	1.99
			百分比（%）	53.41	46.11	0	0.47
	兴旺村	413.77	面积（hm²）	0	344.87	68.90	0
			百分比（%）	0	83.35	16.65	0
	兴业村	98.33	面积（hm²）	0	0	89.76	8.58
			百分比（%）	0	0	91.28	8.72
	永红村	687.34	面积（hm²）	0	203.41	293.99	189.94
			百分比（%）	0	29.59	42.77	27.63
	永乐村	38.08	面积（hm²）	0	10.42	27.66	0
			百分比（%）	0	27.37	72.63	0
	兴东村 （富强屯）	442.87	面积（hm²）	306.65	101.06	24.64	10.52
			百分比（%）	69.24	22.82	5.56	2.38
	青山村 （前进屯）	637.20	面积（hm²）	441.21	145.41	35.46	15.13
			百分比（%）	69.24	22.82	5.56	2.38
	本东村	70.67	面积（hm²）	48.93	16.13	3.93	1.68
			百分比（%）	69.24	22.82	5.56	2.38

乡镇名称	村名称	面积（hm²）	项目	一级	二级	三级	四级
青原镇	本德村（本福屯）	40.37	面积（hm²）	27.95	9.21	2.25	0.96
			百分比（%）	69.24	22.82	5.56	2.38
	东富村（永强屯）	16.00	面积（hm²）	11.08	3.65	0.89	0.38
			百分比（%）	69.24	22.82	5.56	2.38
	兴旺村（永青屯）	285.87	面积（hm²）	197.94	65.23	15.91	6.79
			百分比（%）	69.24	22.82	5.56	2.38
青原镇汇总		4 581.88	面积（hm²）	3 172.56	1 045.56	254.94	108.82
			百分比（%）	69.24	22.82	5.56	2.38
万金山乡	方盛村（万宝屯）	132.86	面积（hm²）	44.74	81.97	4.26	1.89
			百分比（%）	33.68	61.69	3.21	1.42
	宝金村	204.88	面积（hm²）	115.77	89.11	0	0
			百分比（%）	56.51	43.49	0	0
	小城子村（东泉屯）	19.58	面积（hm²）	6.59	12.08	0.63	0.28
			百分比（%）	33.68	61.69	3.21	1.42
	方盛村	505.96	面积（hm²）	226.69	189.21	79.76	10.30
			百分比（%）	44.80	37.40	15.76	2.04
	红光村	31.80	面积（hm²）	0	0.91	6.03	24.86
			百分比（%）	0	2.85	18.97	78.18
	金山村	604.33	面积（hm²）	123.34	480.98	0	0
			百分比（%）	20.41	79.59	0	0
	农业场村	16.28	面积（hm²）	0	15.47	0.81	0
			百分比（%）	0	95.05	4.95	0
	三星村	223.08	面积（hm²）	0	104.51	118.57	0
			百分比（%）	0	46.85	53.15	0
	黄牛场	477.00	面积（hm²）	160.64	294.28	15.29	6.79
			百分比（%）	33.68	61.69	3.21	1.42
	万中村（宝山屯）	574.07	面积（hm²）	193.31	354.12	18.40	8.18
			百分比（%）	33.68	61.69	3.21	1.42
	万隆村	480.33	面积（hm²）	32.58	447.75	0	0
			百分比（%）	6.78	93.22	0	0

（续表）

乡镇名称	村名称	面积（hm²）	项目	一级	二级	三级	四级
万金山乡	万中村	373.23	面积（hm²）	203.44	169.79	0	0
			百分比（%）	54.51	45.49	0	0
	红光村（红胜屯）	8.00	面积（hm²）	2.69	4.94	0.26	0.11
			百分比（%）	33.68	61.69	3.21	1.42
	新兴村	318.27	面积（hm²）	0	315.76	2.50	0
			百分比（%）	0	99.21	0.79	0
	企事业	376.27	面积（hm²）	126.72	232.13	12.06	5.36
			百分比（%）	33.68	61.69	3.21	1.42
	兴国村	263.14	面积（hm²）	0	75.29	109.14	78.70
			百分比（%）	0	28.61	41.48	29.91
	志强村	376.27	面积（hm²）	0	376.27	0	0
			百分比（%）	0	100.00	0	0
万金山乡汇总		4 964.02	面积（hm²）	1 671.75	3 062.45	159.11	70.70
			百分比（%）	33.68	61.69	3.21	1.42
小城子镇	富山村	8.67	面积（hm²）	0	0	6.39	2.28
			百分比（%）	0	0	73.69	26.31
	梨北村	119.70	面积（hm²）	0	0	0	119.70
			百分比（%）	0	0	0	100.00
	青龙山村	17.66	面积（hm²）	0	0	16.16	1.50
			百分比（%）	0	0	91.52	8.48
	小城子村	17.40	面积（hm²）	7.85	0.75	8.81	0
			百分比（%）	45.09	4.30	50.61	0
小城子镇汇总		163.42	面积（hm²）	8.96	0.85	44.68	108.93
			百分比（%）	5.48	0.52	27.34	66.65

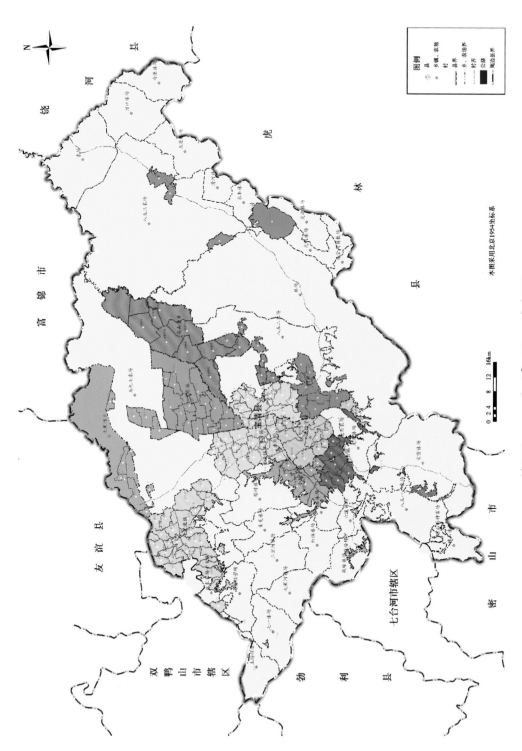

附图1　宝清县区划图

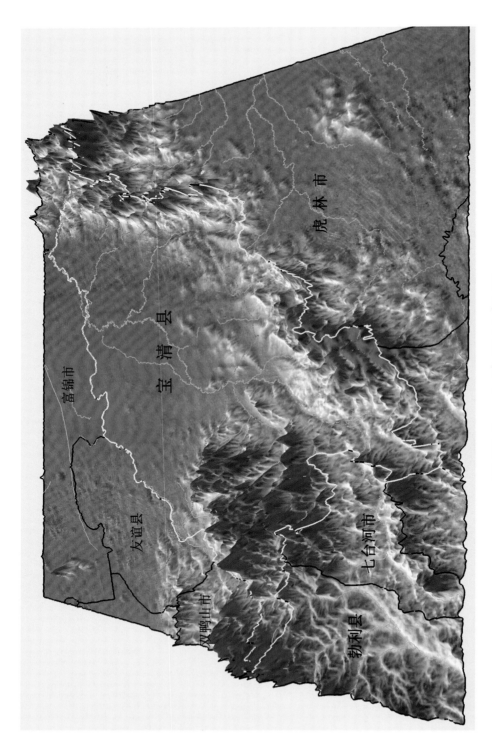

附图 2 宝清县地势图

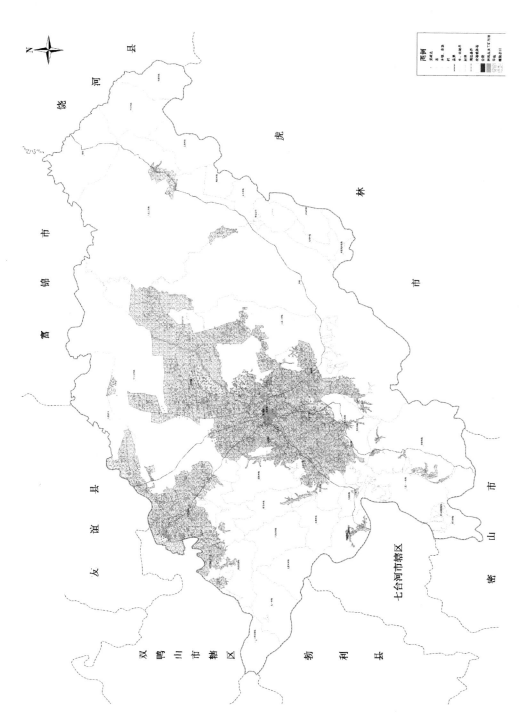

附图 3　宝清县采样点分布图

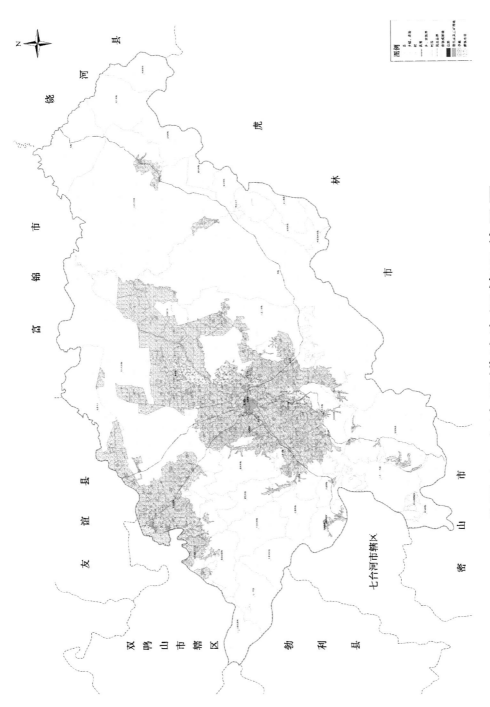

附图 4 宝清县耕地资源管理单元图

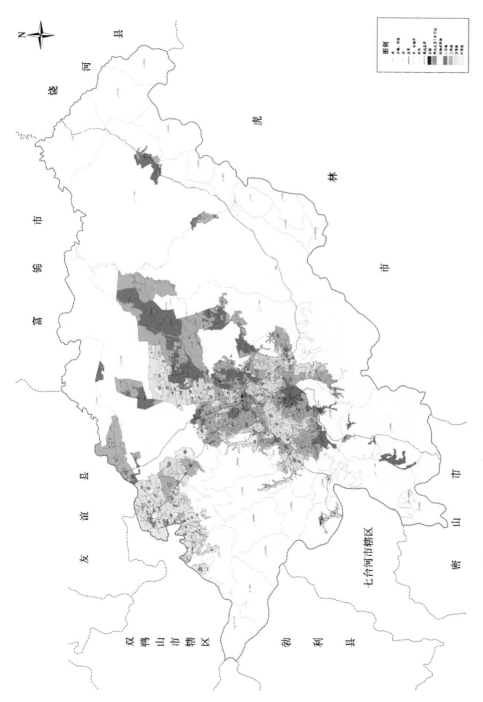

附图 5　宝清县耕地地力等级图（县等级体系）

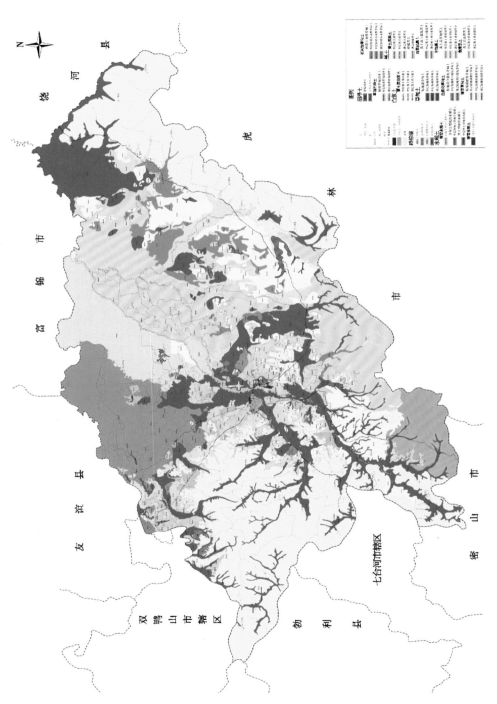

附图 6　宝清县土壤图

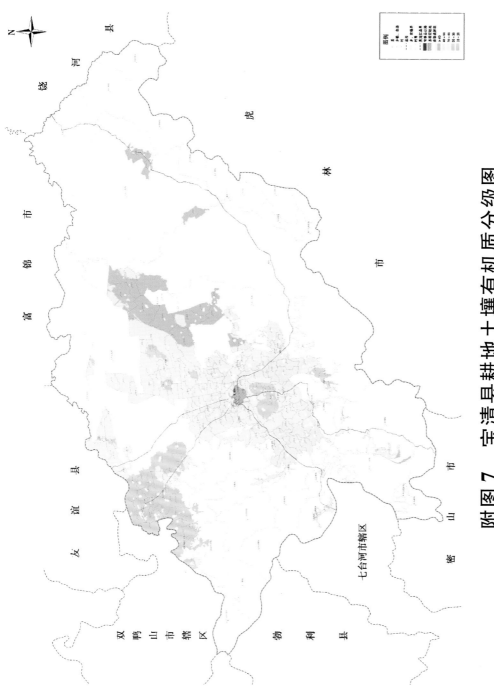

附图 7　宝清县耕地土壤有机质分级图

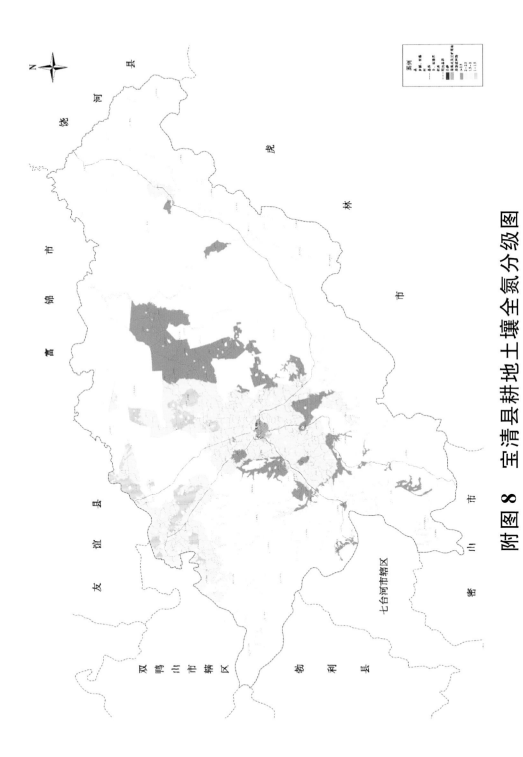

附图 8 宝清县耕地土壤全氮分级图

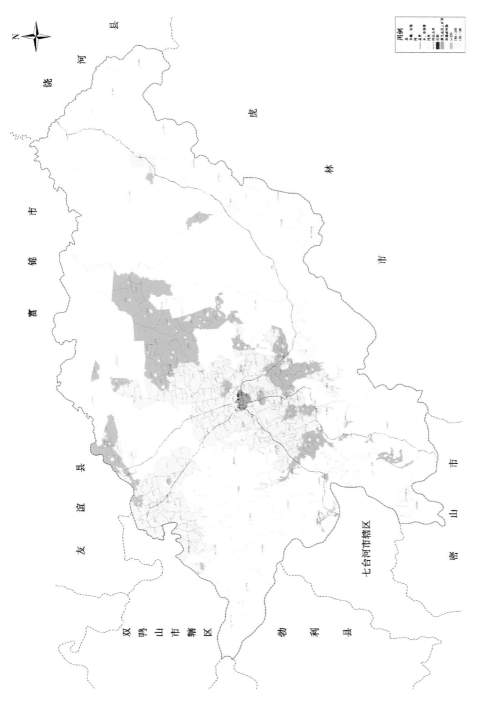

附图 9　宝清县耕地土壤碱解氮分级图

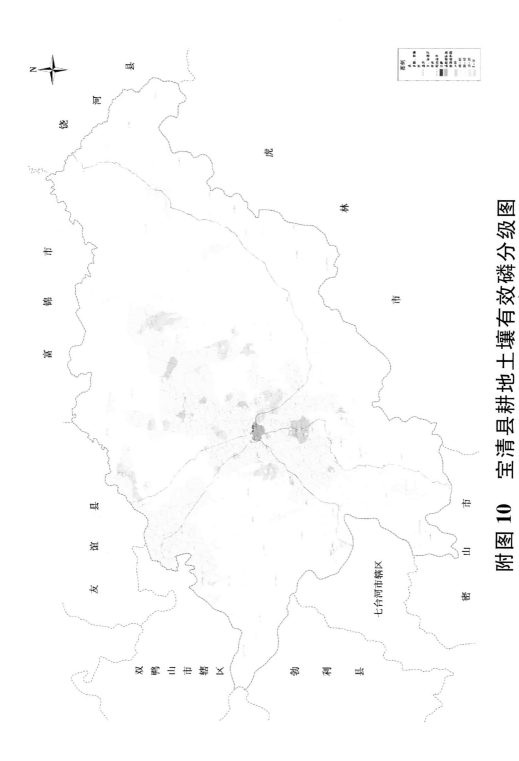

附图10 宝清县耕地土壤有效磷分级图

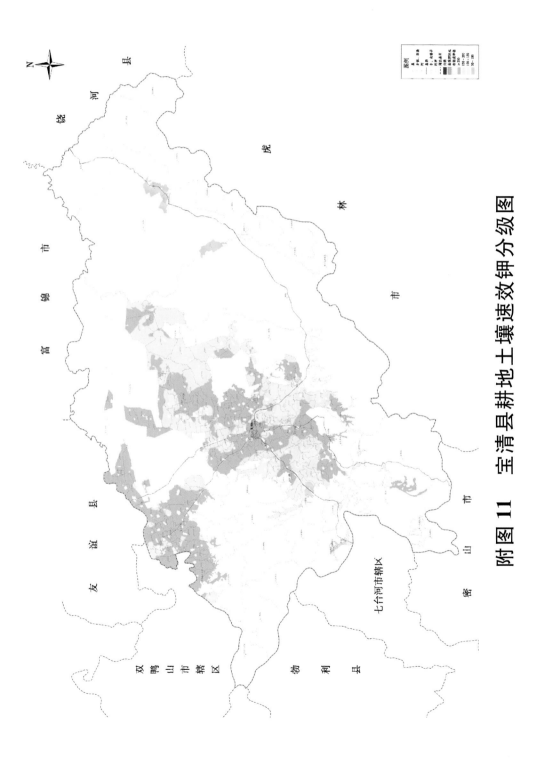

附图 11　宝清县耕地土壤速效钾分级图

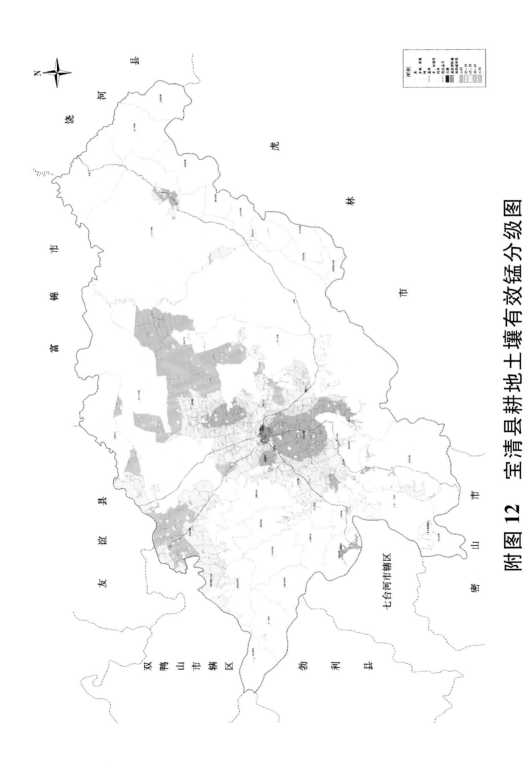

附图12 宝清县耕地土壤有效锰分级图

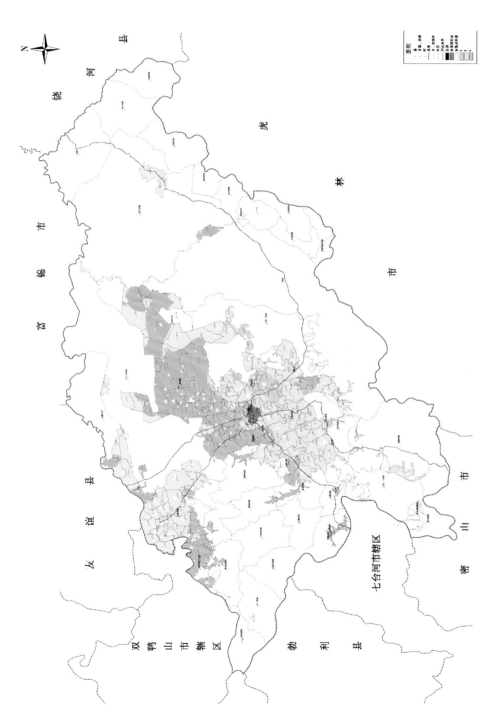

附图 13　宝清县耕地土壤有效铁分级图

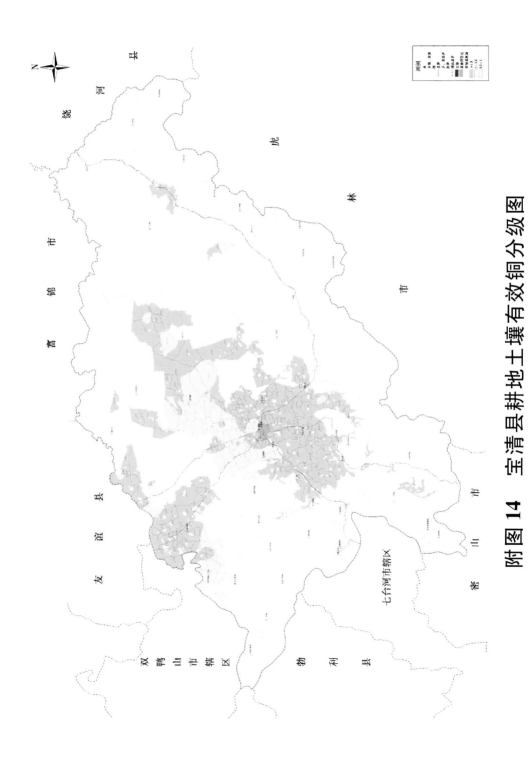

附图 14 宝清县耕地土壤有效铜分级图

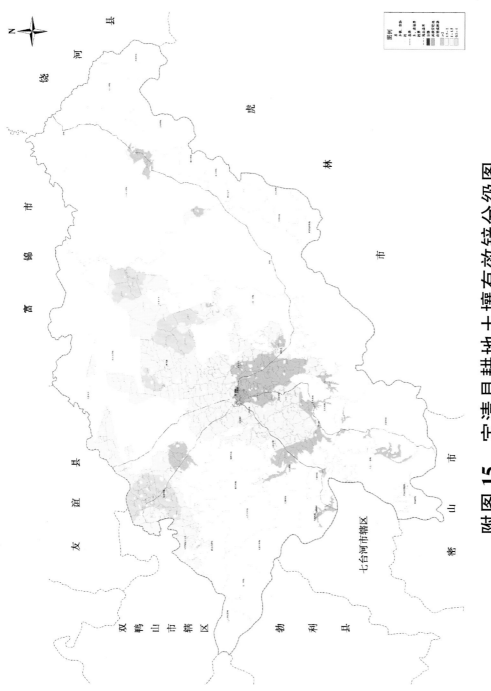

附图 15　宝清县耕地土壤有效锌分级图

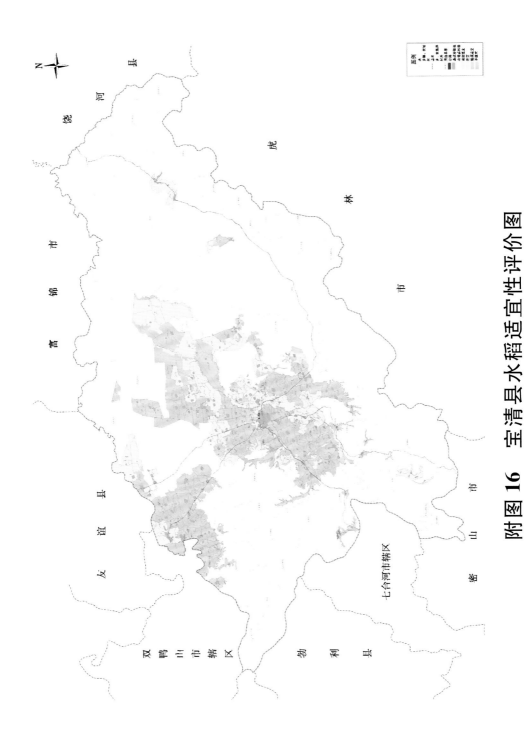

附图16 宝清县水稻适宜性评价图

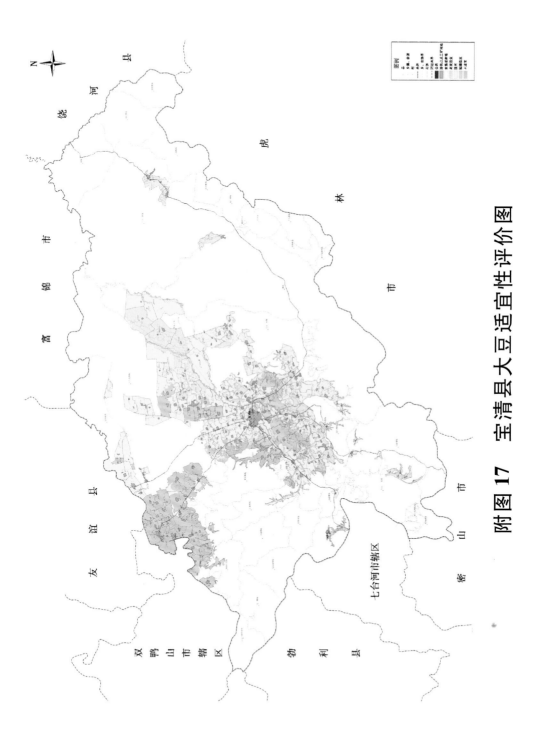

附图 17　宝清县大豆适宜性评价图

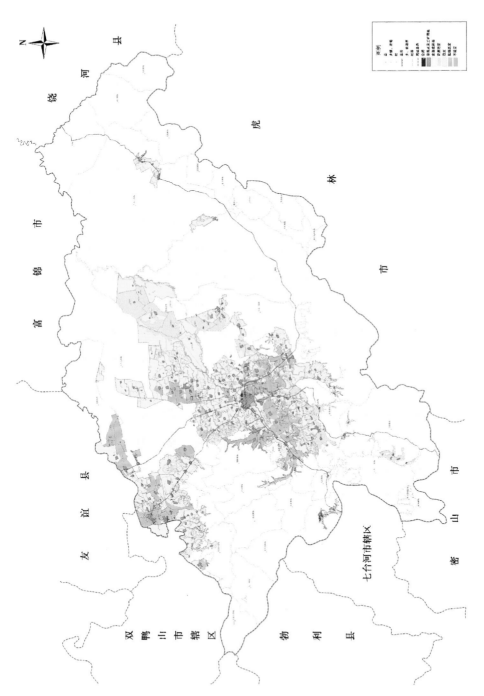

附图 18 宝清县玉米适宜性评价图